"十四五"时期国家重点出版物出版专项规划项目

华为网络技术系列

SRv6
网络部署指南

Guide to SRv6
Network Deployment

主　编　金闽伟　李振斌
副主编　骆兰军　李维东

人 民 邮 电 出 版 社

北 京

图书在版编目（CIP）数据

SRv6 网络部署指南 / 金闽伟，李振斌主编. -- 北京：
人民邮电出版社，2025. --（华为网络技术系列）.
ISBN 978-7-115-66322-1

Ⅰ. TP393-62

中国国家版本馆 CIP 数据核字第 2025CJ0056 号

内 容 提 要

本书全面阐述了 SRv6 技术在推动 IPv6 规模化应用方面的关键作用，以及华为在这一领域的创新实践和标准化贡献。书中深入探讨了 SRv6 的技术原理、传输效率提升方案、网络能力创新、演进策略、网络评估与规划建议，以及运维管理方法，并展示了多个大型网络的设计与部署案例。本书为读者提供了从理论到实践的全方位指导，旨在帮助业界人士深入理解 SRv6 技术，并将 SRv6 技术有效应用到实际工作中。

本书面向专业读者，适合有一定 IP 网络技术基础的运营商和企业的网络技术主管、规划设计工程师及运维工程师阅读，也可为希望深入了解 IP 网络前沿技术的读者提供参考。

◆ 主　　编　金闽伟　李振斌
　　副 主 编　骆兰军　李维东
　　责任编辑　韦　毅
　　责任印制　马振武

◆ 人民邮电出版社出版发行　　北京市丰台区成寿寺路 11 号
　　邮编　100164　电子邮件　315@ptpress.com.cn
　　网址　https://www.ptpress.com.cn
　　固安县铭成印刷有限公司印刷

◆ 开本：720×1000　1/16
　　印张：23.75　　　　　　　　　2025 年 7 月第 1 版
　　字数：465 千字　　　　　　　 2025 年 11 月河北第 2 次印刷

定价：129.00 元

读者服务热线：(010)81055410　印装质量热线：(010)81055316
反盗版热线：(010)81055315

丛书编委会

本书编委会

主　　编　　金闽伟　李振斌

副 主 编　　骆兰军　李维东

编写人员　　李小盼　　汤丹丹　　李　呈　　谢　婷

　　　　　　耿雪松　　刘潇杨　　蔡　义　　陈　达

　　　　　　陈婧怡　　韩　晶　　闫朝阳　　苏建华

　　　　　　李　强　　李　明　　柳巧平　　姚博涵

　　　　　　孔继美　　鲍　磊　　王　枫　　孙君祥

　　　　　　吴卓然　　刘　冰

技术审校　　王焱淼　　韩　涛　　张雨生　　段学罡

　　　　　　刘　炎　　冯　旻　　朱科义

序 一

SRv6 是一种在 IPv6 网络上实现路径可编程的技术，它在现有 IPv6 网络的基础上增加了一层新的服务，可以为每个数据包选择一条特定的转发路径，从而提高网络性能和灵活性，并且可以帮助运营商更好地管理和优化其网络，使得 IP 网络更加灵活、可控。

以 SRv6 为代表的"IPv6+"技术是支撑网络面向未来持续演进的"底座"。IPv6 可以提供海量的地址空间和无处不在的连接，能够满足未来万物互联对大量网络地址的诉求，这一点在业界已经成为共识。同时，SRv6 等"IPv6+"技术也拥有支撑网络向算力网络、6G 网络等方向持续演进的基础能力，可以更好地助力人人互联和万物互联，赋能千行百业，为人类社会提供优质的数字化服务和极致的用户体验。

中国移动联合华为等厂家，持续、积极推进"IPv6+"的规模创新和部署，并在 IPv6 商用部署方面形成了一定规模。目前，中国移动的 IPv6 活跃用户数已达 9.4 亿。此外，中国移动已启动 G-SRv6 技术的全面部署，为算网 IP 的发展奠定了坚实的网络基础。未来，中国移动将通过"入网＋算间"的新型 IP 底座架构，叠加 G-SRv6 的弹性化、差异化、可增值的算网一体新业务能力，以及基于 G-SRv6 的 IPv6 创新技术体系，打通企业园区网络、广域网络和数据中心网络，打造端到端"云下一张网"的能力，并逐步形成端到端 SRv6/G-SRv6 连接、端到端切片和端到端可视化服务的能力。

本书由华为长期从事"IPv6+"国际标准化和全球商用部署的专家团队编写。该团队对国内外"IPv6+"发展动态、国际标准化进展情况有深入的了解，并具有较为丰富的"IPv6+"部署应用经验。本书从 SRv6 产业发展入手，对 SRv6 的演进策略、网络部署前的可行性评估、运营商和企业场景的高阶方案设计及商用案例、网络运维等方面进行了全面、系统的介绍，对从事网络规划、设计、部署等方面工作的人员具有很好的借鉴和参考意义。

冯征

中国移动通信集团设计院有限公司集团级首席专家

2024 年 5 月 29 日

序 二

　　SRv6 作为近年来 IP 领域的重大创新，是基于 Native IPv6 的 SR 技术，已成为未来网络协议体系的基石之一。SRv6 同时具备 SR 与 IPv6 的技术特性，并通过灵活的 IPv6 扩展头，实现了网络可编程。SRv6 可以通过扩展 IGP/BGP，去掉 LDP 和 RSVP-TE 等 MPLS 隧道技术，简化了控制平面，提升了网络配置效率；同时具备 Native IPv6 特性，在不改变 IPv6 报文封装结构的情况下，保持对现有网络的兼容性，使得未来网络可以平滑演进。另外，SRv6 基于业务的网络路径可编程能力，通过将网络能力向高层业务平台开放，实现网络和业务分离，为构建服务化的 IP 网络奠定基础。随着 SRv6 技术的不断成熟，越来越多的网络运营商开始探索和应用 SRv6 技术，开展网络创新，激发新的业务增长点。

　　华为在业界率先规模部署应用 SRv6 技术。2019 年，华为联合中国电信四川分公司完成业界首个 SRv6 局点的商用部署，采用 SRv6 Overlay 方案，实现了跨地市的跨 AS 视频监控业务的互通。

　　近年来，华为一直积极推动 SRv6 技术在全球的规模应用，目前已经在 Orange 西班牙子网、卢森堡 Post、新加坡电信、菲律宾 Globe、沙特 ITC、MTN 南非子网、AM 秘鲁子网、巴西石油和墨西哥 CFE 等众多运营商和企业网络中实现了 SRv6 的商用部署。SRv6 的快速的业务开通、简易的增量部署和灵活的路径可编程能力等优势在现网中得到了充分验证，对整个 SRv6 产业创新起到了积极的示范作用。

　　华为是 SRv6 技术标准重要的贡献者之一，近年来一直在 IETF 等标准化组织中大力推动 SRv6 的标准化，在全球完成了上百个 SRv6 商用部署项目，具备在复杂网络条件下成功部署 SRv6 的丰富经验。本书的写作团队中既有运营商网络方案设计专家，也有 SRv6 标准化的重要贡献者。他们理论知识扎实、部署经验丰富。本书从 SRv6 的技术原理、SRv6 演进策略分析、网络升级前的网络评估、SRv6 网络演进的规划建议、运营商和企业领域的设计与部署案例总结、SRv6 运维指导以及未来展望等方面进行了阐述。在现网 SRv6 部署中，相关内容具有很强的参考性。

　　目前，SRv6 正在全球范围内加速规模部署，但是全球存量 IP 网络的协议数量多样、业务种类繁多、网络复杂，而且部署难度大。针对上述复杂情况，华为将 SRv6 的部署经验总结成书，可谓正当其时。

本书值得向从事 IP 网络规划、设计与部署的工程师，以及 IP 领域的科技工作者和高校师生推荐。

唐宏

中国电信 IP 网络领域首席专家

2024 年 4 月 2 日

序 三

　　随着全球 IPv4 地址的枯竭以及泛在互联网络时代的到来，具备海量 IP 地址的 IPv6 必然是万物通信的基础。海量的智能终端通过无处不在的网络连接和无所不能的算力，构建起未来智能社会的数字基础设施，这将导致网络复杂度剧增，也对网络智能化提出更高要求。为了满足未来泛在智能互联的需求，必须充分利用 IPv6 天然的可扩展能力，为此，业界在 IPv6 的基础上创造性地提出了"IPv6+"。"IPv6+"以 SRv6、网络切片、随流检测等 IPv6 创新技术为代表，结合智能化的"网络自动驾驶"技术，必将成为下一代万物智联网络的技术基石。

　　中国正在大力发展基于 IPv6 的下一代互联网，并积极推进 IPv6 技术演进和应用创新。中国联通高度重视"IPv6+"技术创新和应用实践，已着手前瞻性地建设"IPv6+"网络，为各行各业的数字化转型构建先进的下一代互联网基础设施。从 2018 年完成国内第一个 SRv6 骨干网络商用试点，到在雄安新区建成全球第一个 SRv6 综合承载网络并实现专线规模开通，再到承建 2022 年北京冬奥会"IPv6+"数据专网，中国联通目前已累计完成 40 多个城市的"IPv6+"网络规模部署。近年来，随着以大模型为代表的 AI 技术的发展，人类社会开始步入以算力和数据为核心要素的智能时代。中国联通正在积极打造算网深度融合的 AI 基础设施，而"IPv6+"技术正是实现一体化算力网的重要基础。

　　华为在 IETF 路由领域全方位推动"IPv6+"的标准化和创新，不仅全面参与了"IPv6+"基础特性（VPN、TE、FRR 等）和新技术领域的标准化活动，而且促成了相关方案在全球的广泛应用，积累了诸多商用部署的宝贵经验。

　　本书由华为专家团队倾心打造，详细介绍了如何高效部署"IPv6+"，并给出了优秀的实践案例。我们特此向业界同行推荐本书，希望更多的读者能够通过阅读本书，深入了解"IPv6+"技术，携手构建面向智能时代的"IPv6+"下一代互联网。

唐雄燕

中国联通研究院副院长、首席科学家

2024 年 4 月 23 日

前　言

IP 网络正在发生改变。最近几年，随着 IPv4（Internet Protocol version 4，第 4 版互联网协议）地址的耗尽，运营商和企业已经逐步开始将网络协议从 IPv4 升级到 IPv6（Internet Protocol version 6，第 6 版互联网协议）；同时，伴随着 5G、云和行业数字化的发展，SRv6（Segment Routing over IPv6，基于 IPv6 的段路由）在全球范围内的部署正在加速。目前，SRv6 已经成为一种成熟的技术，为运营商和企业提供了更强的网络编程能力和端到端业务部署能力。

最初，段路由（Segment Routing，SR）技术作为 SDN 时代诞生的协议，提供了一种灵活的半集中、半分布式的架构。在这个架构下，不仅协议的数量减少，而且在引入网络控制器之后，与传统的 TE（Traffic Engineering，流量工程）相比，能够更加灵活地对网络路径进行编程。随着技术的发展和实践，SRv6 因为天然兼容普通 IPv6 路由转发功能，能够基于 IP 可达性实现不同网络的联通，并可以随着用户网络 IPv6 的升级同时进行部署，而丰富的 IPv6 扩展报文头可以给用户带来更多相关的网络服务，例如随流检测、网络切片等功能。

现在，SRv6 已被人们广泛接受，并应用到许多不同的服务提供商网络（包括电信运营商网络、企业网络、ISP 网络等）中。在 SRv6 被广泛部署的过程中，由于 SRv6 的灵活性，以及 SRv6 网络与传统网络的差异性，我们发现有许多新的因素需要在网络设计和部署时进行考虑。在工作交流中，我们也了解到有很多人希望有一本具有系统性的图书对此进行全面且详细的介绍。这是我们写作本书的初衷。

本书聚焦 SRv6 网络的实际部署，不仅提供了详细的部署指南，还汇集了多个详细的实践案例。

本书共 11 章，各章内容简要介绍如下。

第 1 章：简要回顾 SRv6 的发展历史，介绍 SRv6 实现网络编程的原理与特点，以及 SRv6 的标准化进展、产业活动和商业部署现状。

第 2 章：简要分析 SRv6 报文头变长对网络的影响，介绍 SRv6 传输效率提升方案的产生过程、基本原理、工作范例，以及 SRv6 传输效率提升方案的部署与产业进展。

第 3 章：对 SRv6 开启的网络能力创新进行阐述。面向 5G 和云时代业务的发展，SRv6 开启了 IPv6 应用的新时代。IPv6 网络切片、IFIT 和 APN6 等 IPv6 扩展技术，可以和 SRv6 一起部署在 IPv6 网络中，提升 IPv6 网络的服务能力。

第 4 章：介绍当前网络向 SRv6 演进的路线、策略和样例。本章可以帮助读者更好地理解从传统 MPLS 网络向 SRv6 目标网络的演进。

第 5 章：主要介绍现有网络向 SRv6 演进之前，需要做好哪些准备。本章主要从网络基础条件和网络承载的业务两个方面进行评估，随后给出向 SRv6 演进之前的网络规划建议。

第 6 章：详细介绍 SRv6 方案设计与部署的一个方案——运营商 E2E VPN 方案。本章围绕 E2E VPN over SRv6 方案，详细介绍 IPv6 地址、IGP（ Interior Gateway Protocol，内部网关协议)/BGP(Border Gateway Protocol，边界网关协议) 路由、SRv6 路径、移动承载业务、专线业务、网络切片、可靠性、时钟、QoS 和安全方面的设计原则。同时，本章以 G 国 M 运营商为例，介绍 E2E VPN over SRv6 方案的实际部署过程。

第 7 章：详细介绍 SRv6 方案设计与部署的另一个方案——运营商 HoVPN 方案。本章围绕 HoVPN over SRv6 方案，详细介绍 BGP 路由、SRv6 路径、业务 VPN、网络切片、可靠性和 QoS 等方面的设计原则。同时，本章以 T 国 A 运营商为例，介绍 HoVPN over SRv6 方案的实际部署与验证过程。

第 8 章：详细介绍 SRv6 在企业金融骨干网络场景中的方案设计与部署，包括网络总体架构、物理组网设计、IPv6 地址的规划设计、承载方案设计、可靠性设计和网络安全设计等。

第 9 章：详细介绍 SRv6 在企业智能电力数据网络场景中的方案设计与部署，包括网络总体架构、物理组网设计、IPv6 地址规划设计、承载方案设计、可靠性设计和网络安全设计等。

第 10 章：首先论述 SRv6 网络在运维方面的变化，然后详细介绍如何通过控制器来管理和运维 SRv6 网络，包括日常维护、路径调优、质量测量和问题定位等。

第 11 章：展望 SRv6 网络的发展前景和发展趋势。

本书由金闰伟和李振斌担任主编，骆兰军和李维东担任副主编，他们共同负责全书整体框架设计。全书由李振斌统稿。第 1 章由李振斌和骆兰军编写，第 2 章由李呈和谢婷编写，第 3 章由耿雪松、刘潇杨和蔡义编写，第 4 章由金闰伟、陈达和陈婧怡编写，第 5 章由韩晶和骆兰军编写，第 6 章由金闰伟、李维东、苏建华、闫朝阳、李强和骆兰军编写，第 7 章由李维东、李明、柳巧平、姚博涵和骆兰军编写，第 8 章由孔继美和骆兰军编写，第 9 章由鲍磊和骆兰军编写，第 10 章由王枫、孙君祥和吴卓然编写，第 11 章由刘冰和李小盼编写。李小盼、汤丹丹组织完成了书稿整理等相关工作；王焱淼、韩涛、张雨生、段学罡、刘炎、冯旻、朱科义作为技术审校，为图书提供了大量宝贵的技术建议。

　　本书编委会汇集了华为数据通信架构与设计团队、标准与专利团队、协议开发团队、路由器产品开发团队、网络设计保障团队、全球技术服务团队、战略与业务发展团队和技术资料开发团队的技术骨干。这些团队成员中，有 SRv6 标准的制定者和推动者，有负责 SRv6 设计实现的研发成员，有帮助用户成功完成 SRv6 网络设计与部署的解决方案专家，还有优化、保障与维护 SRv6 网络高效运行的技术服务专家。他们的成果和经验经过系统的总结体现在本书中。本书的推广得到了左萌、慈鹏、王焱淼、吕东、郝辰欣、伍连和、徐国君、徐欢、张杰、蔡骏等主管和专家的大力支持。本书的出版是团队努力的成果，也是集体智慧结晶的体现，衷心地感谢本书编委会的每一位成员！

　　借本书出版的机会，衷心感谢胡克文、王雷、刘少伟、吴局业、赵志鹏、冯苏、左萌、邱月峰、丁兆坤、王焱淼、钱骁、王建兵、金剑、张雨生、唐新兵、古锐、吕东、郝辰欣、伍连和、徐国君、徐欢、张杰、蔡骏、任广涛、刘凯、李小盼、朱科义、范大卫、刘悦、刘树成、徐峰、鲍磊、宋健、刘淑英、曾毅、卢延辉、孙同心、陈松岩、胡珣、谢振强、李正良、吴哲文、高晓琦、李佳玲、文慧智、徐菊华、陈新隽、韦乃文、张亚伟、王肖飞、耿雪松、董文霞、毛拥华、马琳、黄璐、王开春、莫华国、田辉辉、王白辉、孟光耀、郭强、李泓锟、田太徐、夏阳、闫刚、胡志波、杨平安、盛成、王海波、庄顺万、高强周、方晟、王振星、曾海飞、张永平、陈闯、张卡、徐国其、钱国锋、陈重、张力、刘春、李庆君、赵大赫、张亚豪、曹建铭、张敏虎、曹毅光、汤宇翔、朝日雅拉、郭衍勤、李天宇、解立洋、黄伟、王笛、赵艳青等华为的领导和同事。

　　衷心感谢田辉、高巍、赵锋、马科、陈运清、赵慧玲、解冲锋、史凡、雷波、王爱俊、朱永庆、阮科、尹远阳、陈华南、段晓东、程伟强、姜文颖、李振强、刘鹏、唐雄燕、曹畅、庞冉、秦壮壮、李钟辉、李星、李锁刚等长期支持我们 SRv6 创新和部署应用的中国 IP 领域的技术专家。最后，特别感谢冯征、唐宏、唐雄燕为本书作序。

　　我们希望通过本书尽可能完整地呈现华为 SRv6 网络部署的成功案例，帮助读者详细了解 SRv6 网络部署的评估、设计、配置、调测和运维过程，推动 SRv6 网络在全球快速部署，帮助人类打造更加优质的 IP 网络，快速迈入万物互联的智能时代。但是因为全球 IP 网络的发展现状千差万别，而 SRv6 本身作为新兴技术也还处于不断变化的过程中，加之我们能力有限，书中难免存在疏漏，敬请各位专家及广大读者批评指正，在此表示衷心的感谢！

本书作者

目　录

第 1 章
SRv6 技术概述

IPv6（Internet Protocol version 6，第6版互联网协议）虽然在过去的20年间一直持续地向前发展，但是在部署和应用方面缺少动力。SRv6（Segment Routing over IPv6，基于IPv6的段路由）的出现使IPv6焕发出非比寻常的活力。随着5G和云业务的发展，SRv6使IPv6扩展报文头蕴藏的创新空间快速释放，基于它的应用不断变为现实，人类正在加速迈入IPv6时代。

| 1.1 SRv6 的发展历史 |

SRv6作为新一代IP承载协议，可以简化并统一传统的复杂网络协议，是5G和云时代构建智能IP网络的基础。SRv6结合了Segment Routing的源路由优势和IPv6的简洁、易扩展特质，而且具有多重编程空间，符合SDN（Software Defined Network，软件定义网络）思想，是实现意图驱动网络的利器。

Segment Routing的分类如图1-1所示，目前Segment Routing支持MPLS（Multi-Protocol Label Switching，多协议标签交换）和IPv6两种数据平面（也称为转发平面）。基于MPLS数据平面的Segment Routing称为SR-MPLS（Segment Routing over MPLS，基于MPLS的段路由），其SID（Segment Identifier，段标识）为MPLS标签（Label）；基于IPv6数据平面的Segment Routing称为SRv6，其SID为IPv6地址。

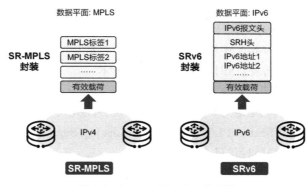

图 1-1 Segment Routing 的分类

值得注意的是，早在2013年Segment Routing诞生之初，其架构文档RFC 8402中就提及了SRv6[1]。

> "The Segment Routing architecture can be directly applied to the MPLS dataplane with no change on the forwarding plane. It requires minor extension to the existing link-state routing protocols. Segment Routing can also be applied to IPv6 with a new type of routing extension header." ——RFC 8402

但在当时，业界只是希望将节点和链路的IPv6地址放在路由扩展报文头里引导流量，并没有提及SRv6 SID的可编程性。SRv6相比于SR-MPLS是更遥远的目标，所以对它的关注度不如SR-MPLS。

2017年3月，SRv6 Network Programming（SRv6网络编程）的草案被提交给了IETF（Internet Engineering Task Force，因特网工程任务组），原有的SRv6升级为SRv6 Network Programming，从此SRv6进入了一个全新的发展阶段[2]。SRv6 Network Programming将长度为128 bit的SRv6 SID划分为Locator和Function等，其中Locator具有路由能力，而Function可以代表处理行为，也能够标识业务。这种巧妙的处理意味着SRv6 SID融合了路由和MPLS（其中的标签代表业务）的能力，使SRv6的网络编程能力大大增强，可以更好地满足业务的需求。

2020年3月，SRv6的标准文稿RFC 8754 "IPv6 Segment Routing Header (SRH)" 正式发布[3]；2021年2月，标准文稿RFC 8986 "Segment Routing over IPv6 (SRv6) network programming" 正式发布[2]，标志着SRv6趋于成熟。

| 1.2　SRv6 的原理与特点 |

为了基于IPv6数据平面实现Segment Routing，IPv6路由扩展报文头新增了一种类型，称为SRH（Segment Routing Header，段路由扩展报文头）。该扩展报文头用于指定一个SRv6的显式路径，存储的是SRv6的路径信息[即段列表（Segment List），也称为SID List]。

因为头节点在IPv6报文中增加了一个SRH，由此中间节点就可以按照SRH里包含的路径信息进行转发。SRH的格式如图1-2所示。

IPv6 SRH的关键信息有如下几个部分。

- 当Routing Type类型值为4时，表明路由扩展头是SRH。
- Segment List（Segment List [0], Segment List [1], Segment List [2],…,Segment List [n]）是网络路径信息。
- Segments Left（SL）是一个指针，指示当前活跃的Segment。

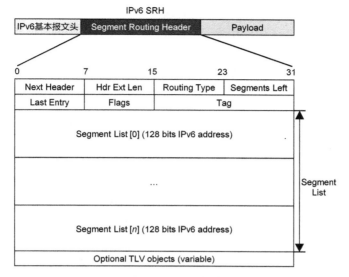

图 1-2　SRH 的格式

为了便于叙述转发原理，SRH可以抽象成图1-3所示的格式，其中图1-3（a）里的SID排序是正序，使用<>标识；图1-3（b）里的SID排序是逆序，使用()标识，逆序更符合SRv6的实际报文封装情况。

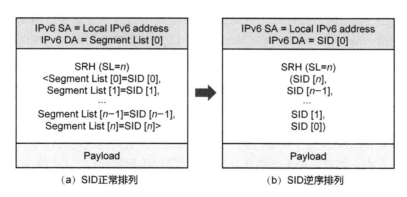

图 1-3　SRH 的抽象格式

1. SRv6 SID有何特殊之处

SID在SR-MPLS里是标签形式，在SRv6里换成了IPv6地址形式。SRv6通过对SID栈的操作来完成转发，因此它是一种源路由技术。那么SRv6的SID具有哪些特殊之处呢？要回答这个问题，就得从SRv6 SID的结构说起。

SRv6 SID虽然是IPv6地址形式，但不是普通意义上的IPv6地址。SRv6的SID有128 bit，这样长的一个地址，如果仅仅用于路由转发，显然是很浪费的。因此，

SRv6的设计者对SID进行了更加巧妙的处理。

如图1-4所示，SRv6 SID由Locator、Function和Arguments（简称Args）3部分组成，其中Arguments是可选的，如果Locator、Function和Arguments这3部分长度不足128 bit，需要在Arguments后补0，即增加Padding字段，确保字节对齐。

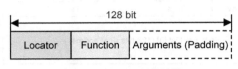

图 1-4 SRv6 SID 的结构

- Locator具有定位功能，所以一般在SRv6域内要唯一。但是在一些特殊场景，比如Anycast保护场景，多个设备可能配置相同的Locator。一个节点配置Locator之后，系统会生成一条Locator网段路由，并且通过IGP在SRv6域内扩散。网络里其他节点就可以通过Locator网段路由定位到该节点，同时该节点发布的所有SRv6 SID也都可以通过该Locator网段路由到达。
- Function代表设备的指令（Instruction），这些指令都由设备预先设定，Function部分用于指示SRv6 SID的生成节点进行相应的功能操作。Function通过Opcode（Operation Code，操作码）来显性表征。
- Arguments是变量段，占据IPv6地址的低比特位。支持某些服务的时候需要的一些变量参数可以放在Arguments里面。当前一个重要应用是在EVPN（Ethernet Virtual Private Network，以太网虚拟专用网）VPLS（Virtual Private LAN Service，虚拟专用局域网业务）的CE（Customer Edge，用户边缘设备）多归场景中，转发BUM（Broadcast & Unknown-unicast & Multicast，广播、未知单播、组播）流量时，利用Arguments携带剪枝信息，以实现水平分割。

在RFC 8986中定义了很多行为（Behavior）[2]，它们也被称为指令。每个SID都会与一个指令绑定，用于指明在处理SID时需要执行的动作。典型的Behavior有End和End.X等。另外，RFC 8986中还定义了SID的一些附加特征（Flavor）。这些附加特征是可选项，它们将会增强End系列指令的执行动作，满足更丰富的业务需求。常见的附加特征包括PSP（Penultimate Segment Pop of the SRH，倒数第二段弹出SRH）、USP（Ultimate Segment Pop of the SRH，倒数第一段弹出SRH）、USD（Ultimate Segment Decapsulation，倒数第一段解封装）等。除了以上常规的附加特征，为了支持SRv6提升传输效率，IETF草案draft-ietf-spring-srv6-srh-compression中还定义了REPLACE-C-SID、NEXT-C-SID、NEXT&REPLACE-C-SID等附加特征[4]，关于这些附加特征的详细介绍可以参考2.2节。

一个有序的SID列表构成了SRH。SRH为报文提供转发、封装和解封装等操作。下面以End SID和End.X SID为例来说明SRv6 SID的结构，并简单说明SRv6 SID的行为。

End SID表示Endpoint SID，用于标识网络中的某个目的节点（Node）。如图1-5所示，在各个节点上配置Locator，然后为节点配置Function的Opcode。Locator和Function的Opcode组合就能得到一个SID，这个SID可以代表一个节点，称为End SID。End SID可以通过IGP扩散到其他网元，并全局可见。

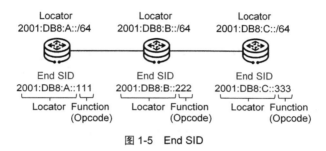

图 1-5　End SID

End.X SID表示三层交叉连接的Endpoint SID，用于标识网络中的某条邻接。如图1-6所示，在节点上配置Locator，然后为各个方向的邻接配置Function的Opcode。Locator和Function的Opcode组合就能得到一个SID，这个SID可以代表一个邻接，称为End.X SID。End.X SID可以通过IGP扩散到其他网元，并全局可见。

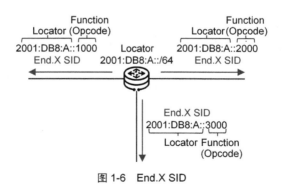

图 1-6　End.X SID

End SID和End.X SID分别代表节点和邻接，都是路径SID，二者组合编排的SID栈足够表征任何一条SRv6路径。SID栈代表了路径信息，在IPv6 SRH中携带，SRv6就是通过这种方式实现了TE。

此外，也可以为VPN/EVPN实例等分配SID，这种SID就代表业务。由于IPv6地址空间足够大，所以SRv6 SID能够支持足够多的业务。

当前SRv6 SID主要包括路径SID和业务SID两种类型，例如End SID和End.X SID分别代表SRv6路径所需要的节点和邻接，而End.DT4 SID和End.DT6 SID分别代表IPv4 VPN和IPv6 VPN等。

SRv6节点的FIB（Forwarding Information Base，转发信息库）中包含所有在本节点生成的SRv6 SID信息，例如End SID、End.X SID等。除了SRv6 SID，FIB里还包含绑定到这些SID的指令信息，以及这些指令相关的转发信息。

2. SRv6 SRH的处理过程

在SRv6的SRH里，SL和Segment List信息共同决定报文头部的IPv6 DA（Destination Address，目的地址）。SL最小值是0，最大值为SRH里的SID个数减1。如图1-7所示，在SRv6中，每处理完一个SRv6 SID，SL字段就减1，IPv6 DA的信息随之变换一次，其取值是指针当前指向的SID的值。在图1-7中，Segment List中包含$n+1$个SID，SL初始为n。

- 如果SL值是n，则IPv6 DA取值就是SID [n]的值。
- 如果SL值是$n-1$，则IPv6 DA取值就是SID [$n-1$]的值。
  …………
- 如果SL值是1，则IPv6 DA取值就是SID [1]的值。
- 如果SL值是0，则IPv6 DA取值就是SID [0]的值。

如果节点不支持SRv6或者本节点的SID不在Segment List中，则不执行上述动作，仅按照最长匹配查找普通IPv6路由转发表进行处理。

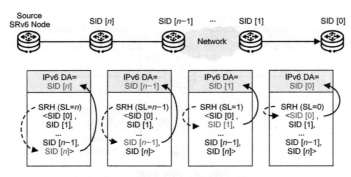

图1-7　SRv6 SRH 的处理过程

从以上描述可见，节点对SRv6 SRH是从下到上进行逆序操作，而且SRv6 SRH中的Segment在经过节点处理后也不会弹出。

3. SRv6的两种工作模式

SRv6有SRv6 Policy和SRv6 BE（Best Effort，尽力而为）两种工作模式。这两种模式都可以承载常见的传统业务，例如，BGP（Border Gateway Protocol，边界

网关协议）L3VPN（Layer 3 Virtual Private Network，三层虚拟专用网）、EVPN
L3VPN、EVPN VPLS/VPWS（Virtual Private Wire Service，虚拟专用线路业务）、
IPv4/IPv6公网等。SRv6 Policy既可以实现流量工程，也可以配合控制器更好地响
应业务的差异化需求，做到业务驱动网络。SRv6 BE是一种简化的SRv6实现，正
常情况下不含SRH，只能提供尽力而为的转发，不具备流量工程能力。SRv6 BE仅
使用一个业务SID来指引报文转发到生成该SID的节点，并由该节点执行业务SID
的指令。

SRv6可以兼容IPv6路由转发，也可以基于聚合路由转发。SRv6 BE只需要在
网络的头尾节点部署，在中间节点仅支持IPv6转发即可，这种方式对部署普通
VPN具有独特的优势。比如视频业务在省级中心和市中心之间传送，需要跨越数
据中心网络、城域网络、国家IP骨干网络，如果以传统方式部署MPLS VPN，则不
可避免地需要跟国省干线的相关主管单位进行协调，各方配合执行部分操作才能
成功，开通时间比较慢；如果采用SRv6 BE承载VPN，只需要在省级中心和市中心
部署两台支持SRv6 VPN的PE（Provider Edge，运营商边缘设备），基于IPv6路由
的可达性很快就可以开通业务。

在SRv6发展早期，基于IPv6路由的可达性，利用SRv6 BE快速开通业务，具
有明显优势；在后续演进中，可以按需升级网络的中间节点，部署SRv6 Policy，
满足高价值业务的需求。

SRv6 BE与SRv6 Policy的对比如表1-1所示。

表 1-1　SRv6 BE 与 SRv6 Policy 的对比

维度	SRv6 BE	SRv6 Policy
配置	很简单	复杂
路径计算	基于 IGP 开销	基于 TE 约束
SRH	正常转发不携带 SRH，仅在 TI-LFA（Topology Independent-Loop Free Alternate，拓扑无关的无环路备份）FRR（Fast Reroute，快速重路由）保护场景，按照修复路径转发时才携带 SRH	携带 SRH
路径编程	不支持，没有 SRH，无法携带路径信息	支持
需要控制器	否，IGP 算路即可	是。SRv6 Policy 可以静态配置，但是配置复杂，一般推荐使用控制器动态下发 SRv6 Policy，这样可以更快速地响应业务的需求，做到业务驱动网络
保护技术	TI-LFA FRR（50 ms）	TI-LFA FRR（50 ms）、Midpoint 保护、Candidate Path 保护等

维度	SRv6 BE	SRv6 Policy
场景	适用于对 SLA（Service Level Agreement，服务等级协议）要求低、流量不需要指定路径的场景	适用于对 SLA 要求严格的场景。例如网络拥塞，流量需要切换到其他路径，或者需要重定向到指定目的地，如反 DoS（Denial of Service，拒绝服务）清洗等

4. SRv6的主要特点

SRv6丰富的网络编程能力能够更好地满足新的网络业务的需求，而其兼容IPv6的特性也使得网络业务部署更为简便。SRv6打破了云和网络的边界，可以促进云网融合，实现应用级的SLA保障，使千行百业受益。

SRv6也提供了丰富的编程空间，具备强大的编程能力来应对新业务的发展。

如图1-8所示，SRv6支持三重编程空间。

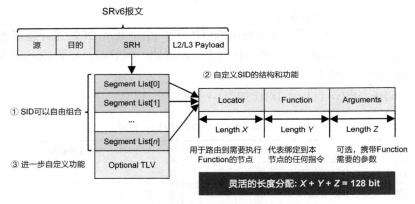

图 1-8　SRv6 的三重编程空间

- Segment List编程空间：SRv6 SID可以自由组合并进行路径编程，由业务提出需求，控制器响应业务需求、定义转发路径。
- SID编程空间：SRv6 Segment的长度是128 bit，相比32 bit的MPLS标签封装，有了一个更大的空间，并且可以灵活分段，提供比MPLS丰富、灵活的编程功能。
- Optional TLV（Type Length Value，类型长度值）编程空间：SRH里还有可选TLV，可以用于进一步自定义功能。SRH TLV提供了更好的扩展性，可以携带长度可变的数据，例如，加密、认证信息和性能检测信息等。

SRv6是基于IPv6数据平面的SR技术，结合了SR源路由优势和IPv6简洁、易扩展的特质，具有其独特的优势。SRv6技术特点及价值可以归纳为以下几点。

- 智慧：SRv6具有强大的可编程能力。SRv6支持三重可编程空间，能满足大量业务的不同诉求，契合了业务驱动网络的大潮流。
- 极简：如图1-9所示，SRv6不再使用LDP（Label Distribution Protocol，标签分发协议）/RSVP-TE（Resource Reservation Protocol-Traffic Engineering，资源预留协议流量工程），也不需要MPLS标签，既简化了协议，又使管理变得简单。EVPN和SRv6的结合，可以使得IP承载网络简化、归一。SRv6打破了MPLS跨AS（Autonomous System，自治系统）边界，部署简单，还提升了跨AS的体验。

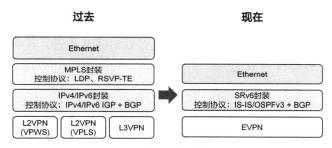

图 1-9　SRv6 简化网络协议

- 纯IP化：SRv6可以基于Native IPv6进行转发。SRv6是通过扩展报文头来实现的，没有改变原有IPv6报文的封装结构，因此SRv6报文依然是IPv6报文，普通的IPv6设备也可以转发SRv6报文。SRv6设备能够和普通IPv6设备共同部署，对现有网络具有更好的兼容性，可以支撑业务快速上线、平滑演进。SRv6具有易于增量部署的优点，可以最大限度地保护用户的投资。也因为IP化，SRv6可以使用聚合路由工作，相比于MPLS，大大减少了表项数量，提升了可扩展性。

基于以上特点，SRv6不仅成为简化IP网络架构的利器，也为IPv6的发展带来了新的发展机遇。

|1.3　SRv6 的产业进展|

1. 标准进展

SRv6的标准化工作主要集中在IETF SPRING（Source Packet Routing in Networking，网络中的源数据包路由）工作组，其报文封装格式SRH等标准化工作在6MAN（IPv6 Maintenance，IPv6维护）工作组，其相关的控制协议扩展的标准化，包括IGP、BGP、PCEP（Path Computation Element Protocol，路径计算单元协议）、VPN（Virtual Private Network，虚拟专用网络）等，分别在LSR（Link State Routing，链路状态路由）、IDR（Inter-Domain Routing，域间路由）、PCE（Path Computation Element，路径计算单元）、BESS（BGP Enabled Services，启用BGP服务）等工作组进行。

截至2023年底，在IETF标准化工作领域：SR架构已经通过RFC 8402（Segment Routing Architecture）完成标准化[1]；SRv6最基本的标准，也通过RFC 8754 [IPv6 Segment Routing Header (SRH)][3]和RFC 8986［Segment Routing over IPv6 (SRv6) Network Programming］[2]完成标准化，这两个RFC为SRv6的发展奠定了基础；SRv6的IGP/BGP/VPN协议扩展也正在IETF逐步推进，其中，VPN、IS-IS（Intermediate System to Intermediate System，中间系统到中间系统）、OSPFv3（Open Shortest Path First version 3，开放式最短路径优先第3版）和BGP-LS（BGP-Link State，BGP链路状态）的文稿已经发布为RFC文档，SRv6基础特性的YANG模型草案也被SPRING工作组接纳，这些YANG模型的定义有利于第三方控制器和网络设备的对接。协议的成熟必将加快SRv6产业前进的步伐。

SRv6的标准化进程如表1-2所示。

表 1-2　SRv6 的标准化进程

方向	文稿名称	IETF 标准化阶段
架构	Segment Routing Architecture	RFC 8402[1]
	IPv6 Segment Routing Header (SRH)	RFC 8754[3]
	Segment Routing over IPv6 (SRv6) Network Programming	RFC 8986[2]
SR Policy	Segment Routing Policy Architecture	RFC 9256[5]
	Advertising Segment Routing Policies in BGP	等待 IESG（Internet Engineering Steering Group，因特网工程指导小组）发布 RFC[6]
VPN	BGP Overlay Services Based on Segment Routing over IPv6（SRv6）	RFC 9252[7]
IS-IS	IS-IS Extensions to Support Segment Routing over the IPv6 Data Plane	RFC 9352[8]
OSPFv3	OSPFv3 Extensions for Segment Routing over IPv6 (SRv6)	RFC 9513[9]
BGP-LS	Border Gateway Protocol-Link State (BGP-LS) Extensions for Segment Routing over IPv6 (SRv6)	RFC 9514[10]

续表

方向	文稿名称	IETF 标准化阶段
PCEP	PCEP Extension to Support Segment Routing Policy Candidate Paths	工作组草案 [11]
	PCEP Extensions for Segment Routing Leveraging the IPv6 Data Plane	工作组草案 [12]
YANG 模型	YANG Data Model for SRv6 Base and Static	工作组草案 [13]
	YANG Data Model for IS-IS SRv6	工作组草案 [14]
	YANG Data Model for OSPF SRv6	工作组草案 [15]
	YANG Data Model for Segment Routing Policy	工作组草案 [16]
	YANG Data Model for BGP Segment Routing TE Extensions	工作组草案 [17]
	A YANG Data Model for Segment Routing (SR) Policy and SR in IPv6 (SRv6) Support in Path Computation Element Communications Protocol (PCEP)	工作组草案 [18]

2. 产业活动

为了进一步凝聚产业共识、推动SRv6的创新应用，目前业界已成功举办多次SRv6产业活动。

2019年4月，全球IP领域最高级别的第三方会议——第20届"MPLS+SDN+NFV"世界大会在法国巴黎举办。在大会期间，首届SRv6产业圆桌论坛成功举办。这一届产业圆桌论坛由思博伦通信公司（Spirent）、EANTC（European Advanced Networking Test Center，欧洲高级网络测试中心）联合主办，来自世界各国的多位SRv6行业和标准组织专家，围绕SRv6技术标准、产业合作、商用进展等方面进行了深入探讨。与会专家一致认为，在5G和云时代，SRv6将是继MPLS之后的新一代IP承载网络核心协议，承载网络只有全面具备SRv6能力，才能满足5G和云时代的智能连接及承载需求。

2022年4月5日，第23届MPLS SD & AI Net世界大会在法国巴黎成功举办，"SRv6 Momentum"成为此次大会的主题。来自产业界的设备供应商、运营商、第三方独立测试机构、标准组织等的多位在SRv6行业深耕的专家，围绕SRv6技术标准、产业合作、商用进展等方面进行了专题演讲，分享了SRv6的技术发展现状、商用部署以及对未来发展趋势的展望。

截至2022年底，EANTC已经成功地进行了多次SRv6多厂商互通测试。测试范围包括基本的SRv6 VPN业务场景、SRv6可靠性、SRv6 Ping/Trace、

SRv6 Policy异厂商互通能力等，测试结果符合预期，充分证明了SRv6的商用部署能力。

以上这些产业活动对SRv6的创新应用起到了积极的推动作用。

除此之外，2020年8月，业界首部SRv6专著——《SRv6网络编程：开启IP网络新时代》面世，弥补了业界空白[19]；2021年7月，这本书的英文版面世；2022年10月，这本书的阿拉伯文版面世。《SRv6网络编程：开启IP网络新时代》的出版对在世界范围内推广SRv6技术具有重要意义。

3. 商用部署

2018年底，华为和中国电信四川分公司讨论在现网部署SRv6。经过多次交流，用户了解到利用现有的IPv6网络基础设施可以非常方便地部署SRv6 VPN，而不需要像以前那样跨AS跟多个部门进行复杂的协调。2019年初，中国电信四川分公司部署了业界首家SRv6商用局点，并开通了基于SRv6 VPN的视频业务。

通过近几年上下游产业的共同努力，"SRv6将是继MPLS之后的新一代IP承载网络核心协议"已经在业界形成广泛共识，SRv6具备了规模部署之势。

截至2022年底，全球已经部署了100多个SRv6商用局点，遍布欧洲、东亚、东南亚、南亚、中东、北非、南非、拉美等地区。SRv6获得了众多运营商的认可，在全球的发展不断加速。除了运营商，SRv6在政务、金融、教育、能源、交通等行业也有广泛部署。未来，基于SRv6的业务创新将充分释放连接价值，促进千行百业的数字化发展。

第 2 章
SRv6 传输效率提升

近年来，SRv6相关的产业发展迅速，在商用实现、互通测试、商用部署等方面都取得了巨大的进展。但是，在推进商用部署的过程中，也出现了担心SRv6报文头过长而影响传输效率的声音。为解决这一问题，业界提出了SRv6传输效率提升方案。本章将介绍SRv6传输效率提升方案的背景、基本原理、互通测试以及商业部署，帮助读者进一步了解SRv6的最新进展。

| 2.1 SRv6 传输效率提升方案 |

2.1.1 SRv6 传输效率提升方案的背景

截至2022年底，得益于兼容IPv6的优势，SRv6已经快速完成了上百个商用局点的部署，发展势头迅猛。但在SRv6实际部署中，头节点会先对报文封装外层IPv6基本报文头和SRH（使用多个SID时），再进行转发[2,3]，这样的封装带来了一定的报文头开销。如果SRv6 SID数量很大，SRH的长度将进一步增加，导致有效传输效率下降。

如图2-1所示，首先，在封装（Encap）模式中，40 Byte的IPv6基本报文头已经相当于10跳MPLS标签；其次，SRv6采用16 Byte的IPv6地址作为SID，而SR-MPLS采用4 Byte的MPLS标签作为SID，相比之下，SRv6的SID长度是SR-MPLS SID长度的4倍。

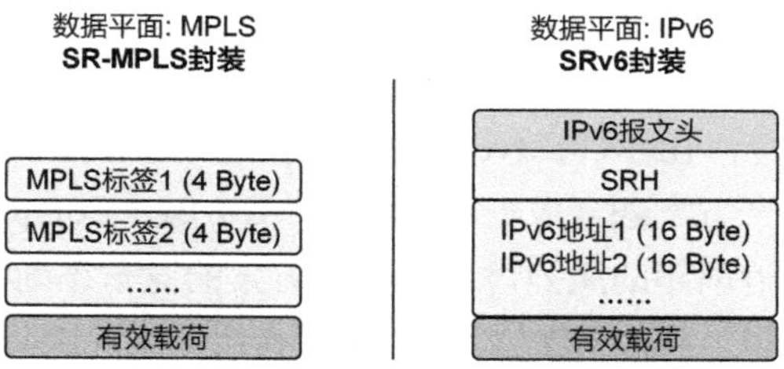

尤其在大规模网络中，如果需要逐跳指定转发路径，就会引入较多的SRv6 SID，从而导致SRv6报文头显著增大。比如，在端到端的严格显式路径转发场景中，使用的SRv6 SID数量可能超过5个，甚至达

图 2-1 SR-MPLS 与 SRv6

到10个。当使用10个SRv6 SID时，IPv6报文头的总长度将达到208 Byte（40 Byte的IPv6基本报文头、8 Byte的固定头部，以及10×16 Byte的Segment List，合计长度为40+8+10×16=208 Byte），如图2-2所示。

图 2-2　使用 10 个 SRv6 SID 时的 SRv6 报文头

对于视频业务已经发展起来的网络，其报文一般比较长，因此报文头开销对传输效率的影响相对有限。但在视频业务未发展起来的网络中，大多数报文比较短，过长的报文头会导致载荷占比显著下降，降低传输效率。

2.1.2　基本原理

为了提升SRv6的传输效率，在2019年左右，业界提出了多种方案，如G-SRv6（Generalized SRv6，通用SRv6）、uSID（Micro SID，微型SID）、Unified SID（统一SID）、vSID（variable length SID，可变长度SID）和CRH（Compact Routing Header，精简路由报文头）。面对众多的技术方案，业界展开了激烈的讨论。为了解决这个问题，完成方案收敛和标准化，IETF SPRING工作组临时设立了一个SRv6传输效率提升方案设计小组，专门讨论SRv6传输效率提升的需求，并分析当前的方案。设计组由来自中国移动、中国电信、华为、思科（Cisco）、瞻博网络（Juniper）、诺基亚（Nokia）、中兴通讯等公司的专家组成。经过一年多的讨论，设计组达成共识，形成了关于SRv6传输效率提升需求的IETF工作组草案draft-ietf-spring-compression-requirement[20]，以及方案比较分析等工作组草案draft-ietf-spring-compression-analysis[21]。

IETF草案draft-ietf-spring-compression-requirement详细描述了SRv6传输效率提升方案需要满足的需求，这些需求均不依赖任何方案，以确保在方案的需求满足度评估中公平对待所有方案。基于以上需求，草案draft-ietf-spring-compression-analysis详细分析了所有方案对需求的满足度。

由于G-SRv6与uSID在技术原理上十分相似，且能在一个SRH中共用，因此两个方案融合成一个方案——C-SID（Compressed-SID，压缩SID）。最终，经过接近两年的激烈讨论，各个方案的竞争逐渐收敛，IETF SPRING工作组终于形成共识，将C-SID方案接收为工作组草案draft-ietf-spring-srv6-srh-compression[4]。该草案目前已经进入RFC发布环节，即将在2025年5月发布成RFC。

IETF草案draft-ietf-spring-srv6-srh-compression定义了C-SID的基本原理，并通过定义一些新的Behavior和Flavor来实现SRv6传输效率的提升[4]。整体上看，C-SID是一种完全兼容SRv6架构的传输效率提升方案，主要定义了3类Flavor：REPLACE-C-SID Flavor、NEXT-C-SID Flavor，以及两者的组合NEXT&REPLACE-C-SID Flavor。其中，REPLACE-C-SID Flavor在业界又被称为G-SRv6，NEXT-C-SID Flavor在业界又被称为uSID。这两种Flavor的技术原理十分相似，都是通过删除SID的冗余信息来减少开销，差别主要在于C-SID的编排和更新方式不同。但是，这两种Flavor都只能在特定的条件下提供最佳传输效率，NEXT&REPLACE-C-SID Flavor则可以规避二者的缺点，得到最佳的传输效率。

后来，出于标准化节奏的考虑，NEXT&REPLACE-C-SID Flavor从工作组草案中拆出，转移到个人草案中继续标准化。目前，华为等厂商设备已经实现包含NEXT&REPLACE-C-SID在内的完整C-SID方案，可以满足所有业务场景和多厂商互通的需求，且在任何条件下均可提供最佳的传输效率。下面将详细介绍C-SID方案的技术细节。

1. C-SID

一般情况下，一个网络域中使用的SRv6 SID均从同一个用于SRv6部署的地址块中分配而来，因此这些SID都具有公共前缀（Common Prefix），在标准文稿中，这部分前缀被称为Locator Block。如果IPv6报文头的目的地址中的SID已经携带了公共前缀，那么SRH中的SID无须携带多个重复的公共前缀，从而减少报文开销。此外，如果多个SID的后半部分（如Arguments或Padding）均为0，那么会带来大量的冗余信息，减少这部分信息也可以减少报文开销。因此，在地址更新时，只需要更新差异部分，即可恢复出可用的SID作为目的地址，进而指导转发。完整SID的差异部分称为C-SID。完整SID和C-SID的关系如图2-3所示。

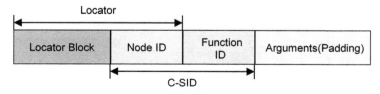

图 2-3　完整 SID 和 C-SID 的关系

根据IETF草案draft-ietf-spring-srv6-srh-compression的定义，C-SID由对应SID的Node ID和Function ID部分构成[4]，有16 bit和32 bit两种长度。从硬件处理性能、后

向兼容和可扩展性方面综合考虑，C-SID的理想长度是32 bit。但在中小规模网络中，也可以使用16 bit C-SID来减少开销。

一个C-SID可以携带不同的Flavor，比如REPLACE-C-SID、NEXT-C-SID和NEXT&REPLACE-C-SID。不同的Flavor对应的编码格式和处理方式略有不同，其差异在于C-SID在C-SID Container（容器）中的编码。

2. C-SID Container

C-SID Container是一个128 bit的字段，可用于携带包含一个或者多个C-SID的信息。Flavor不同，对应的C-SID Container的编排方式可能就不同。比如在NEXT-C-SID Flavor中，每个C-SID Container将承载一个Locator Block和若干个C-SID。而在REPLACE-C-SID Flavor的定义中，一个C-SID Container可以携带一个完整的SID或者最多携带4个32 bit的C-SID或8个16 bit的C-SID。对于携带多个C-SID的C-SID Container，若C-SID未填满C-SID Container，通过补充0对齐128 bit。而NEXT&REPLACE-C-SID Flavor的C-SID Container编码规则是上述两种Flavor的结合：第一个C-SID Container沿用NEXT-C-SID Flavor的规则（即一个Locator Block后跟随多个C-SID），后续的C-SID Container沿用REPLACE-C-SID Flavor的规则（即整个C-SID Container均为C-SID，不携带Locator Block）。3种Flavor的C-SID Container编码格式如图2-4所示。

32 bit的方案

REPLACE-C-SID

C-SID12	C-SID11	C-SID10	C-SID9
C-SID8	C-SID7	C-SID6	C-SID5
C-SID4	C-SID3	C-SID2	C-SID1
Locator Block		C-SID0	

NEXT-C-SID

Locator Block	C-SID6	C-SID7
Locator Block	C-SID4	C-SID5
Locator Block	C-SID2	C-SID3
Locator Block	C-SID0	C-SID1

NEXT&REPLACE-C-SID

C-SID13	C-SID12	C-SID11	C-SID10
C-SID9	C-SID8	C-SID7	C-SID6
C-SID5	C-SID4	C-SID3	C-SID2
Locator Block		C-SID0	C-SID1

16 bit的方案

REPLACE-C-SID

C-SID24	C-SID23	C-SID22	C-SID21	C-SID20	C-SID19	C-SID18	C-SID17
C-SID16	C-SID15	C-SID14	C-SID13	C-SID12	C-SID11	C-SID10	C-SID9
C-SID8	C-SID7	C-SID6	C-SID5	C-SID4	C-SID3	C-SID2	C-SID1
Locator Block						C-SID0	

NEXT-C-SID

Locator Block	C-SID12	C-SID13	C-SID14	C-SID15
Locator Block	C-SID8	C-SID9	C-SID10	C-SID11
Locator Block	C-SID4	C-SID5	C-SID6	C-SID7
Locator Block	C-SID0	C-SID1	C-SID2	C-SID3

NEXT&REPLACE-C-SID

C-SID27	C-SID26	C-SID25	C-SID24	C-SID23	C-SID22	C-SID21	C-SID20
C-SID19	C-SID18	C-SID17	C-SID16	C-SID15	C-SID14	C-SID13	C-SID12
C-SID11	C-SID10	C-SID9	C-SID8	C-SID7	C-SID6	C-SID5	C-SID4
Locator Block				C-SID0	C-SID1	C-SID2	C-SID3

注：每行代表一个128 bit的C-SID Container。

图2-4　3种 Flavor 的 C-SID Container 编码格式

📖 **说明**

图2-4中Locator Block的长度为64 bit。

图2-4中假设C-SID均刚好填满C-SID Container。实际上存在C-SID Container未填满的情况，可使用Padding补充。

综上所述，一个C-SID Container可以有4种格式，如图2-5所示。

- 一个C-SID Container中包含多个C-SID，比如4个32 bit的C-SID。以32 bit的C-SID为例，如图2-5（a）和图2-5（b）所示。图2-5（a）和图2-5（b）为REPLACE-C-SID Flavor C-SID Container格式，也是NEXT&REPLACE-C-SID第一个C-SID Container之后的C-SID Container格式。
- 一个C-SID Container中包含一个Locator Block和若干C-SID，如图2-5（c）和图2-5（d）所示。图2-5（c）和图2-5（d）为NEXT-C-SID Flavor C-SID Container的格式，也是NEXT&REPLACE-C-SID Flavor第一个C-SID Container的格式。其中，图2-5（d）是普通SRv6 SID的编码格式，也是REPLACE-C-SID Flavor第一个C-SID Container的格式。

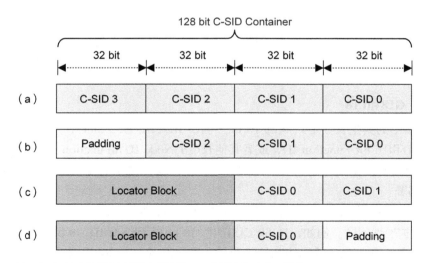

图 2-5　携带 32 bit C-SID 的 C-SID Container

简言之，SRv6传输效率提升的实现过程就是将包含多个C-SID的Segment List信息按照对应Flavor的编排方式写入C-SID Container。在转发过程中，节点根据SID对应的Flavor编码规则提取C-SID，还原出原始的SID，然后进行转发。

C-SID的编排和对应C-SID的更新方式由Flavor具体定义，简要介绍如下。

- REPLACE-C-SID Flavor主要将C-SID按顺序放在C-SID Container中，并通过在IPv6 DA（Destination Address，目的地址）中增加指针SI（SID Index，SID索引）来明确C-SID在对应C-SID Container中的相对位置。节点在处理这类SID时，根据SL与SI将对应的C-SID替换成IPv6 DA中的C-SID来实现更新。

- NEXT-C-SID Flavor主要在每个C-SID Container中都携带一个Locator Block和一系列C-SID。节点在处理这类SID时，通过将当前的C-SID弹出，并将后续的C-SID往前移位来更新IPv6 DA。该处理方法与MPLS标签栈弹出类似，随着报文转发，C-SID不断弹出。若SRH中没有携带完整的C-SID Container列表，就会在转发结束后，丢失完整的Segment List信息。

- NEXT&REPLACE-C-SID Flavor则结合了REPLACE-C-SID Flavor和NEXT-C-SID Flavor的处理方法。如果IPv6 DA的C-SID Container里存在多个C-SID，则执行NEXT-C-SID的处理动作，将C-SID弹出，后续C-SID左移组成新的IPv6 DA。当IPv6 DA中的C-SID更新至最后一个（此C-SID是C-SID Container的最后一个C-SID）时，说明该C-SID Container已经全部处理完毕，就进入REPLACE-C-SID的处理逻辑，从后续的C-SID Container中取出C-SID替换IPv6 DA中的C-SID。

下面将具体介绍这3种Flavor的处理细节，读者可以阅读IETF草案[4]获取更多信息。

3. GIB和LIB

C-SID的典型长度是32 bit或16 bit。当C-SID长度为32 bit时，可以包含16 bit Node ID和16 bit Function ID，或者其他长度的Node ID和Function ID的组合。因为32 bit C-SID可以提供较为充足的编码空间，所以能够方便地支持大规模网络的SRv6部署。

但当C-SID长度为16 bit时，无论如何分配，同时编码Node ID和Function ID都存在可扩展性问题。例如，16 bit C-SID中的8 bit用于Node ID，8 bit用于Function ID，这样仅能支持256个节点的编码和每个节点256个Function的编码，无法支持大规模网络的SRv6部署。

为了解决16 bit C-SID的可扩展性问题，可以将一个16 bit C-SID仅编码为Node ID或Function ID，而非同时编码两种信息。这就意味着Node ID和Function ID都具有16 bit的编码空间，但是为了避免全局可路由的Node ID和只有本地语义的Function ID的数值冲突，需要对16 bit C-SID的空间进行划分，于是引入了GIB（Global Identifiers Block，全局标识符块）和LIB（Local Identifiers Block，本地标识符块）：从GIB里面分配的C-SID为可路由的C-SID，可用于分配Node ID；从LIB中分配的C-SID仅本地有效，可用于分配Function ID。

　　因为有了GIB和LIB的空间划分，所以在采用16 bit C-SID传输效率提升方案时，还需要全网规划这两个空间。这个划分方法是灵活的，可根据现网具体情况进行划分，比如，可以将16 bit的前4 bit用作划分单元，将16 bit空间划分为16等份12 bit的空间，如图2-6所示。GIB可以占据前10份12 bit空间（0x0000～0x9FFF），而LIB占用后6份12 bit空间（0xA000～0xFFFF）。

图 2-6　GIB 和 LIB 的空间划分

　　需要注意的是，从LIB中分配的C-SID不具备全局路由能力，因此需要跨越多个节点到达某一个节点时，必须使用对应该节点的从GIB中分配的C-SID。如果还要指向该节点的特定Function，则必须使用对应该节点的、从GIB中分配的C-SID，以及对应Function的、从LIB中分配的C-SID的组合（即2个16 bit C-SID的组合）。

4. 适用于SRv6传输效率提升的SID类型

　　在RFC 8986中定义了End、End.X等多种SID的Behavior[2]。这些Behavior均可以与REPLACE-C-SID、NEXT-C-SID和NEXT&REPLACE-C-SID Flavor相结合，支持对应的传输效率提升方法。

　　此外，其他类型的SRv6 SID的SID Behavior，如SFC相关的SRv6 SID的Behavior也可以与以上的3种Flavor结合，组成适用于SRv6传输效率提升的SID[22]。

| 2.2 SRv6 传输效率提升的方法及工作范例 |

2.2.1 REPLACE-C-SID Flavor 及工作范例

1. REPLACE-C-SID Flavor

在正常的SRv6转发动作中，节点收到SRv6报文时，需要更新SL（如果SL大于0）指向下一个128 bit的SID，并将其更新到IPv6报文头的目的地址字段，再转发报文。但将C-SID编码到SRH中之后，每次更新的SID不一定是128 bit SID，还可能是32 bit C-SID或16 bit C-SID，因而还需要定义32 bit C-SID或16 bit C-SID更新的动作。

为了给SRv6 C-SID提供处理指示，IETF草案draft-ietf-spring-srv6-srh-compression定义了REPLACE-C-SID Flavor[4]。当节点处理携带REPLACE-C-SID Flavor的SID时，表示需要将Segment List中下一个C-SID更新到目的地址字段，再转发报文。

由于一个C-SID Container可能包含多个C-SID，为了定位下一个C-SID在C-SID Container中的具体位置，需要新增SI字段，其在SRv6报文头IPv6 DA字段中Arguments的最低位，如图2-7所示。

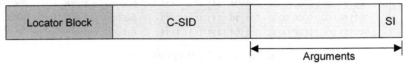

图 2-7　SI 字段的位置

以32 bit C-SID方案为例，REPLACE-C-SID Flavor对应的C-SID Container编码格式如图2-8所示。

REPLACE-C-SID12	REPLACE-C-SID11	REPLACE-C-SID10	REPLACE-C-SID9
REPLACE-C-SID8	REPLACE-C-SID7	REPLACE-C-SID6	REPLACE-C-SID5
REPLACE-C-SID4	REPLACE-C-SID3	REPLACE-C-SID2	REPLACE-C-SID1
Locator Block		REPLACE-C-SID0	Arguments

图 2-8　REPLACE-C-SID 对应的 C-SID Container 编码格式

在转发的过程中，只有当目的地址为REPLACE-C-SID Flavor SID时，节点才会读取该SID的Arguments的SI字段。此时，SL指示了SRH中活跃的C-SID

Container位置，而SI指示了C-SID在该C-SID Container中的位置。节点在处理REPLACE-C-SID Flavor的SID时，将相应更新SL和SI，并将位于SRH[SL][SI]的下一个C-SID更新到IPv6报文头的目的地址，替换目的地址中的C-SID，完成目的地址更新后进行转发。

　　简化的REPLACE-C-SID Flavor的伪代码如下所示。详细伪代码请参见标准文档（参考文献[4]）。

```
If ipv6 DA is a REPLACE-C-SID Flavor SID
  if DA.Arg.SI!=0
    DA[Block..Block+31] = SRH[SL][--DA.Arg.SI];
  else:
    DA.Arg.SI = 128/NF-1        //NF为Node ID与Function ID的长度之和
    DA[Block..Block+31] = SRH[--SL][DA.Arg.SI];
```

　　当节点收到一个数据报文，其IPv6目的地址是一个REPLACE-C-SID Flavor SID时，如果其中SI不等于0，则对SI减1，获取当前C-SID Container中的下一个C-SID，并更新到IPv6 DA字段；如果SI等于0，则意味着当前C-SID Container中已经没有需要处理的C-SID，此时需要对SL减1，并更新SI为最大的Index（如使用32 bit C-SID，最大的Index是3），然后获取下一个C-SID Container中的第一个C-SID，并更新到IPv6 DA字段。相比普通的SRv6，REPLACE-C-SID Flavor将Segment List从一个一维数组升级为二维数组。以32 bit C-SID为例，REPLACE-C-SID Flavor的更新示例如图2-9所示。

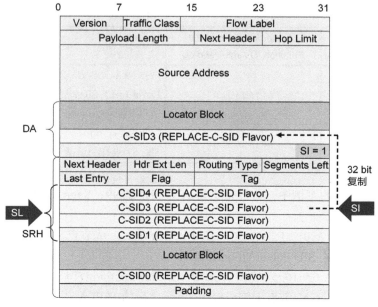

图2-9　REPLACE-C-SID Flavor 的更新示例

具体的实现中，在更新IPv6 DA之前，还会判断下一个C-SID是否为停止符0，以停止压缩处理。若在SL > 0的情况下终止压缩，节点将会把下一个128 bit SID更新到IPv6 DA并继续转发，因此REPLACE-C-SID Flavor的SID可以与128 bit SID混合编码在同一个SRH中，支持从普通128 bit SRv6平滑演进到SRv6传输效率的提升方案。

2. REPLACE–C–SID Flavor工作范例

为了方便深入理解，下面通过简单的范例，介绍REPLACE-C-SID Flavor方法。假设该方法使用的网络拓扑如图2-10所示，其中N1到N9所有节点都支持REPLACE-C-SID方法。

N1　　N2　　N3　　N4　　N5　　N6　　N7　　N8　　N9

图 2-10　网络拓扑

网络初始化之后，节点配置REPLACE-C-SID Flavor的SID，并通过IGP、BGP、BGP-LS等协议发布到网络中或上送给控制器。

配置SID可以遵循表2-1的规则。所有SID的Locator Block长度均为64 bit，C-SID长度为32 bit，其中Node ID和Function ID长度均为16 bit，Arguments长度为32 bit。

表 2-1　REPLACE-C-SID Flavor 方法配置 SID 的规则

SID	Locator Block/Node ID/Function ID/Args/Padding	说明
2001:DB8:A:0:k:1::	64/16/16/32/0	节点 Nk（k=1～8）分配的 REPLACE-C-SID Flavor End.X SID（绑定到 Nk 并指向 Nk+1 节点的链路）
2001:DB8:A:0:9:10::	64/16/16/32/0	节点 N9 的 REPLACE-C-SID Flavor End.DT4 SID（节点 N9 上部署了 VPN 实例）

在这个简单的案例中，假设报文将从N1转发到N9，Segment List共包含9个SID。

- 2001:DB8:A:0:1:1:: ～ 2001:DB8:A:0:8:1::，从节点N1～N8分配的8个REPLACE-C-SID Flavor的End.X SID。
- 2001:DB8:A:0:9:10::为REPLACE-C-SID Flavor的End.DT4 SID。

图2-11给出了在N1节点上完成SID的编码之后的REPLACE-C-SID Flavor方法

转发示意，其中IPv6 SA为2001:DB8:B:1::1。在Reduced模式下，Segment List不携带第一个SID，所以End.X SID 2001:DB8:A:0:1:1::被直接放置在IPv6 DA字段，未被编码在Segment List中。

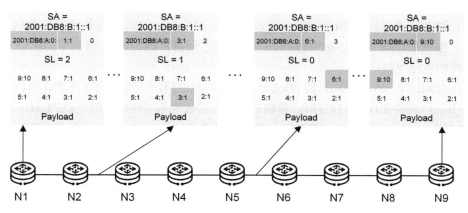

图 2-11　REPLACE-C-SID Flavor 方法转发示意

REPLACE-C-SID Flavor方法的转发流程简述如下。

① 节点N1封装好数据包后，查询转发表并发现IPv6 DA值2001:DB8:A:0:1:1::是本地发布的End.X SID，且携带REPLACE-C-SID Flavor，该SID指示更新下一个32 bit的C-SID，并从该SID绑定的接口发送到N2。此时，SL=2，SI=0，所以SL减1设置为1，SI设置为3，N1将SI指向的2:1复制到IPv6 DA中更新C-SID，生成了新的IPv6 DA 2001:DB8:A:0:2:1::3，然后将报文从2001:DB8:A:0:1:1::指定接口发送到节点N2。

② 节点N2收到数据包时，目的地址匹配到本节点发布的携带REPLACE-C-SID Flavor的End.X SID。此时，SL=1，SI=3，大于0，所以按照SID的指示更新，SI减1，设置为2。然后将SI指向的3:1复制到IPv6 DA中更新C-SID，生成了新的IPv6 DA 2001:DB8:A:0:3:1::2，并将数据包从2001:DB8:A:0:2:1::指定接口转发到节点N3。

③ 同理，后续节点N3～N8基于SL和SI的值，将对应的C-SID更新到IPv6 DA字段，然后通过指定接口转发。

④ 节点N9收到数据包时，基于目的地址查表，匹配到FIB中的REPLACE-C-SID Flavor的End.DT4 SID 2001:DB8:A:0:9:10::对应的转发表项，然后按照SID的指令将外层报文头解封装，并在指定的VPN中查表转发。

3. 总结

REPLACE-C-SID可支持32 bit C-SID和16 bit C-SID方案。32 bit C-SID可用于任意规模的网络，提供更大的编码范围，且每个C-SID与Locator Block组成的前缀均为可路由前缀，保留了SRv6与SR-MPLS相比可路由的优点。16 bit C-SID适用于中小规模网络，需要遵从GIB/LIB的地址规划，才能提供足够的编址空间。但由于单个C-SID可能从LIB中分配，因此并非所有的C-SID与Locator Block组成的前缀都可路由，从而失去了SRv6可路由的优势，地址规划也相对复杂。

由于REPLACE-C-SID第一个SID用于携带Locator Block等信息，没有进行压缩，这意味着采用REPLACE-C-SID方法时，对Locator Block的长度没有限制要求，也就是对网络的IPv6地址规划不会引入额外的特殊要求，这有利于简化SRv6网络的地址规划。

与NEXT-C-SID相比，因为REPLACE-C-SID的第一个SID没有压缩，所以当Segment List中SID数目较少时，传输效率提升的效果不够明显。但是REPLACE-C-SID的Locator Block信息不需要冗余携带，因此当Segment List中SID数量增加时，传输效率提升的效果会跟NEXT-C-SID逐渐相当，甚至更好。

综上所述，REPLACE-C-SID可以很好地平衡SRv6网络的可扩展性和传输效率，并且最大限度地保留SRv6的路由能力及优势，因此在需要SRv6传输效率提升的场景中推荐优先考虑REPLACE-C-SID 32 bit传输效率提升方法。

2.2.2　NEXT-C-SID Flavor 及工作范例

1. NEXT-C-SID Flavor

与REPLACE-C-SID类似，当NEXT-C-SID Flavor的C-SID被编码到SRH之后，每次更新的SID不一定是128 bit的SID，也有可能是32 bit C-SID或16 bit C-SID，因而还需要定义32 bit C-SID或16 bit C-SID更新的动作。

为了指示SRv6 C-SID的处理，IETF草案draft-ietf-spring-srv6-srh-compression也定义了NEXT-C-SID Flavor[4]，用于指示节点按照NEXT-C-SID flavor方式更新C-SID。

在NEXT-C-SID Flavor的编码中，一个C-SID Container包含一个Locator Block和多个C-SID。以16 bit C-SID方案为例，图2-12展示了NEXT-C-SID对应的C-SID Container编码格式。

Locator Block	NEXT-C -SID12	NEXT-C -SID13	NEXT-C -SID14	NEXT-C -SID15
Locator Block	NEXT-C -SID8	NEXT-C -SID9	NEXT-C -SID10	NEXT-C -SID11
Locator Block	NEXT-C -SID4	NEXT-C -SID5	NEXT-C -SID6	NEXT-C -SID7
Locator Block	NEXT-C -SID0	NEXT-C -SID1	NEXT-C -SID2	NEXT-C -SID3

图 2-12　NEXT-C-SID 对应的 C-SID Container 编码格式

在转发的过程中，只有当目的地址为NEXT-C-SID Flavor SID时，节点才会读取该SID的Arguments字段。此时，Arguments字段可能携带后续的C-SID。节点在处理NEXT-C-SID Flavor的SID时，通过移动当前C-SID的非0 Arguments字段（后续C-SID），覆盖当前的C-SID，即可完成整个IPv6 DA的更新，然后进行转发。

以16 bit C-SID为例，简化的NEXT-C-SID Flavor的伪代码如下所示。详细伪代码请参见标准文档（参考文献[4]）。

```
If ipv6 DA is a NEXT-C-SID Flavor SID
   if DA.Arg!=0
      DA[Block..127-16] = DA[Block+15..127];
      DA[127-16..127] = 0;
   else:
      DA = SRH[--SL];
```

当节点收到一个数据报文，其IPv6目的地址是一个NEXT-C-SID Flavor SID时，如果其中Arguments非0，则将后续的比特往左移动n位（n为16或32）到Locator Block右侧，覆盖当前C-SID。左移后产生的最右侧的n位（n为16或32）需要补0。如果C-SID之后的数值为0，则更新下一个C-SID Container到IPv6 DA。以16 bit C-SID为例（Locator Block长度为64 bit），NEXT-C-SID Flavor的更新示例如图2-13所示。

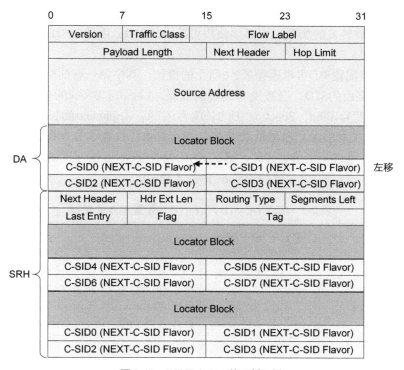

图 2-13　NEXT-C-SID 的更新示例

当一个C-SID Container处理结束且SL > 0时，节点需要将下一个128 bit的C-SID Container完整更新到目的地址中。如果下一个SID是一个128 bit的普通SRv6 SID，转发动作就恢复成普通的SRv6转发。可见，NEXT-C-SID序列也支持与128 bit的普通SRv6 SID在一个SRH中混编，从而支持从普通128 bit SRv6平滑演进到SRv6传输效率的提升方案。

以上为携带SRH时的处理逻辑，NEXT-C-SID也支持仅在DA中携带唯一的C-SID Container而不携带SRH。为此，需要在处理Upper-Layer扩展头的代码前插入NEXT-C-SID Flavor的处理代码，从而支持在不携带SRH的情况下，执行NEXT-C-SID Flavor SID的转发动作。

2. NEXT–C–SID Flavor工作范例

假设NEXT-C-SID Flavor方法使用的网络拓扑如图2-10所示，其中N1到N9所有节点都支持NEXT-C-SID Flavor方法。

网络初始化之后，节点配置NEXT-C-SID Flavor的SID，并通过IGP、BGP、BGP-LS等协议发布到网络中或上送给控制器。

为了体现16 bit传输效率提升的效果，此处全部使用从LIB中分配的C-SID进行编码，省掉从GIB中分配的节点C-SID（若携带对应的GIB分配的C-SID，则携带的C-SID数目翻倍，压缩效果等价于使用32 bit C-SID）。此处存在一个强制的要求，即必须逐跳指定SID，才能使得每个SID都能在对应的节点上正确处理；若存在跨AS多跳转发的场景，则必须使用可路由的SID，因此C-SID数量也会相应增加。

各个节点配置SID可以遵循表2-2所示的规则，其中第一行的SID为拥有Node ID字段的可路由的SID，会被发布到其他节点，Locator Block的长度为64 bit，Node ID的长度为16 bit，Function ID的长度为16 bit，Arguments的长度为32 bit。第二行SID是其关联SID，无Node ID字段，不可路由，仅在本节点有效，不会发布到其他节点，可进一步节省开销。第三行SID是拥有Node ID字段的End.DT4 VPN SID，而最后一行是与之关联的无Node ID的本地SID。

表 2-2　NEXT-C-SID Flavor 方法配置 SID 的规则

SID	Locator Block/Node ID/Function ID/Args/Padding	说明
2001:DB8:A:0:k:F001::	64/16/16/32/0	节点 Nk（k=1 ～ 8）分配的本地 NEXT-C-SID Flavor 的 End.X SID（Function ID 均为 F001，绑定到 Nk 并连接到 Nk+1 节点的链路）

续表

SID	Locator Block/Node ID/Function ID/Args/Padding	说明
2001:DB8:A:0:F001::	64/0/16/48/0	与上述 NEXT-C-SID Flavor End.X 关联的无 Node ID 的 NEXT-C-SID Flavor End.X SID（Function ID 均为 F001，绑定到 Nk 并连接到 Nk+1 节点的链路）。用于支持无 Node ID 时的转发
2001:DB8:A:0:9:FF00::	64/16/16/0/32	节点 N9 的 End.DT4 SID，Function ID 为 FF00（节点 N9 上部署了 VPN 实例）
2001:DB8:A:0:FF00::	64/0/16/0/48	与上述 End.DT4 SID 关联的无 Node ID 的 End.DT4 SID。用于支持无 Node ID 时的转发

这里假设16 bit的NEXT-C-SID的GIB为0x0000～0x9FFF，LIB为0xA000～0xFFFF。全局可路由C-SID仅可从GIB中分配（如End SID中的k），而本地C-SID仅可从LIB中分配（如End.X SID中的F001）。在前面32 bit的REPLACE-C-SID工作范例中，Node ID和Function ID分别独占不同的位置，不需要划分GIB和LIB。

从表2-2可知，从GIB中分配的Node ID可以在使用时去掉，仅使用从LIB中分配的本地Function ID来指导转发即可，从而进一步减少开销。但由于LIB分配的数值仅本地有效，所以需要确保对应的本地C-SID仅在分配它的节点上被处理。

而为了支持单独的LIB匹配，需要多配置一条本地的SID表项，用于匹配单独使用LIB C-SID的情况。如节点N1分配的SID 2001:DB8:A:0:1:F001::，还需要额外增加一个对应的不携带Node ID的SID 2001:DB8:A:0:F001::（注意此处的Node ID 1被省略），用于匹配仅使用Function ID的C-SID。这是NEXT-C-SID使用GIB/LIB的代价之一，即表项比全部使用带Node ID的可路由的普通SRv6或REPLACE-C-SID的本地转发表项多一倍。

在这个案例中，假设报文将从N1转发到N9，Segment List共包含9个SID。

- 前8个SID数值为2001:DB8:A:0:k:F001::，是由节点N1～N8分配的NEXT-C-SID Flavor的End.X SID，其Node ID为从GIB中分配的k，Function ID为从LIB中分配的F001。
- 2001:DB8:A:0:9:FF10::，End.DT4类型的VPN SID，其Node ID为从GIB中分配的9，Function ID为从LIB中分配的FF00。

在Segment List编码为压缩Segment List时，可将全部的Node ID忽略掉，仅使用对应SID的Function ID部分作为C-SID编码到C-SID Container中即可，从而省掉从GIB中分配的Node ID的开销，也就是从2001:DB8:A:0:k:F001::变为2001:DB8:A:0:F001::（若携带对应的GIB分配的C-SID，则携带的C-SID数量翻倍，传输效率提升的效果等价于使用32 bit C-SID）。但此处存在一个强制的要求，即必须逐跳指定SID，才能使得每个SID都能在对应的节点上正确处理；若存在跨AS多跳转发的场景，则必须使用可路由的SID引导数据包到指定节点，再处理本地SID，开销会相对增加。

图2-14给出了经过编码之后的NEXT-C-SID Flavor方法转发示意。

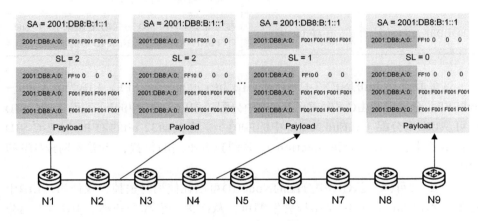

图 2-14　NEXT-C-SID Flavor 方法转发示意

NEXT-C-SID Flavor方法的转发流程简述如下。

① 节点N1封装好数据包后，目的地址2001:DB8:A:0:F001:F001:F001:F001匹配到本节点发布的NEXT-C-SID Flavor End.X SID关联的本地SID 2001:DB8:A:0:F001::/80（如果发布的SID中携带Node ID，则此处匹配的为关联的无Node ID的SID）。由于IPv6 DA中Arguments非0，因此将F001:F001:F001左移，更新IPv6 DA为2001:DB8:A:0:F001: F001:F001::，然后将数据包从指定的接口发往N2。

② 节点N2收到数据包时，目的地址2001:DB8:A:0:F001:F001:F001::匹配到本节点发布的NEXT-C-SID Flavor End.X SID关联的本地SID 2001:DB8:A:0:F001::/80，由于IPv6 DA中Arguments非0，因此将F001:F001左移，更新IPv6 DA为2001:DB8:A:0:F001:F001::，然后将数据包从指定的接口发往N3。

③ 同理，节点N3将数据包转发给N4。

④ 节点N4收到数据包时，目的地址2001:DB8:A:0:F001::匹配到本节点发

布的NEXT-C-SID Flavor End.X SID关联的本地SID 2001:DB8:A:0:F001::/80，由于IPv6 DA中Arguments为0，因此下一个128 bit的C-SID Container中的内容2001:DB8:A:0:F001:F001:F001:F001更新到目的地址，然后将数据包从指定的接口发往N5。

⑤ 同理，后续节点N6～N8按照NEXT-C-SID的转发方式将数据包继续转发。

⑥ 节点N9收到数据包时，基于目的地址2001:DB8:A:0:FF10::查表并匹配到FIB中的End.DT4 SID关联的本地SID2001:DB8:A:0:FF10::对应的转发表项，按照指令将外层报文头解封装，使用内层报文继续在VPN转发表中查表转发。

3. 总结

前文提到，只有NEXT-C-SID依赖较短的Locator Block，才能提供较好的传输效率。但在现实部署中，短前缀意味着大地址空间，也就意味着大量的地址被使用。一般的运营商很难提供48 bit甚至32 bit的GUA（Global Unicast Address，全球单播地址）前缀用于部署SRv6。因此，为了保证足够的传输效率，在部署NEXT-C-SID时只能选择本地地址，如ULA（Unicast Local Address，单播本地地址）。但选择ULA会导致SID仅在AS内可路由，在需要提供全局可路由能力的场景里无法使用。由于ULA尚未完成标准化，存在未知风险，所以部署者需根据部署的实际情况选择GUA或ULA的Locator Block。但无论选择GUA还是ULA，都需要在AS边界路由器上进行地址过滤配置，防止意外泄露SRv6相关的路由或SID到AS外。从这个角度看，ULA并不比GUA更安全，两者在安全上没有差异。

📖 **说明**

> RFC 4193仅定义了FD00::/8的ULA使用方法，FC00::/8还未标准化[23]。

由于NEXT-C-SID的每一个C-SID Container都携带一定长度的Locator Block，当携带多个C-SID Container时，就携带了多份冗余的Locator Block信息，从而影响了传输效率。此外，由于需要携带Locator Block，若使用32 bit C-SID，一个C-SID Container最多仅编码3个C-SID（Locator Block长度小于或等于32 bit）；当Locator Block长于32 bit时，一个C-SID Container最多仅编码2个C-SID，传输效率较差。为提供更高的传输效率，NEXT-C-SID建议使用16 bit的C-SID而非32 bit的C-SID，因此更适合中小规模网络。

使用16 bit的C-SID时，不可避免地需要将16 bit的空间划分为GIB和LIB两个部分，这在一定程度上增加了网络规划的复杂度。为了支持本地C-SID（16 bit Function ID）的单独匹配和完整可路由C-SID + 本地C-SID的组合（16 bit Node ID +16 bit

Function ID）匹配，需要在本地路由表中维持2个表项。与仅从GIB中分配的32 bit的REPLACE-C-SID和普通的128 bit SRv6 SID相比，这种方式增加了接近一倍的表项。

此外，在C-SID能完全放置在一个C-SID Container的场景中，为了减小报文头开销，SRH可能不会被加入IPv6报文。这虽然节省了8 Byte的开销，但也带来了额外的安全隐患。因为当前很多的SRv6安全措施基于SRH判断是否需要过滤流量，以此避免通过源路由进行网络攻击，而不带SRH的NEXT-C-SID List可以绕过这个限制实现攻击。由此需要在部署时增加一些额外的配置，对不携带SRH的数据包也进行检测和过滤。此外，没有SRH而执行段路由也会在与其他IPv6扩展头组合使用时带来丢包和处理效率降低的风险；比如与IPSec系列报文头［AH（Authentication Header，认证头）与ESP（Encapsulate Security Payload，封装安全载荷）］组合使用时，可能会造成中间节点因为没有检查到SRH而直接处理了IPSec报文头，从而导致丢包或转发性能显著下降的情况。不携带SRH也会导致原本出现在SRH之后的DOH2字段意外出现在原本属于DOH1字段的位置，导致本该在最终节点处理的DOH2字段变为逐个SRv6 Endpoint节点处理的DOH1字段。综上所述，建议在使用NEXT-C-SID时，谨慎选择不带SRH，并建议在与其他IPv6扩展报文头组合使用时携带SRH，从而避免潜在风险。

在某些情况下，为了降低报文头开销，SRv6有可能使用Reduced模式将放入DA的第一个C-SID Container省略掉，不携带到SRH中。这种方法的优点是减小了开销，但对于16 bit的NEXT-C-SID方案，因为一个C-SID Container中包含了多个SID的信息，并在转发过程中左移覆盖，所以会导致报文转发到目的节点时无法获取完整的Segment List信息。尤其当仅有一个C-SID Container时，会完全丢失路径信息。因此，对于需要跟踪数据包转发路径的场景，要避免使用Reduced模式。

2.2.3　NEXT&REPLACE-C-SID Flavor 及工作范例

1. NEXT&REPLACE-C-SID Flavor

前文提到REPLACE-C-SID中第一个SID无法压缩，导致SRH中的SID数量少时，传输效率提升的效果不明显；NEXT-C-SID中每个C-SID Container都要携带Locator Block，这会造成冗余。这两种Flavor单独使用时都无法提供最佳效果。NEXT&REPLACE-C-SID Flavor结合了两种Flavor，吸取了它们的优点，实现了最佳的传输效率提升效果。

NEXT&REPLACE-C-SID的第一个C-SID Container的编码方式同NEXT-C-SID，即携带一个较短的Locator Block和若干个C-SID，但后续的C-SID Container

的编码方式同REPLACE-C-SID。因此它继承了NEXT-C-SID第一行可以携带多个C-SID的优点，解决了REPLACE-C-SID第一行只能携带一个C-SID的问题，同时，也继承了REPLACE-C-SID后续的C-SID Container不携带Locator Block的优点，解决了NEXT-C-SID每个C-SID Container都需要带Locator Block的问题，从而提供了最佳的传输效率。以16 bit C-SID方案为例，对应的编码格式如图2-15所示。

C-SID27	C-SID26	C-SID25	C-SID24	C-SID23	C-SID22	C-SID21	C-SID20
C-SID19	C-SID18	C-SID17	C-SID16	C-SID15	C-SID14	C-SID13	C-SID12
C-SID11	C-SID10	C-SID9	C-SID8	C-SID7	C-SID6	C-SID5	C-SID4
Locator Block				C-SID0	C-SID1	C-SID2	C-SID3

图 2-15　NEXT&REPLACE-C-SID 对应的 C-SID Container 编码格式

对应地，NEXT&REPLACE-C-SID Flavor SID的转发是NEXT-C-SID和REPLACE-C-SID的结合版。简化的NEXT&REPLACE-C-SID Flavor的伪代码如下所示。

```
If ipv6 DA is a NEXT&REPLACE-C-SID Flavor SID
  if DA.Arg.Next!=0
    NEXT-C-SID Processing
  else:
     REPLACE-C-SID Processing;
```

📖 **说明**

DA.Arg.Next表示DA中下一个C-SID，即Arguments中最高 n bit（即C-SID长度）的数值。

当收到一个NEXT&REPLACE-C-SID Flavor SID时，如果IPv6 DA中当前C-SID后面的 n bit（即C-SID的长度）非0，则执行NEXT-C-SID Flavor的处理：将后续的比特左移，更新IPv6 DA继续转发。若后面的 n bit（即C-SID的长度）为0，代表IPv6 DA中的C-SID已经是当前C-SID Container中最后一个C-SID，则执行REPLACE-C-SID的处理，即通过SL和SI的指示，从SRH中取出下一个C-SID来更新IPv6 DA。换句话说，只要IPv6 DA中存在多个C-SID，则执行NEXT-C-SID处理；若只存在一个C-SID，则执行REPLACE-C-SID处理。

以16 bit C-SID为例，NEXT&REPLACE-C-SID Flavor的更新示例如图2-16所示。

与REPLACE-C-SID和NEXT-C-SID同理，NEXT&REPLACE-C-SID SID也支持与普通SID在一个SRH中混编，从而支持从普通128-bit SRv6平滑演进到SRv6传输效率提升的方案。

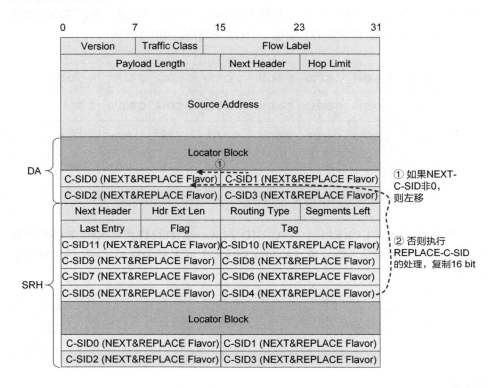

图 2-16　NEXT&REPLACE-C-SID Flavor 的更新示例

2. NEXT&REPLACE–C–SID Flavor工作范例

假设NEXT&REPLACE-C-SID Flavor方法使用的网络拓扑如图2-10所示，其中N1到N9所有节点都支持NEXT&REPLACE-C-SID Flavor方法。

网络初始化之后，节点配置NEXT&REPLACE-C-SID Flavor的SID，并通过IGP、BGP、BGP-LS等协议发布到网络中或上送给控制器。

与NEXT-C-SID Flavor类似，各个节点配置SID可以遵循表2-3所示的规则，其中第一行的SID为拥有Node ID字段的可路由的SID，会被发布到其他节点，Locator Block长度为64 bit，Node ID长度为16 bit，Function ID长度为16 bit，Arguments长度为32 bit。第二行SID是其关联SID，无Node ID字段，不可路由，仅在本节点有效，不会发布到其他节点，可进一步节省开销。第三行SID是拥有Node ID字段的End.DT4 VPN SID，而最后一行是与之关联的无Node ID的本地SID。

表 2-3　NEXT&REPLACE-C-SID Flavor 方法配置 SID 的规则

SID	Locator Block/Node ID/Function ID/Args/Padding	说明
2001:DB8:A:0:k:F001::	64/16/16/32/0	节点 Nk（$k=1 \sim 8$）分配的本地 NEXT&REPLACE-C-SID Flavor 的 End.X SID（Function ID 均为 F001，绑定到 Nk 并连接到 Nk+1 节点的链路）
2001:DB8:A:0:F001::	64/0/16/48/0	与上述 NEXT&REPLACE-C-SID Flavor End.X 关联的无 Node ID 的 NEXT&REPLACE-C-SID Flavor End.X SID（Function ID 均为 F001，绑定到 Nk 并连接到 Nk+1 节点的链路）。用于支持无 Node ID 时的转发
2001:DB8:A:0:9:FF00::	64/16/16/0/32	节点 N9 的 NEXT&REPLACE-C-SID Flavor End.DT4 SID，Function ID 为 FF00（节点 N9 上部署了 VPN）
2001:DB8:A:0:FF00::	64/0/16/0/48	与上述 NEXT&REPLACE-C-SID Flavor End.DT4 SID 关联的无 Node ID 的 NEXT&REPLACE-C-SID Flavor End.DT4 SID。用于支持无 Node ID 时的转发

这里假设 16 bit 的 NEXT&REPLACE-C-SID 的 GIB 为 0x0000～0x9FFF，LIB 为 0xA000～0xFFFF。全局可路由 SID 仅可从 GIB 中分配，而本地 SID 仅可从 LIB 中分配。分配方法同前述 16 bit 的 NEXT-C-SID 的工作范例。

同理，从 GIB 中分配的 Node ID 可以在使用时去掉，仅使用从 LIB 中分配的本地 Function ID 来指导转发即可，从而进一步减少开销。但由于从 LIB 中分配的数值仅本地有效，所以需要确保对应的本地 C-SID 仅在分配它的节点上被处理。

而为了支持单独的 LIB 匹配，需要多配置一条本地的 SID 表项，用于匹配单独使用 LIB C-SID 的情况。如节点 N1 分配的 SID 2001:DB8:A:0:1:F001::，还需要额外增加一个对应的不携带 Node ID 的 SID 2001:DB8:A:0:F001::（注意此处的 Node ID 1 被省略），用于匹配仅使用 Function ID 的 C-SID。这是 NEXT&REPLACE-C-SID 使用 GIB/LIB 的代价之一，即表项比全部使用带 Node ID 的可路由的普通 SRv6 或 REPLACE-C-SID 的本地转发表项多一倍。

在这个案例中，假设报文将从 N1 转发到 N9，Segment List 共包含 9 个 SID。

● 前 8 个 SID 数值为 2001:DB8:A:0:k:F001::，是由节点 N1～N8 分配的 NEXT&REPLACE-C-SID Flavor 的 End.X SID，Node ID 为从 GIB 中分配的 k，Function ID 为从 LIB 中分配的 F001。

● 2001:DB8:A:0:9:FF10::，NEXT&REPLACE-C-SID Flavor End.DT4类型的
VPN SID，Node ID为从GIB中分配的9，Function ID为从LIB中分配的FF00。

在Segment List编码为压缩Segment List时，可将全部的Node ID忽略掉，仅使用对应SID的Function ID部分作为C-SID编码到C-SID Container中即可，从而省掉GIB分配的Node ID的开销，即从2001:DB8:A:0:k:F001::变为2001:DB8:A:0:F001::（若携带对应的GIB分配的C-SID，则携带的C-SID数量翻倍，压缩效果等价于使用32 bit C-SID）。此处存在一个强制的要求，即必须逐跳指定SID，才能使得每个SID都能在对应的节点上正确处理；若存在跨AS多跳转发的场景，则必须使用可路由的SID引导数据包到指定节点，再处理本地SID，因此SID数量也会相应增加。

图2-17给出了经过编码之后的NEXT&REPLACE-C-SID Flavor方法转发示意。

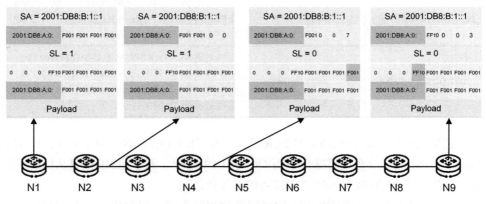

图 2-17　NEXT&REPLACE-C-SID Flavor 方法转发示意

NEXT&REPLACE-C-SID Flavor方法的转发流程简述如下。

① 节点N1封装好数据包后，目的地址2001:DB8:A:0:F001:F001:F001:F001匹配到本节点发布的NEXT&REPLACE-C-SID Flavor End.X SID关联的本地SID 2001:DB8:A:0:F001::/80。IPv6 DA中Arguments非0，因此将F001:F001:F001左移，更新IPv6 DA为2001:DB8:A:0: F001:F001:F001::，然后将数据包从指定的接口发往N2。

② 节点N2收到数据包时，目的地址2001:DB8:A:0: F001:F001:F001::匹配到本节点发布的NEXT&REPLACE-C-SID Flavor End.X SID关联的本地SID 2001:DB8:A:0:F001::/80。IPv6 DA中Arguments非0，因此将F001:F001左移，更新IPv6 DA为2001:DB8:A:0:F001:F001::，然后将数据包从指定的接口发往N3。

③ 同理，节点N3将数据包转发给N4。

④ 节点N4收到数据包时，目的地址2001:DB8:A:0:F001::匹配到本节点发布的NEXT&REPLACE-C-SID Flavor End.X SID关联的本地SID 2001:DB8:A:0:F001::/80，IPv6 DA中当前C-SID后面的 n bit（即C-SID的长度）为0，因此进入REPLACE-C-SID flavor的处理：此时Arguments.SI为0，因此将SL减1，设置为0，另外，C-SID Container中有8个C-SID，因此将SI设置为7。此后N4将下一个C-SID从SRH[0][7]取出并更新到DA，然后将数据包从指定的接口发往N5。

⑤ 与REPLACE-C-SID处理同理，后续节点N6~N8按照REPLACE-C-SID的转发方式继续转发数据包。

⑥ 节点N9收到数据包时，基于目的地址2001:DB8:A:0:FF10::3查表并匹配到FIB中的NEXT&REPLACE-C-SID Flavor End.DT4 SID关联的本地SID 2001:DB8:A:0:FF10::对应的转发表项，按照指令将外层报文头解封装，使用内层报文继续在VPN表中查表转发。

3. 总结

综上所述，NEXT-C-SID和REPLACE-C-SID在不同的场景中都能提供较好的传输效率，但都存在较为明显的约束，而两者的结合可以达到最佳的传输效率提升效果。

NEXT&REPLACE-C-SID综合了REPLACE-C-SID和NEXT-C-SID的优势。当采用32 bit NEXT&REPLACE-C-SID方案时，因为第一个C-SID Container里面可能有多个C-SID，所以可以获得比32 bit REPLACE-C-SID更高的传输效率。但这种传输效率的提升效果有限，因此推荐直接使用32 bit REPLACE-C-SID，可使得SRv6 SID的Locator Block和Arguments规划也具有更好的可扩展性。如果SRv6网络的规模可控，并需要达成更高的传输效率，可以采用16 bit NEXT&REPLACE-C-SID方案。这样不论Segment List里SID的数量多少，都能够获得比NEXT-C-SID或REPLACE-C-SID更高的传输效率。

| 2.3　SRv6 传输效率提升方案的部署 |

32 bit C-SID方案与128 bit SID方案相比，SRv6报文头最多可以节省75%的开销。如果使用16 bit C-SID方案，则可以节省更多的开销。但是在现网部署中，需要结合当前网络的流量特征、地址规划的难易程度、可维护性和可扩展性等因素综合评估，从而选择合适的C-SID方案，不能盲目追求使用更短的C-SID。

因为C-SID的长度与传输效率、可编程能力等有直接关系：C-SID长度越短，传输效率越高，可编程能力和可扩展性越弱，对地址要求越复杂；而C-SID长度越长，则传输效率越低，但可编程能力和可扩展性越强，对地址规划的要求也越简单。

相比SR-MPLS，SRv6的主要优势就是可编程空间更大、可扩展性更强。因此，如果报文头开销对现网的影响并不大，建议直接部署SRv6。如果需要提升传输效率，则优选能更好平衡可扩展性和传输效率的32 bit C-SID方案。如果是对开销敏感的微波和租用链路等场景，则进行综合评估后使用16 bit C-SID方案。

整体上看，部署SRv6传输效率提升方案有两种路径：直接部署SRv6传输效率提升方案；基于已部署的SRv6，升级SRv6传输效率提升方案。

SRv6传输效率提升技术完全兼容SRv6，因此可以实现平滑演进。由于篇幅限制，本节以REPLACE-C-SID Flavor为例介绍SRv6传输效率提升方案的部署。

SRv6传输效率提升方案的基本原理是通过删除SID的冗余信息来减少开销，因此SRv6传输效率提升方案对部署的要求主要体现在SRv6 Locator地址的规划上，而对IGP、BGP、VPN等业务的规划和部署没有额外要求。

SRv6 SID属于网络地址，其地址规划除了遵循IPv6地址规划原则，还需要在Interface ID部分做进一步的规划，以满足C-SID的要求。32 bit REPLACE-C-SID的SRv6部署地址规划范例如图2-18所示。

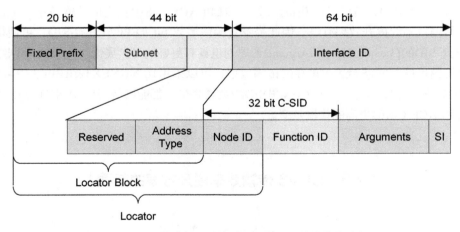

图 2-18　32 bit REPLACE-C-SID 的 SRv6 部署地址规划范例

如图2-18所示，REPLACE-C-SID Flavor对SRv6 SID仅增加了一些要求：Node ID和Function ID的总长度为32 bit，且Function ID后面的全部比特被设置为Arguments字段。

如果使用一个SRv6 Locator同时分配支持C-SID和普通的SID，可以通过Node ID之后的比特来区分C-SID的Function ID和普通SRv6 SID的Function ID。

在配置C-SID时，Function ID部分非0，而Arguments部分置0。在配置普通的SID时，避开用于分配支持C-SID的Function ID比特（将其置0），选择其后面的比特来分配Function ID即可。例如，SRv6 Locator的规划为2001:DB8:0:X::/64，用于C-SID的Function ID为bit 65～80，而用于分配给普通SRv6 SID的Function ID可以选择bit 80之后的比特，比如bit 81～128。在分配C-SID时，bit 65～80非0，bit 81～128置0；在分配普通SRv6 SID时，bit 65～80置0，bit 81～128非0。具体如图2-19所示。

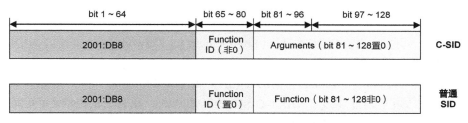

图 2-19　2001:DB8:0:X::/64 分配 C-SID 与分配普通 SID 示意

综合以上地址规划的建议和真实的网络情况，不同的网络可以选择部署不同的SRv6传输效率提升方案。

- 如果从MPLS网络直接部署SRv6传输效率提升方案，则可按照上述SRv6 Locator地址规划建议进行规划。
- 如果网络已经部署了SRv6且Locator地址的规划符合上述的要求，则可以直接在已有基础上分配C-SID并用于支持SRv6传输效率提升，从而完成升级。
- 如果网络已经部署了SRv6且Locator地址不符合上述地址要求，则建议重新规划一套Locator地址用于部署SRv6传输效率提升方案。

| 2.4　SRv6 传输效率提升方案的产业进展 |

目前，C-SID方案文稿得到了来自业界50多个企业和高校的广泛支持，并被IETF SPRING工作组接收为草案，预计将于2025年5月发布成RFC。

从2020年开始，业界就基于C-SID草案成功完成了多轮C-SID互通测试，充分证明了C-SID技术的可行性。

2020年12月，在中国移动的实验室，华为与思科完成了完整的C-SID互通测试，包含REPLACE-C-SID与NEXT-C-SID等全部特性[4]。此外，中国移动还组织了12家设备厂商的大规模REPLACE-C-SID的互通测试。参与测试的包括华为、中兴通讯、新华三集团（H3C）、锐捷（Ruijie）等路由器厂商，博通公司（Broadcom）、英特尔（Intel）、盛科通信（Centec）、美满科技（Marvell）等芯片厂商，Spirent、IXIA等测试厂商和中盈优创等控制器厂商。

2021年，华为也完成了华为路由器与Linux开源的REPLACE-C-SID互通测试，并在IETF 110 Hackathon进行了展示。中国移动与Intel、北京邮电大学等组织也在ONF（Open Networking Foundation，开放网络基金会）立项了G-SRv6开源项目，完成了G-SRv6的ONOS（Open Network Operating System，开放式网络操作系统）与P4（Programming Protocol-independent Packet Processors，编程协议无关的包处理器）开发，并在CENI（China Environment for Network Innovations，中国网络创新环境）上进行了验证。

2022年，由印度尼西亚运营商IOH（Indosat Ooredoo Hutchison）主导，华为和思科在印度尼西亚完成了NEXT-C-SID的互通测试。互通测试包括IGP互通、L3VPN业务互通、EVPN L2VPN业务互通。

2023年4月，在MPLS大会上，业界主流厂商参与了在EANTC的SRv6以及NEXT-C-SID互通测试，成功完成了基础SRv6、NEXT-C-SID基本功能，以及基于NEXT-C-SID的L3VPN、EVPN、TE、TI-LFA（Topology Independent-Loop Free Alternate，拓扑无关的无环路备份）等特性的互通测试。

现网部署方面，C-SID早已经被快速部署到全球多个网络中，成为SRv6的一种基础特性。例如，中国移动在2020年11月完成广东、浙江和河南3省的REPLACE-C-SID现网试点部署。在试点部署中，华为等3家厂商的设备与控制器共同配合，开通了基于REPLACE-C-SID的L3VPN业务。

从2022年起，C-SID被部署到位于各大洲的多个运营商网络中，已经形成了广泛的部署应用。比如自2022年至今，中东Asiacell、非洲MTN和中国移动均规模商用部署了REPLACE-C-SID。而NEXT-C-SID也在Softbank和OSP（采用华为与思科的设备）完成了部署。2023年，中国移动继续在其CMNET（China Mobile Network，中国移动网）的数千台路由器上部署了REPLACE-C-SID。随着SRv6产业的成熟和SRv6传输效率提升方案的标准完善，SRv6和SRv6传输效率提升方案将会被加速部署到更多的网络中。

第 3 章
SRv6 网络能力创新

在云时代和5G的大背景下，出现了许多基于IPv6的网络能力创新。目前基于IPv6的网络能力创新主要包括IPv6网络切片、IFIT、APN6等技术。在部署SRv6的同时，可以同步部署以上协议，以进一步提升SRv6网络的业务质量保证、监控和运维等能力。

| 3.1 IPv6 网络切片技术简介 |

IPv6网络切片（Network Slicing）是指在同一个共享的网络基础设施上提供多个逻辑网络，每个逻辑网络服务于特定的业务类型或者行业用户。每个网络切片可以灵活定义自己的逻辑拓扑、SLA需求、可靠性和安全等级，以满足该特定业务、行业或用户的差异化需求。

目前，IPv6网络切片在端到端的5G网络、运营商2B（To Business，面对企业）及综合承载网络、行业生产网络（电力生产网络、政务综合网络、铁路/公路承载网络等）中得到了广泛部署。

1. 技术价值

IPv6网络切片具有提供资源与安全隔离、差异化SLA保障、灵活定制拓扑连接的能力。部署IPv6网络切片技术对构建智能云网、助力企业数字化转型有极大的帮助。IPv6网络切片提供的主要价值如下。

- 资源与安全隔离：不同的行业、业务或用户可以通过不同的IP网络切片在同一个IP网络中承载，IP网络切片之间需要根据业务和用户的需求，提供不同类型和程度的隔离能力。IPv6网络切片隔离有两个场景，一是从服务质量的角度，控制和避免某个切片中的业务突发或异常流量影响同一网络中的其他切片，做到不同网络切片内的业务之间互不影响。这一点对于垂直行业尤其重要，如智慧电网、智慧医疗、智慧港口，这类行业对时延、抖动等方面的要求十分严苛，无法容忍其他业务对其业务性能的影响。另一个是从安全性的角度，某个IPv6网络切片中的业务或用户信息不希望被其他IPv6网络切片的用户访问或者获取，这时需要在不同切片之间提供有效的安全隔离措施，如金融、政务等专线业务。

- 差异化SLA保障：网络业务的快速发展带来了网络流量的剧增，同时，用户对网络服务质量提出了极致的要求。不同的行业、业务或用户对网络的带宽、时延、抖动等SLA存在不同的需求，需要在同一个网络基础设施上满足不同业务场景的差异化SLA需求。网络切片利用共享的网络基础设施，可以为不同的行业、业务或用户提供差异化的SLA保障。IPv6网络切片使运营商从单一的流量售卖服务，逐步向2B和2C（To Customer，面向消费者）提供差异化服务转变。按需、定制、差异化的服务将是未来运营商提供服务的主要模式，也是运营商新的价值增长点。

- 灵活定制拓扑连接：5G和云时代业务的不断发展，使得网络的连接关系变得更加灵活、复杂和动态。网络切片可以通过定义逻辑拓扑实现按需定制网络切片的拓扑和连接，满足不同行业、业务或用户差异化的网络连接需求。定制逻辑网络拓扑连接后，网络切片无须感知基础网络的全量网络拓扑，只需看到该网络切片的逻辑拓扑与连接，而且网络切片内的业务也被限定在该网络切片对应的拓扑内部署。这对网络切片用户来说，简化了需要感知和维护的网络信息；对运营商来说，避免了将基础网络过多的内部信息暴露给网络切片用户，提高了网络的安全性。

2. 切分能力

为了能在同一个IPv6网络上满足多样化、差异化的业务连接和服务质量需求，保证不同的切片业务之间互不影响，IPv6网络切片要求网络设备具备如下资源切分能力，支持为不同的网络切片分配相互隔离的转发资源。

- FlexE（Flexible Ethernet，灵活以太网），即可以在物理层上提供通道化的硬件资源隔离，以66B编码块为基本单元进行通道化处理，支持灵活速率的以太网客户接口，实现各FlexE客户接口独占带宽，互不影响。

- 信道化子接口，即使用了信道化功能的以太物理接口的子接口，通过HQoS（Hierarchical QoS，层次化的QoS）技术将物理以太接口划分为子接口，并为每个子接口分配独立的带宽和调度树，可以实现不同子接口之间的带宽资源隔离。

- 灵活子通道，即基于HQoS机制分配独立的队列和带宽资源的数据通道。通过在物理接口、FlexE接口或者信道化子接口下为网络切片配置独立的带宽预留子通道，可以实现带宽的灵活分配和隔离。灵活子通道提供了一种灵活的、细粒度的接口资源预留方式。

3. 切片方案

基于资源隔离技术，以数据平面的切片标识方式进行分类，目前主要的IPv6 网络切片方案有基于SRv6 SID和基于Slice ID两种。两种切片方案均可以在SRv6网络中部署。

（1）基于SRv6 SID的网络切片方案

在数据平面，通过对SRv6 SID的语义进行扩展，可使SRv6 SID既用于指示网络节点和各种网络功能，又用于指示该网络节点所属的网络切片以及该切片的资源属性。这样的SRv6 SID被称为资源感知SID。为了能区分不同网络切片的报文，为不同的网络切片分配不同的SRv6 SID。在数据报文中封装特定网络切片的SRv6 SID，沿途的网络设备根据报文中的SRv6 SID确定该数据报文所属的网络切片，并按照该网络切片的资源属性执行相应的转发处理。对于有资源隔离需求的网络切片，使用SRv6资源感知SID可以指定在沿途网络设备和链路上为该网络切片分配的网络资源，从而保证不同网络切片的报文只使用该网络切片专属的资源进行转发处理，为切片内的业务提供可靠和确定的服务质量保证。

如图3-1所示，SRv6 SID由Locator和Function部分组成，还可能包括可选的 Arguments部分。在数据报文的转发过程中，SRv6的中转节点只会根据SID对应的Locator进行查表转发，不识别和解析SID中的Function。因此，为了实现网络切片端到端的一致性，SRv6 SID对应的Locator中需要包含网络切片的标识信息，即Locator可以标识一个网络节点以及它所属的网络切片。SID中的Function和 Arguments可以用于指示该网络切片中定义的功能和参数信息。

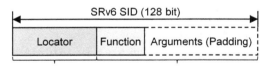

图 3-1　SRv6 SID 的结构

在控制平面，基于SRv6 SID的网络切片方案涉及的技术主要包括亲和属性 （Affinity Attribute）、多拓扑（Multi-Topology，MT）和灵活算法（Flex-Algo）等。

- 亲和属性定义了对链路管理组（Link Administrative Group）属性的匹配规则 ［如Include-any（包含任意）、Include-all（包含所有）、Exclude-any（排除任意）］，可以用于选出符合条件的一组链路进行约束路径的计算。链路管理组是一种比特向量形式的链路管理信息属性，其中，每个比特代表一个管理组，通常也被称为链路的一种"颜色"（Color）。网络管理员可以通过对一条链路的链路管理组属性中的特定比特进行置位的方式来设置这条链路的Color。基于亲和属性定义网络切片需要为每个网络切片指定一种不同的Color，并为属于该网络切片的链路配置将该Color比特置位的链路管理组属性，进而可以通过亲和属性的Include-all匹配规则，将具有该Color的一组链路选出来，然后组成对应的网络切片拓扑，用于在网络切片内的集中式约束路径计算。

- 多拓扑即IGP多拓扑路由技术，在IETF已经发布的一系列IGP标准RFC 4915[25]、RFC 5120[26]中有相关定义。多拓扑用于在一个IP网络中定义多个不同的逻辑网络拓扑，以及在不同的逻辑拓扑中独立生成不同的路由表项。为每个网络切片关联一个逻辑网络拓扑，就可以基于多拓扑发布不同网络切片的拓扑、资源等属性，实现在不同网络切片内的集中式路径计算和分布式路由计算。

- 灵活算法允许用户自行定义一个特定的分布式路由计算方法，其中包括与算路相关的度量值、约束条件和路由计算算法等信息[27]。当一个网络里所有设备使用相同的灵活算法计算路由时，这些设备的计算结果是一致的，不会导致路由环路，从而实现分布式的基于特定约束条件的路由计算。为每个网络切片关联一个灵活算法，可以基于灵活算法定义的度量值、约束条件和算法实现在不同网络切片内的分布式约束路由计算。

在基于SRv6 SID的网络切片方案中，每个网络节点为不同网络切片创建独立的接口或子接口。如前文所述，网络节点需要为每个网络切片分配独立的SRv6 Locator，并以该Locator为前缀，为该网络切片下的每个接口或子接口分配独立的SRv6 End.X SID，这样网络中的每个节点在转发报文时，可以根据报文中携带的SRv6 SID确定对应的接口或子接口。

（2）基于Slice ID的网络切片方案

在基于SRv6 SID的网络切片方案中，设备为网络切片预留资源时，需要每台设备为每个网络切片规划不同的逻辑拓扑，并分配不同的SRv6 Locator和SID。当网络切片的数量较多时，需要的拓扑数量快速增加，同时需要分配的SRv6 Locator和SID数量也会快速增加。这给网络带来了扩展性问题：一方面，给网络的规划和管理带来挑战；另一方面，控制平面需要发布的信息量和数据平面的转发表项数量也会成倍增加。

基于Slice ID的网络切片方案在数据报文中引入了新的网络切片标识——Slice ID，使网络切片具有与拓扑/路径标识相独立的网络切片资源标识。同时，基于Slice ID的网络切片方案允许多个拓扑相同的网络切片复用相同的拓扑/路径标识。例如，在SRv6网络中，当多个网络切片的拓扑相同时，可以使用同一组SRv6 Locator和SID指示到目的节点的下一跳或转发路径，也可以通过Slice ID指示不同切片及其资源属性。这样有效避免了基于SRv6 SID的网络切片方案中存在的扩展性问题。

基于Slice ID的网络切片方案通过全局规划和分配的Slice ID来标识各网络设备在接口上为对应的网络切片分配的转发资源，例如FlexE接口、信道化子接口、灵活子通道等，从而区分不同网络切片在相同的三层接口上所对应的不同子接口或子通道。网络设备使用IPv6报文头中的目的IP地址和Slice ID组成的二维转发标识共同指导属于特定网络切片的报文转发，其中目的IP地址用于确定转发报文的拓扑和路径，获得报文转发的三层出接口和NH（Next Hop，下一跳）地址，而Slice ID用于在三层出接口上选择到下一跳网络设备的子接口或子通道。

如图3-2所示，SRv6网络中创建了3个网络切片，其中网络切片2和网络切片3具有相同的拓扑，但和网络切片1的拓扑不同。因此，网络切片1使用一组SRv6 Locator和SID，而网络切片2和网络切片3共用另一组SRv6 Locator和SID。在属于多个网络切片的物理接口下，使用不同的Slice ID来区分并为每个网络切片分配的子接口或子通道。

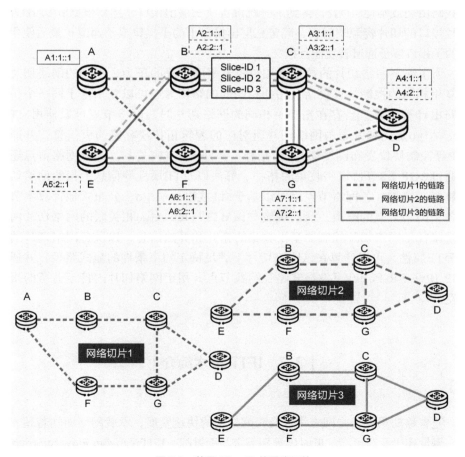

图 3-2　基于 Slice ID 的网络切片

📖 **说明**

根据RFC 3849的建议，本书中一般使用IPv6地址前缀2001:DB8::/32范围内的地址进行举例，防止与实际网络产生冲突。但是2001:DB8::/32长度较长，图形绘制时不够简洁。所以本书也常常使用A1::1和1::1这类较短的地址进行举例。后续如无特殊说明，本书里出现的IPv6地址均为示意，无任何实际意义。

基于Slice ID的网络切片方案需要在网络设备上生成两类转发表。
- 路由表或本地SID表：用于根据报文的目的IP地址中携带的SRv6 SID确定三层出接口。
- 三层接口的切片资源映射表：用于根据报文中的Slice ID确定该切片在三层出接口下的子接口或子通道。

当业务数据报文到达网络设备后，网络设备先根据目的IP地址中的SRv6 SID查找路由表或本地SID表，得到下一跳设备及三层出接口；然后根据Slice ID查询切片接口的切片资源映射表，确定三层出接口下的子接口或子通道；最后使用对应的子接口或子通道转发业务报文。

为了缓解网络切片的数量增加给控制平面带来的压力，不同的网络切片可以复用相同的控制协议会话，拓扑相同的网络切片还可以复用基于同一个拓扑的路由计算结果。当存在拓扑不相同的网络切片时，网络节点可以使用MT或Flex-Algo定义和发布与网络切片所对应的逻辑拓扑或算路约束信息，并通过IGP等控制协议发布网络切片与<拓扑，算法>的对应关系。部分网络节点还需要通过BGP-LS等协议将收集的拓扑、算法以及TE属性等信息上报给网络切片控制器。这样，各网络节点就可以基于MT或Flex-Algo，分布式地计算本节点到各个网络节点的路由，从而确定与该MT或Flex-Algo相关联的网络切片内的最短路径。网络切片控制器基于收集的拓扑和算法信息，以及各网络切片的资源等TE属性，可以计算在该网络切片下满足特定约束条件的显式路径，并通过BGP IPv6 SR-Policy下发显式路径给头节点，用于网络切片内特定业务的报文转发。

| 3.2 IFIT 技术简介 |

随着移动承载、专网专线以及云网架构的快速发展，承载网络面临着超大带宽、海量连接及高可靠、低时延等新需求与新挑战。IFIT（In-situ Flow Information

Telemetry，随流检测）是一种通过对网络真实业务流进行特征标记，以直接检测网络的时延、丢包、抖动等性能指标的检测技术。IFIT在业务可管可控、故障定位、服务质量检测等方面都可以发挥重要作用。

1. 产生背景

传统的网络运维方法并不能满足5G和云时代新业务的SLA要求，其中突出的问题是业务受损被动感知和定界定位效率低下。

- 业务受损被动感知：运维人员通常只能根据收到的用户投诉或周边业务部门派发的工单判断故障范围。在这种情况下，运维人员故障感知延后、故障处理被动，导致其面临的排障压力大，最终可能造成不好的用户体验。因此，当前网络需要能够主动感知业务故障的业务级SLA检测手段。
- 定界定位效率低下：故障定界定位通常需要多团队协同，如果团队间缺乏明确的定界机制，就会导致定责不清；人工逐台设备排障找到故障设备进行重启或倒换，这种方法的排障效率低下；此外，传统OAM（Operation、Administration and Maintenance，操作、管理和维护）技术通过测试报文间接模拟业务流，无法真实复现性能劣化和故障场景。因此，当前网络需要基于真实业务流的高精度、快速检测手段。

为了满足智简网络准确识别用户意图、实现网络的端到端自动化配置、实时感知用户体验并进行预测性分析和主动优化的需求，IFIT技术应运而生。IFIT可以支持多种带内流检测机制，本书主要以交替染色法为例进行介绍。

2. 技术价值

IFIT的技术价值主要体现在高精度、多维度检测真实业务质量，灵活适配大规模、多类型业务场景，提供可视化的用户界面，以及构建闭环的智能运维系统4个方面。

在高精度、多维度检测真实业务质量方面，IFIT提供的随流检测能力基于真实业务报文展开。这种检测方式具有很大优势，具体表现在以下几点。

- IFIT可以真实还原报文的实际转发路径，精准检测每个业务的时延、丢包、乱序等多维度的性能信息。
- IFIT配合Telemetry秒级数据采集功能，能够实时监控网络SLA，快速实现故障定界和定位。
- IFIT可以实现对静默故障的完全检测、秒级定位。

在灵活适配大规模、多类型业务场景方面，IFIT凭借其部署简单的特点，可以灵活适配大规模、多类型的业务场景，具体表现在以下几点。

- IFIT支持用户一键下发、全网使能。IFIT检测流既可以由用户配置生成（静态检测流），也可以通过自动学习或由带有IFIT报文头的流量触发生成（动态检测流）；既可以是基于五元组等信息唯一创建的明细流，也可以是隧道级聚合流或VPN级聚合流。因此，IFIT能够同时适用于检测特定业务流以及端到端专线流量的不同检测粒度场景。

- IFIT对现有网络的兼容性较好，不支持IFIT的设备可以透传IFIT检测流，这样能够避免与第三方设备的对接问题，可以较好地适应设备类型较多的网络环境。
- IFIT无须提前感知转发路径，能够自动学习实际转发路径，避免了需要提前设定转发路径以对沿途所有网元逐跳部署检测所带来的规划部署负担。
- IFIT适配丰富的网络类型，适用于各种三层网络，也适用于多种隧道类型，可以较好地满足现网需求。

在提供可视化的用户界面的能力方面，IFIT不仅可以提供可视化的运维能力，也可以让用户通过控制器可视化界面，根据需要下发不同的IFIT监控策略，实现日常主动运维和报障快速处理。

在构建闭环的智能运维系统方面，IFIT与Telemetry、大数据分析和智能算法等技术相结合，将被动运维转变为主动运维，打造智能运维系统。智能运维系统通过真实业务的异常主动感知、故障自动定界、故障快速定位和故障自愈恢复等环节，构建了一个自动化的正向循环，以适应复杂多变的网络环境。

3. 基本原理

交替染色是IFIT实现带内测量的重要机制，IFIT可以通过在真实业务报文中插入交替染色报文头实现故障定界和定位。RFC 9341、RFC 9342、RFC 9343定义了交替染色的标准[28-30]。本文以IFIT over SRv6场景为例，展示交替染色报文头结构，再通过对染色标记位和统计模式位这两个关键字段功能的介绍，说明IFIT如何实现故障的精准定位。

在IFIT over SRv6场景中，交替染色报文头封装在IPv6扩展头中，如图3-3所示。在该场景中，交替染色报文头只会被指定的SRv6 Endpoint节点（接收并处理SRv6报文的任何节点）解析。运维人员只需在指定的、具备IFIT数据收集能力的节点上进行IFIT检测，就可有效地兼容传统网络。

交替染色报文头基于SRv6的扩展在IETF草案draft-fz-spring-srv6-alt-mark中进行定义[31]，主要包含以下内容。

- FII（Flow Instruction Indicator，流指令标识）：FII标识交替染色报文头的开端，并定义交替染色报文头的整体长度。
- FIH（Flow Instruction Header，流指令头）：FIH可以唯一地标识一条业务流，L和D字段提供了对报文基于交替染色法统计丢包和时延的能力，NextHeader字段表明是否携带扩展头。

- FIEH（Flow Instruction Extension Header，流指令扩展报文头）：FIEH能够通过E字段定义端到端或逐跳的统计模式，通过F字段控制对业务流进行单向或双向检测。此外，FIEH还可以支持逐包检测、乱序检测等扩展功能。

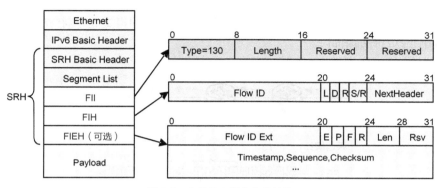

图 3-3　交替染色报文头的结构

其中，丢包率和时延是网络质量的两个重要指标。丢包率是指在转发过程中丢失的数据包数量占所发送数据包数量的比率。设备通过丢包统计功能可以统计某个测量周期内进入网络与离开网络的报文数量的差值，从而计算出丢包数或者丢包率。时延则是指数据包从网络的一端传送到另一端所需要的时间。设备通过时延统计功能可以对业务报文进行抽样，记录业务报文在网络中的实际转发时间，从而计算出指定的业务流在网络中的传输时延。

IFIT的丢包统计和时延统计功能通过对业务报文的交替染色来实现。所谓染色，就是对报文进行特征标记。IFIT通过将丢包染色位L和时延染色位D置0或置1来实现对特征字段的标记。如图3-4所示，业务报文从PE1进入网络，报文数记为Pi；从PE2离开网络，报文数记为Pe。通过IFIT可以对该网络进行丢包统计和时延统计。

这里以染色位L置1的一个统计周期（$T2$）为例，对从PE1到PE2方向的IFIT丢包统计过程描述如下。

① $t0$时刻：PE1对入方向业务报文的染色位L置1，计数器开始计算本统计周期内接收到的染色位L置1的业务报文数。

② $t1$时刻：经过网络转发和网络时延，在网络中设备时钟同步的基础上，当PE2出接口接收到本统计周期内第一个带有Flow ID的业务报文并触发生成统计实例后，计数器开始计算本统计周期内接收到的染色位L置1的业务报文数。

③ $t2/t3$时刻：为了避免网络延迟和报文乱序导致统计结果不准，在本统计周

期的x（范围是1/3～2/3）时间处，PE1/PE2读取上个统计周期＋截至目前本统计周期内染色位L置0的报文计数，然后将计数器中的该计数清空，同时将统计结果上报给控制器。

④ t4/t5时刻：PE1入方向处及PE2出方向处对本统计周期内染色位L置1的业务报文计数结束。

⑤ t6/t7时刻：PE1/PE2上计数器统计的染色位L置1的报文数分别为Pi和Pe（计数原则与t2/t3时刻相同）。

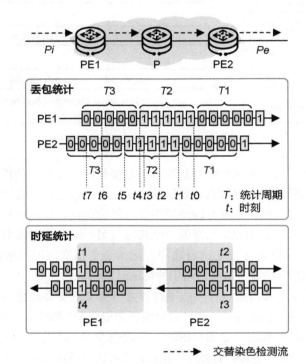

图 3-4　基于交替染色法的 IFIT 检测指标

据此可以计算出：丢包数=Pi-Pe；丢包率=(Pi-Pe)/Pi。

PE1和PE2间的IFIT时延统计过程描述如下。

① t1时刻：PE1对入方向业务报文的染色位D置1，计数器记录报文发送时间戳t1。

② t2时刻：经过网络转发及延迟后，PE2出方向接收到本统计周期内第一个染色位D置1的业务报文，计数器记录报文接收时间戳t2。

③ t3时刻：PE2对入方向业务报文的染色位D置1，计数器记录报文发送时间戳t3。

④ $t4$时刻：经过网络转发及延迟后，PE1出方向接收到本统计周期内第一个染色位D置1的回程报文，计数器记录报文接收时间戳$t4$。

据此可以计算出：PE1至PE2的单向时延$=t2-t1$，同理，PE2至PE1的单向时延 $= t4-t3$，双向时延$=(t2-t1)+(t4-t3)$。

通过对真实业务报文的直接染色，辅以部署1588v2时钟等同步协议，IFIT可以主动感知网络的细微变化，真实反映网络的丢包和时延情况。

现有检测方法中常见的数据统计模式一般分为E2E（End to End，端到端）和Trace（逐跳）两种。E2E统计模式适用于需要对业务进行端到端整体质量监控的检测场景，逐跳统计模式则适用于需要对低质量业务进行逐跳定界或对VIP（Very Important Person，重要客户）业务进行按需逐跳监控的检测场景。交替染色同时支持E2E和逐跳两种统计模式。

E2E统计模式仅需在头节点部署交替染色检测点触发检测，在尾节点使能交替染色即可实现。在这种情况下，仅头尾节点感知交替染色报文并通过Telemetry上报检测数据，中间节点则做旁路处理，如图3-5所示。

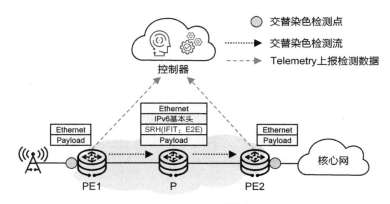

图 3-5　E2E 统计模式

逐跳统计模式需要在头节点部署交替染色检测点触发检测，同时，在业务流途经的所有支持交替染色的节点上使能交替染色，如图3-6所示。

在实际应用中，一般是"E2E + 逐跳"组合使用，当E2E的检测结果达到阈值时，会自动触发逐跳模式，在这种情况下，可以真实还原业务流转发路径，并对故障点进行快速定界和定位。

为了自动触发交替染色检测，控制器需要感知网络中设备对交替染色的支持情况，可以通过扩展IGP/BGP通告网络设备支持交替染色的能力，通过扩展BGP-LS协议将设备支持情况汇总并通告给控制器。控制器根据上报的信息确定是否可以在指定路径中使能交替染色。以上协议扩展的具体内容可参考IETF草案中的定义[32-35]，此处不赘述。

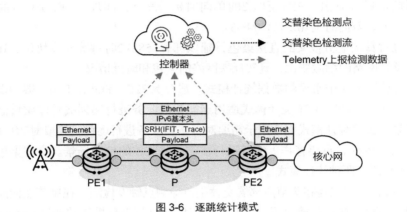

图 3-6　逐跳统计模式

| 3.3　APN6 技术简介 |

APN6（Application-aware IPv6 Networking，应用感知的IPv6网络）利用IPv6报文自带的可编程空间，将应用信息（标识和/或网络性能需求等）带入网络，使能网络感知应用及其需求，进而为其提供精细的网络服务和精准的网络运维。APN6对云网和5G场景都有重要价值。

1. 产生背景

随着应用差异化需求的不断涌现，网络技术与服务也随之不断丰富，各种具有差异化需求特征的应用层出不穷。具体应用场景如下。

- 面向增强带宽的移动互联应用场景，典型应用如高清视频、虚拟现实、云存取、高速移动上网、人工智能等。
- 面向海量物联的设备互联应用场景，典型应用如环境监测、智能抄表、智能农业等。
- 面向超可靠、低时延通信的特殊应用场景，典型应用如车联网、工业控制、智能制造、远程手术等。
- 面向千行百业的云上应用场景。云上应用通过互联网向金融、制造、教育、医疗等行业，以及个人和家庭推进，重塑行业生态、个人生活和家庭氛围，典型应用如智慧城市、金融云专网、云上医疗、在线教育、远程办公、电商云专线、云游戏等。

这些应用的发展为网络运维带来了相应的挑战。有效实现精细网络服务、精准网络运维，是满足应用差异化需求和提供SLA保障、促进网络持续发展的关键。应用和网络深度融合，实现精细网络服务和精准网络运维，这作为一条可行路径获得了广泛关注。

虽然基于互联网端到端分层设计原则和理念，网络和应用的解耦发展由来已久，但是，随着网络和应用不断发展，它们之间的关系逐渐产生了变化，完全解耦的方式已经不再适合发展需要，网络和应用互相感知的需求越来越强烈。具体体现在如下几个方面。

- 越来越多的网络和应用由同一个组织拥有和管理，例如，应用提供商OTT（Over The Top）正在自建网络，如谷歌公司的B4网络；而网络运营商开始构建云和自营应用，如中国移动的咪咕音乐。
- 越来越多的应用对网络提出特殊要求，如视频会议、云游戏、车联网等；对网络存在天生的性能依赖，即对网络带宽、时延、抖动、丢包率等某一方面或多方面存在各自特殊的要求。
- 某些特殊场景中的应用，如在工业控制场景中，物料传送的应用，时延的确定性要求在100 ms级别；机床控制的应用，时延的确定性要求在10 ms级别，抖动的确定性要求在100 μs级别。如果不能有效区分应用，则无法为不同类型的应用提供适合的确定性承载能力。

这些新需求的变化，引发了对网络和应用是否应该继续解耦发展的思考，以及对"网络感知应用"的探索。基于上述原因，业界提出了APN6技术。

2. 技术价值

APN6能够有效感知关键应用（组）、关键用户（组），以及它们对网络的性能需求等。APN6与SRv6、网络切片、DetNet（Deterministic Networking，确定性网络）、SFC（Service Function Chain，业务功能链）、SD-WAN（Software Defined Wide Area Network，软件定义广域网络）、IFIT等技术结合，将极大地丰富云网服务维度，扩大云网商业增值空间，使能云网精细化运营。

如何实现云网精细化服务，我们可以从精细应用可视、精细应用导流、精细应用调优3个方面来介绍。

- 精细应用可视：通过APN6标识关键的应用（组）或用户（组），相比当前基于VPN或流的性能，在可视化粒度上能够呈现出更直观、更精细的效果。基于APN6标识应用的能力，可以将APN6应用于流量可视和流量监控的场景，从而对流经网络的流量有直观和完整的了解，即网络可视化。简单地说，网络可视相当于给网络做核磁，对网络性能和故障进行跟踪、分析与定位/定界。将网络性能和流量特征等数据以图形化的方式展示出来，快速、直观地总览网络相关数据，一方面可以辅助运维人员实时了解网络的运行情况，另一方面有助于监控流量的实时状态。网络可视化一个重要的应用就是对应用流量可视监控，可以实时感知关键应用的性能，有效帮助预测其对网络资源的动态需求。结合APN6技术，人工智能和大数据分析可以对关键应用或用户进行流量特征画像，呈现其流量路径、特征、变化规律及趋势，实现应用流量的可视监控。

- 精细应用导流：通过APN6精细标识关键的应用或用户，引导其流量进入相应的SRv6 Policy、网络切片、DetNet路径或者SFC路径等，可以实现应用分流和灵活选路。基于APN6精细导流的能力，可以将APN6应用于游戏加速的场景。APN6可以识别特定游戏应用的需求，将应用流量引导至靠近用户的数据中心游戏服务器，以提供低时延和高可靠的网络服务。网络头节点标识游戏的数据流量，将其引导至满足需求的特定传输路径；中间节点根据情况调整节点的网络资源，转发游戏数据流量，最终到达数据中心游戏服务器；经过处理的数据流量也会通过特定的游戏加速路径转发给同时参与游戏的玩家。运用APN6技术可以建立游戏加速专属路径，提升参与同一游戏的多个玩家之间的互动体验。

- 精细应用调优：通过APN-ID精细标识关键的应用或用户，并实施IFIT，可以针对性能出现劣化的关键业务以APN-ID为Key进行精细调优。APN6可被看作网络的"应用感知"的能力，IFIT则可被看作网络的"质量感知"或"体验感知"的能力。两者相结合，就形成了网络的"应用体验感知"能力。基于这两种能力的结合，APN6可以被应用于重要视频会议保障，识别出企业/行业网络中关键用户的重要视频会议，将其作为网络业务流量中的重保对象，保证视频和语音质量（无花屏、平滑不卡顿等）。同时，APN6与IFIT相结合，一旦检测到性能劣化等问题，就可以快速进行调优。

3. 基本原理

APN6的数据平面用于标识应用流量；APN6的管理平面和控制平面则用于标识分发和管理，以及策略的匹配和映射等。三大平面相互配合，可以实现对各个基于APN-ID的应用流量实施差异化的网络策略。

对于数据平面，IETF草案draft-li-apn-framework[36]定义了APN报文所携带的应用信息（APN Attribute），包括应用标识信息（APN-ID）和应用需求参数信息（APN Parameters）。

- APN-ID：提供便于网络区分不同应用流和某个/类应用的不同用户（组）等

信息，包括APP Group ID、User Group ID等信息。

- APN Parameters：可选携带信息，包括带宽、时延、抖动、丢包率等应用对网络性能的需求参数。

根据开始携带APN6信息的位置不同，可以将APN6方案分为网络侧方案和应用侧方案。

- APN6网络侧方案：应用和用户信息由网络边界设备加入报文。在网络侧方案中，应用信息可以由网络运营商或者行业用户根据整体的应用业务情况进行统一规划。APN6网络侧方案的优点是网络边界设备和基于APN6信息提供服务的网络设备由同一家运营商或企业管控，属于同一个可信域，不涉及隐私和网络安全问题。APN6网络侧方案的缺点是网络边界设备无法获取有些应用的信息，从而影响加入报文的应用以及用户信息的准确性和完备性。

- APN6应用侧方案：应用和用户信息由应用直接加入报文。在应用侧方案中，应用信息不要求被强制携带。选择权向应用程序开放，由应用程序自身决定是否需要在其数据报文头中携带应用信息。应用信息的内容、范围基于运营商和应用提供商所签订的协议（应用的用户也可能在协议中）来确定，应用信息的生成方、封装方和处理方是相互信赖的关系。APN6应用侧方案的优点是直接在报文中加入应用和用户信息，可以保障信息的准确性和完备性。APN应用侧方案的缺点是应用和用户信息需要在端、网、云不同的可信域之间进行传递，面临隐私和网络安全的更多挑战。

如图3-7和表3-1所示，IETF草案draft-li-apn-header[37]设计了APN Header的格式，并说明了各字段的含义。

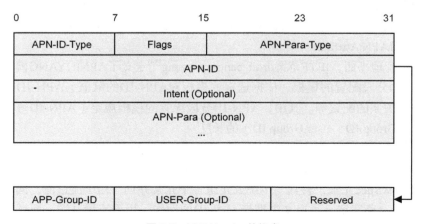

图 3-7　APN Header 的格式

表 3-1　APN Header 各字段的含义

字段名	含义
APN-ID-Type	1 Byte，用于指定 APN-ID 的类型。 ● 类型 1，APN-ID 为 4 Byte。 ● 类型 2，APN-ID 为 8 Byte。 ● 类型 3，APN-ID 为 16 Byte
Flags	1 Byte，当前未定义
APN-Para-Type	2 Byte，用于指定 APN-Para 的类型，描述 APN-Para 里包含了哪些网络性能的需求参数：带宽、时延、抖动、丢包率
APN-ID	应用唯一对应的 APN 标识信息编号，由以下 3 部分组成。 ● APP Group ID：应用组的标识信息。 ● User Group ID：用户组的标识信息。 ● Reserved：预留字段
Intent（Optional）	可选，4 Byte，用于描述向网络提出的一组意图或需求
APN-Para（Optional）	可选，用于描述网络性能需求参数的具体内容信息，每个参数使用 4 Byte，包含哪些参数由 APN-Para-Type 决定

APN6通过扩展IPv6数据平面来携带APN Attribute。IETF草案draft-li-apn-ipv6-encap[38]定义了可以用于携带APN Attribute的具体位置。

● HBH（Hop-by-Hop Options Header，逐跳选项扩展报文头）：通过Option Type，标识出APN6选项类型，来携带APN Attribute。

● DOH（Destination Options Header，目的选项扩展报文头）：与HBH类似，通过Option Type，标识出APN6选项类型，来携带APN Attribute。

● SRH：可以通过SRH的TLV、SID参数（Arguments）或SRH的Tag等字段来携带APN Attribute。

对于管理平面，IETF草案draft-peng-apn-yang[39]定义了APN的YANG模型，包括APN-ID分段配置的模板、依据选定的模板对APN-ID的赋值、APN-ID与策略之间映射关系的配置等。其中，APN-ID分段配置的模板规定了APN-ID每个分段（如APP Group ID、User Group ID）的长度。

对于控制平面，IETF草案draft-peng-apn-bgp-flowspec[40]描述了BGP FlowSpec（Flow Specification，流量规范）机制针对APN6的扩展定义，定义了APN-ID这个新的FlowSpec元素，将其与传统五元组各个元素并列，用于流过滤。同时，如表3-2所示，草案定义了报文中携带APN-ID的动作，用于流量过滤。而过滤出的应用流量，根据流量和策略的映射关系，就会被引导去执行其对应的网络策略。

表 3-2　报文中携带 APN-ID 的动作

动作名	含义
traffic-marking-apn	在外层隧道头中携带 APN-ID
traffic-marking-apn-partial	选定 FlowSpec 携带 APN-ID 的一部分或整体，封装在指定的外层隧道头中
inherit-apn	选定原始报文携带 APN-ID 的一部分或整体，封装在指定的外层隧道头中
stitch-apn	选定原始报文携带 APN-ID 的一部分，与 FlowSpec 携带的一部分 APN-ID 进行拼接，封装在指定的外层隧道头中

　　基于APN6的协议扩展，可以进一步将SRv6、网络切片、DetNet、SFC等技术与APN6相结合，用于制定精细化策略，提升服务质量。具体包括以下几个方面。

- 感知应用的SLA保证：SRv6结合APN6，网络节点能够感知应用，触发建立或引导流量进入满足应用SLA需求的SRv6 Policy，为用户提供优质体验。

- 感知应用的网络切片：网络切片结合APN6，网络头节点能够感知应用，引导应用流量进入相应的网络切片；网络中间节点能够通过网络切片技术，确保应用流量得到相应的切片资源。这些应用切片拥有独立的资源与安全隔离、差异化的SLA/可靠性保障，以及灵活的自定义逻辑拓扑。

- 感知应用的DetNet[19]：IP网络无法保证端到端报文转发的时延确定性；而DetNet可以保证有界抖动、有界时延的确定性转发，为工业互联网、5G垂直行业提供确定性承载能力。DetNet结合APN6，网络头节点能够感知应用，按需建立或引导应用流量进入具有确定性时延的传输路径；网络中间节点能够通过DetNet系列技术，确保应用流量得到相应的性能有保证的资源，即满足确定性需求的带宽、有界抖动、有界时延。

- 感知应用的SFC[19]：数据报文在网络中传递时，往往需要经过各种各样的服务节点，使得网络能够为用户提供安全、加速、绕行、地址转换等服务。这些服务节点包括熟知的FW（Firewall，防火墙）、IPS（Intrusion Prevention System，入侵防御系统）、应用加速器和NAT（Network Address Translation，网络地址转换）等。网络流量需要按照业务需求所要求的既定顺序来逐个经过服务节点，这些一连串的服务节点就组成了一个SFC路径。SFC是一种给应用提供有序服务的技术，用来在逻辑层面上将增值服务设备上的服务连接起来，从而形成一个有序的服务组合。SFC通过在原始报文中添加SFC路径信息来实现报文按照指定的路径依次经过服务节点。SFC结合APN6，网络节点能够感知应用，一方面是头节点感知应用，直接引导应用流量进入SFC路径；另一方面是感知应用并引导应用流量经过服务节点。

第4章
SRv6 演进策略综述

长期以来，基于Native IP或MPLS的技术架构已经在网络中被大量部署，如何向以SRv6等新协议为技术底座的目标网络演进已经成为当前网络面临的首要问题。本章重点介绍SRv6演进策略，其中，确定合适的演进路线是网络演进的关键。

|4.1 SRv6演进路线|

4.1.1 SRv6目标网络简介

在当前的ISP（Internet Service Provider，互联网服务提供商）或企业网络中，VPN（Virtual Private Network，虚拟专用网）是非常普遍的业务模型。VPN是在公共网络中建立的虚拟专用通信网络，也就是我们常说的"私网"。VPN具有虚拟和专用的特征，不仅可以实现站点（Site）之间的安全互联，还可以实现不同业务之间的逻辑隔离。因此，VPN可以用于解决企业内部的互联问题，比如总部和分部的互联；也可以用来隔离不同部门或业务，比如全部员工可以访问E-mail应用平台，但只有开发岗位的员工可以访问代码开发平台等。

如图4-1所示，典型的VPN主要由如下3种角色组成。

- CE（Customer Edge，用户边缘设备）：CE是用户网络的边缘设备，与服务提供商相连。CE可以是路由器或交换机，也可以是一台主机。CE感知不到VPN的存在，不需要支持VPN的承载协议，比如MPLS或SRv6。
- PE（Provider Edge，服务提供商边缘设备）：PE是服务提供商（运营商或企业）网络的边缘设备，与用户网络的CE直接相连。在VPN中，对VPN的所有处理都在PE上进行。
- P（Provider，骨干网设备）：P是ISP骨干网设备，不与CE直接相连。P设备不感知VPN，只需要具备基本网络转发能力（如IPv6转发能力）即可。

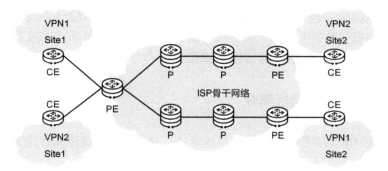

图 4-1　VPN 典型组网

在SRv6之前，VPN一般承载在MPLS网络上，被称为MPLS VPN。MPLS VPN里的VPN实例由MPLS标签标识，这个标签也被称为VPN标签，不同的VPN标签用来区分不同的用户或者业务，实现数据的隔离。在SRv6协议中，VPN实例由SRv6 SID标识，取代了原有的VPN标签。

以SRv6 + EVPN协议作为基础的承载网络，为运营商或企业提供了灵活、快捷的业务部署服务，具有如下独特优势。

- 便于大规模组网：IPv6网络的层次化路由架构提供了端到端的IPv6路由可达性，使得SRv6 VPN非常易于端到端部署，无须部署传统的跨AS VPN即可实现，从而简化了跨AS节点的复杂配置，降低了对中间跨AS设备的要求。此外，由于IPv6地址路由的可聚合性，SRv6跨AS在可扩展性方面也具备独特的优势。即使在大型的跨AS网络场景中，也只需要在AS边界节点引入有限的聚合路由表项，这降低了对网络设备能力的要求，提升了网络的可扩展性。

- 提供丰富的编程能力：一是Segment List中SRv6 SID的组合；二是128 bit的SRv6 SID中对Locator + Function + Arguments的灵活定义；三是SRH中可扩展的TLV。

- 具备更强的商业创新能力：通过对128 bit IPv6地址的定义，SRv6地址可以标识任何目标、内容、业务功能，提供了将应用与网络深度结合的可能。

- 支持无缝集成：中间节点只需支持Native IPv6转发，无须支持SRv6，即可实现跨网络打通。例如，当前数据中心（Data Center，DC）普遍不支持MPLS，所以很难利用MPLS协议从承载网络连接到数据中心内部网络，但是数据中心通常支持IP转发；如果数据中心的Spine/Leaf（脊/叶）节点支持基本的IPv6转发，就可以利用SRv6从承载网络连接到数据中心内部网络，实现难度较低。

- 简化ECMP（Equal-Cost Multiple Path，等值负载分担）：IPv6报文头中的

Flow Label字段可以标识Payload中的业务报文，中间节点天然支持基于Flow Label进行散列（Hash）并实现等值负载分担，仅需中间节点支持IPv6报文头即可，无须查看IPv6扩展报文头信息。

4.1.2 SRv6 演进路线简介

从传统MPLS网络演进到SRv6目标网络，存在渐进式演进和直线式演进两种路线。

渐进式演进是指传统MPLS在向SR-MPLS过渡的基础上，进一步演进到SRv6目标网络，如图4-2所示。

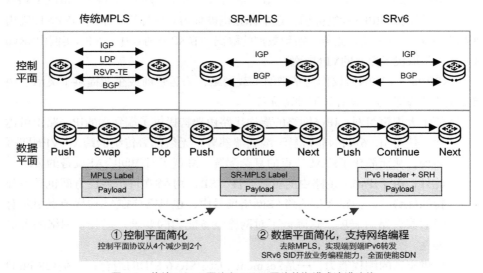

图 4-2 传统 MPLS 网络向 SRv6 网络的渐进式演进路线

直线式演进是指从传统MPLS直接演进到SRv6目标网络，如图4-3所示。

MPLS采用基于IPv4的控制协议，如IS-IS IPv4、OSPF、BGP、LDP等；SRv6则采用基于IPv6的控制协议，如IS-IS IPv6、OSPFv3、BGP IPv6。从MPLS向SRv6的具体演进步骤如下。

① 控制平面从IGP IPv4演进为IGP IPv4和IPv6双栈。从标准进展、厂家支持情况、协议拓展性、网络规模、安全性、IPv6演进等方面考虑，IGP推荐选择IS-IS IPv6，不推荐选择OSPFv3。

② 控制平面从BGP IPv4对等体演进为BGP IPv4和IPv6对等体双栈。

③ 数据平面从使用MPLS/SR-MPLS隧道演进为使用SRv6。

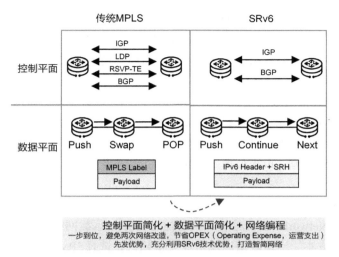

图 4-3　传统 MPLS 网络向 SRv6 网络的直线式演进路线

📖 **说明**

BGP IPv4即BGP4或者BGP。

OSPF（Open Shortest Path First，开放式最短路径优先）即OSPFv2。

由于现有网络的背景情况各不相同，不同运营商、企业的技术背景和需求也不尽相同，因此需要综合考虑各种维度，以选择不同的演进路线，如表4-1所示。

表 4-1　SRv6 演进路线比较

维度	渐进式演进	直线式演进
需求背景	控制平面简化	控制平面简化、数据平面简化、网络可编程
设备情况	暂不支持 SRv6，改造复杂、周期长	支持 SRv6，支持逐步改造
业务模型	点到点、多点到多点	点到点、多点到多点、跨 AS 业务、跨越异构网络
网络架构目标	城域网络＋骨干网络背靠背方案打通（如 Inter-AS VPN Option A）	城域网络＋骨干网络＋远端城域网络方案打通（如 Inter-AS VPN Option C）
技术方案背景	传统 MPLS 承载网络，无 IPv6 规划运维经验	传统 MPLS 承载网络、SR-MPLS 承载网络、新建承载网络，具备一定的 IPv6 规划运维能力，都建议直接演进到 SRv6
适用组网规模	小规模组网或 LSP（Label Switched Path，标签交换路径）的数量不随网络规模的增加而增加	大规模组网且 LSP 的数量随网络规模的增加而增加

对于部分运营商或企业网络是全新网络的场景，由于不存在存量设备的升级负担，建议直接演进到SRv6，以实现网络协议极简、网络可编程能力极强的可扩展性，并达到数据平面简化为基于IPv6地址转发带来的可达性提升的设计目的。

华为在SRv6演进改造实践中，会基于不同运营商或企业的需求背景和网络情况，设计符合用户诉求的演进路线方案和策略。例如，针对某国C运营商的需求，在5G承载网络建设阶段采取了如下策略。

- 对于大部分地、市级公司，新建一个本地承载网络，选择SRv6直线式演进路线。
- 对于部分地、市级公司4G/5G同一个承载网络，即存量IPRAN（IP Radio Access Network，IP无线接入网）演进到SRv6承载网络的场景，综合考虑运维改造成本、当地政策以及行业竞争趋势，选择SRv6直线式演进路线。用户通过逐步改造现网设备，基于如优先改造PE、MPLS与SRv6共存等策略，跳过SR-MPLS建设阶段，直接演进到SRv6。

通过改造SRv6，华为为C运营商实现了网络协议极简、数据平面极简，并提供了网络可编程以及弹性拓展能力；同时，通过IPv6增强创新技术提供了网络随流检测、小颗粒切片以及业务感知能力；在面向云时代的多云连接能力以及异构网络的接入能力和业务可达性能力提升方面也有很好的表现。

4.1.3 IGP 选择

SRv6是IP网络重要的一次升级机会。在IP网络向SRv6升级演进的过程中，可能会面临OSPFv3和IS-IS IPv6的IGP选择问题。我们推荐采用IS-IS IPv6，具体原因如下。

① 从协议扩展性角度，IS-IS IPv6 TLV方式的扩展性优于OSPFv3 LSA（Link State Advertisement，链路状态通告）方式。

② 从网络规模角度，IS-IS IPv6支持LSP（Link State PDU，链路状态报文）分片，可以支持更大规模的网络，而OSPFv3受限于LSA报文的字节数。

③ 从安全层面考虑，IS-IS IPv6是链路层协议，OSPFv3是IP层协议，OSPFv3更容易被攻击。

④ 从IPv6演进角度分析，IS-IS IPv6和IS-IS IPv4为同一进程号部署，有利旧存量的配置；OSPFv3和OSPF没有可利旧的配置。

⑤ 从厂家实现、协议标准化和稳定性角度，也推荐采用IS-IS IPv6。与OSPFv3相比，IS-IS IPv6的SRv6标准化更成熟，厂家支持更迅速、完备。

在SRv6网络演进中，因为OSPFv3与OSPF并不兼容，如果现网采用了OSPF，从OSPF升级到OSPFv3，实质上等于引入一个新的协议，这与从OSPF切换到IS-IS的代价基本类似，而IS-IS更具备如上所述的优势。综合比较后，建议在SRv6网络演进过程中引入IS-IS IPv6，为未来网络的进一步发展奠定良好的基础。

| 4.2　SRv6 演进策略 |

如图4-4所示，目前，承载网络存在SRv6 Overlay和SRv6与MPLS互通（interworking）两种演进策略，其方案如下所述。

- SRv6 Overlay：该方案适用于基于现有MPLS网络演进的场景，或者是新建业务节点PE的场景。在这种情况下，只需要升级两端节点设备并支持SRv6，就可以建立E2E SRv6 VPN业务；中间的P节点支持IPv6转发即可，不需要升级SRv6。这样，在演进过程中，SRv6和MPLS双栈共存，一部分业务使用SRv6转发，另一部分业务仍然可以使用MPLS转发。
- SRv6与MPLS互通：该方案适用于新建SRv6域且未部署MPLS协议栈的场景，或者是某MPLS区域演进到SRv6后，删除MPLS协议栈的场景。此时业务拼接互通节点一边为SRv6，另一边为MPLS，需要选择拼接互通节点并实现SRv6与MPLS之间的互通。

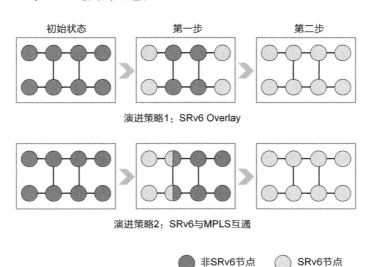

图 4-4　SRv6 演进策略

下面将详细阐述两种演进策略的方案，其中，SRv6 Overlay又进一步包含SRv6 Overlay双栈共存子方案和SRv6 Overlay穿通子方案。

4.2.1 SRv6 Overlay 双栈共存子方案

网络演进无法一蹴而就，支持SRv6的设备与不支持SRv6的设备必然会长期共存。因此，网络演进方案需要实现各个层面的双栈共存。其中，控制协议共存包括如下两种。

- IGP共存：IGP IPv4与IGP IPv6共存。对于从SR-MPLS向SRv6演进的场景，还需要在IGP中实现SR-MPLS与SRv6共存。
- BGP共存：MPLS VPN与SRv6 VPN都使用BGP作为业务信令协议，MPLS VPN通常使用IPv4地址建立BGP会话，SRv6 VPN则使用IPv6地址建立BGP会话。BGP IPv4/BGP IPv6会话建议在不同的BGP地址族（如VPNv4/EVPN）中共存。

业务共存包括如下3种。

- 新业务使用SRv6承载，老业务保持MPLS承载，互不影响。
- 使用MPLS承载的业务可以平滑迁移为由SRv6承载。
- 当业务节点数量很多，无法同时升级支持SRv6时，在同一个业务中也需要SRv6与MPLS双栈共存。

如图4-5所示，初始网络中没有部署SRv6，所有业务均使用MPLS转发。通过共存方案演进到全网SRv6承载业务主要包含以下3步。

① 新建SRv6数据平面，全网使能IS-IS IPv6，支持SRv6各PE节点与RR（Route Reflector，路由反射器）建立基于IPv6地址的BGP EVPN对等体关系。

② 通过路由策略，逐设备、逐业务搬迁。此时，由于SRv6 EVPN L3VPN（EVPN L3VPN over SRv6）和MPLS L3VPN（L3VPN over MPLS）采用同一个VPN实例，VPN接口不需要重新绑定。同时，由于在同一个VPN实例中支持SRv6和MPLS共存，不同的远端PE可以使用不同的隧道，远端支持SRv6的PE，可以迭代到SRv6承载业务；对应不支持SRv6的PE，可仍然保持MPLS承载。

③ 待全网业务都搬迁完后，可以删除BGP IPv4对等体和MPLS配置，使用SRv6转发，从而实现完全演进到SRv6目标网络。

下面以SRv6 EVPN L3VPN和MPLS L3VPN共存场景为例，介绍SRv6演进过程，如图4-6所示。

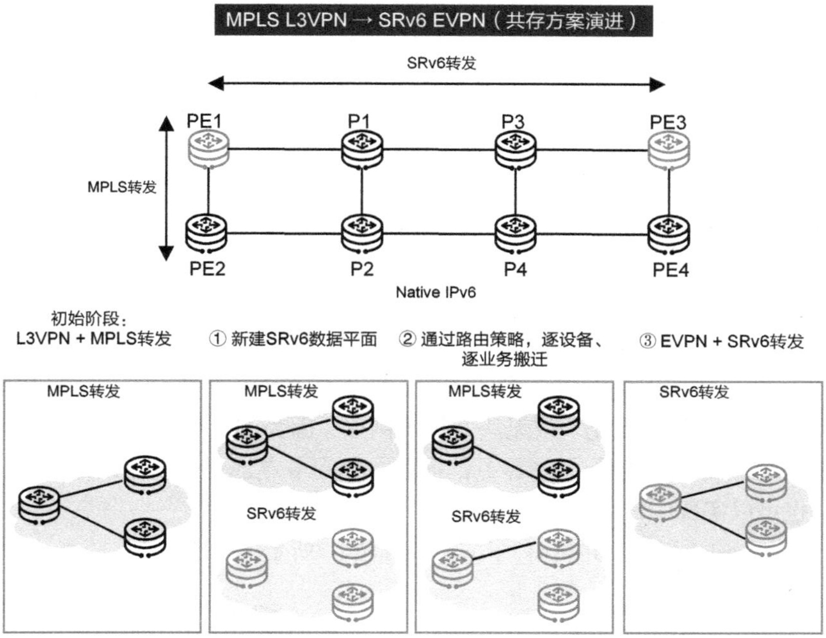

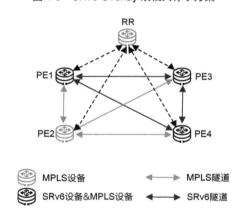

图 4-5　SRv6 Overlay 双栈共存子方案

图 4-6　SRv6 L3VPN 和 MPLS L3VPN 共存场景

路由控制层面的具体配置如下所述。

- PE2和RR建立BGP对等体关系，PE1、PE3、PE4与RR之间同时建立BGP IPv4和BGP IPv6对等体关系。
- PE1、PE3、PE4之间配置SRv6隧道，运行EVPN L3VPN业务。
- PE1、PE2、PE3、PE4之间配置MPLS隧道，运行MPLS L3VPN业务。

业务转发层面，L3VPN流量从MPLS切换到SRv6转发的实现方式如下所述。

- L3VPN路由同时通过两个对等体关系发布，IPv4对等体带MPLS标签，IPv6对等体带SRv6 SID。
- VPN入隧道迭代自动完成，带标签的路由迭代MPLS隧道，带SID的路由迭代SRv6路径。
- PE同时收到带标签的路由和带SID的路由，支持基于路由策略决定优选携带SRv6 SID的路由。

4.2.2　SRv6 Overlay 穿通子方案

SRv6 Overlay穿通是一类方案的统称，这类方案的特点是：业务首尾节点均升级支持SRv6，中间节点无须或无法升级（例如，因为涉及穿越第三方网络，或者部分中间节点硬件不支持SRv6等），可以在中间节点部署支持IPv6作为Underlay网络，也可以实现E2E SRv6业务开通。

SRv6 Overlay穿通一共有4种子方案，如图4-7所示。

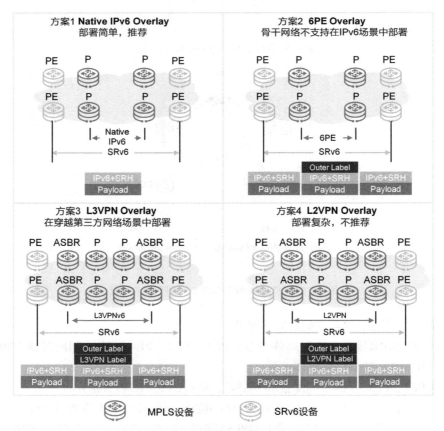

图 4-7　SRv6 Overlay 穿通子方案

这4种子方案的具体实现过程如下所述。

- 方案1：Native IPv6 Overlay。PE节点部署SRv6，中间节点部署IPv6，SRv6业务在中间节点进行Native IPv6转发。
- 方案2：6PE（IPv6 Provider Edge，IPv6服务提供商边缘设备）Overlay。中间节点部署6PE，并通过BGP发布首尾节点的SRv6 Locator、LoopBack路由。SRv6业务在中间节点进行IPv6 over MPLS转发。
- 方案3：L3VPN Overlay。中间网络部署L3VPNv6，P节点之间通过VPN实例发布首尾节点的SRv6 Locator、LoopBack私网路由。SRv6业务在中间网络进行MPLS L3VPNv6转发。中间网络只需要开通一个VPN实例用于SRv6 Locator/LoopBack路由的学习即可，所有的SRv6 VPN业务都可以在这个VPN实例中进行Overlay转发。
- 方案4：L2VPN Overlay。中间网络部署L2VPN（Layer 2 Virtual Private Network，二层虚拟专用网），首尾节点的PE之间建立公网IPv6路由和数据平面，直接交互SRv6 Locator、LoopBack路由；中间网络进行二层透传，不感知路由信息。

基于上述4种子方案，在实际部署中的综合建议如下。

- 在自营网络中，Native IPv6 Overlay是符合简化部署和未来演进的最优选择。在特殊情况下，如核心网络双栈开通困难时，可以采用6PE Overlay进行过渡，同时保留未来向SRv6演进的能力。
- 在穿越第三方网络的场景中，可以采用L3VPN Overlay。第三方网络提供MPLS L3VPNv6专线，为自营网络提供SRv6 Locator、LoopBack私网路由的发布，并且可以保障这些路由不被泄露到公网，避免流量错误流向本网络。这种场景中也可以采用L2VPN Overlay，第三方网络提供MPLS L2VPN专线，为自营网络边界节点提供二层互联，第三方网络可以完全不感知IPv6部署。

这些子方案的进一步比较与选择建议如表4-2所示。

表4-2 SRv6 Overlay 穿通子方案比较与选择建议

维度	Native IPv6 Overlay	6PE Overlay	L3VPN Overlay	L2VPN Overlay
适用场景	已经开启 IPv6 或计划开启 IPv6 的网络	6PE 部署在独立区域。可以是跨 IGP 域的核心区域，也可以是跨 AS 的核心区域	L3VPN 部署在独立区域。通常是跨 AS 的核心区域，核心区域的 ASBR 需要提供接口绑定 L3VPN	L2VPN 部署在独立区域。通常是跨 AS 的核心区域，核心区域的 ASBR 需要提供接口绑定 L2VPN

续表

维度	Native IPv6 Overlay	6PE Overlay	L3VPN Overlay	L2VPN Overlay
部署难度	简单。对于已有 IPv6 部署经验的运维团队是简单的	中等。中间网络开通 6PE 业务，ABR（Area Bonder Router，区域边界路由器）或 ASBR（Autonomous System Boundary Router，自治系统边缘路由器）上引入 SRv6 Locator 路由发布	中等。核心区域开通 MPLS L3VPNv6 业务，核心区域 ASBR 部署一个 VPN 实例，从城域网络接收 SRv6 Locator 路由并发布	复杂。如果使用 P2P（Point to Point，点到点）L2VPN 模型，每新增一个城域网络接入点都需要核心区域开通新的业务。如果使用 MP2MP（Multi-Point to Multi-Point，多点到多点）L2VPN 模型，需要各个城域网络出口节点处在一个广播域中
演进能力	最优	次优。6PE 可与公网 IPv6 共存，核心区域升级 SRv6 后，可通过调整路由优先级将流量平滑引入 SRv6 并转发	困难。需要考虑 VPN 实例路由与公网 IPv6 路由之间的互引	困难。需要核心区域边界节点新增物理或逻辑接口与其他区域互联
故障保护	对于不支持 SRv6 的区域，IPv6 FRR 无法实现 100% 拓扑保护，故障恢复速度依赖 IPv6 路由收敛速度	对于核心区域部署 SR-MPLS 的情况，可提供 TI-LFA FRR 保护，但是 ABR/ASBR 节点发生故障后的恢复速度依赖核心网络尾节点使用的保护技术能力		
建议	最优选择。所有场景均可使用，可以平滑演进	核心网络开通双栈困难，在当前只打算使用 MPLS 但考虑保留未来 SRv6 演进能力的情况下可以选择	在穿越第三方网络场景中可以选择该方案，在第三方网络中开通 L3VPN 专线	在穿越第三方网络场景中可以选择该方案，在第三方网络中开通 L2VPN 专线

上述方案中，对于新增 SRv6 业务均不需要修改核心区域配置，并且均可使用 E2E SRv6 OAM 技术（包括 SRv6 Ping、Trace 等）。

4.2.3　SRv6 与 MPLS 的互通

在SRv6网络演进过程中通常会存在如下两种场景。

- 新建独立SRv6区域，不希望部署MPLS协议栈的场景。
- 逐区域升级SRv6，升级之后所有业务均使用SRv6承载的场景。

此时，业务节点一边为SRv6，一边为MPLS，需要提供SRv6与MPLS互通方案。该方案可以进一步划分为L3VPN业务拼接和L2VPN业务拼接两类，本书以L3VPN业务拼接为例进行说明。

L3VPN业务拼接方案以SRv6/MPLS VPN Gateway方式为例进行说明。如图4-8所示，PE2作为SRv6域与MPLS域的边界节点，通过VPN路由重生成的方式实现SRv6与MPLS的互访，这种方式的互通被称为SRv6/MPLS VPN Gateway。PE2同时运行SRv6和MPLS，其控制平面和数据平面的流程如下所述。

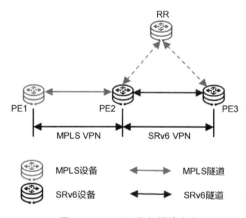

图 4-8　L3VPN 业务拼接方案

- 控制平面流程：PE2从SRv6域收到SRv6 L3VPN路由后，下发VPN路由表；之后将VPN路由重生成为MPLS L3VPN路由，并向MPLS域的PE1通告，下一跳修改为PE2本身，并分配VPN标签。
- 数据平面流程：PE2从MPLS域收到报文，弹出外层标签之后，使用VPN标签查询到对应的VPN实例；之后在VPN实例中进行FIB查找，查询到SRv6域的PE发布的路由以及对应的VPN SID，封装SRv6报文头并转发。

这种Gateway方式的互通，需要在PE2（边界节点）上部署VPN实例。对于移动业务、固定宽带业务中VPN实例数量较少且可以预计的情况，可以采用该方案演进。

L3VPN业务拼接方案以EVPN L3VPN over SRv6与L3VPN over MPLS互通为例进行说明，如图4-9所示。

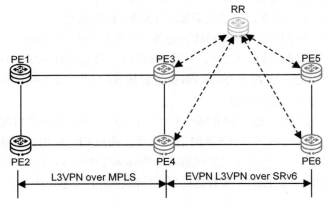

图 4-9 SRv6 EVPN L3VPN 与 MPLS L3VPN 互通

演进过程如下。

① 在SRv6域内配置IGP IPv6和BGP IPv6。

② 在PE5/PE6上将L3VPN实例改造为EVPN L3VPN实例，包括配置EVPN RT（Route Target，路由目标），在BGP EVPN地址族下使能BGP对等体，并配置使用SRv6承载EVPN L3VPN业务。

③ 在PE3/PE4上配置EVPN L3VPN实例，同时包含普通RT和EVPN RT。

④ 在PE3/PE4和PE5/PE6（或SRv6域内RR）上建立BGP IPv6对等体，与PE1/PE2（或IPv4域内RR）建立BGP IPv4对等体。

⑤ 在PE3/PE4上配置向PE5/PE6的IPv6对等体（或SRv6域内RR的IPv6对等体）发布EVPN路由，携带SRv6 SID；之后配置向PE1/PE2的IPv4对等体（或IPv4域内RR的对等体）发布VPNv4路由，携带MPLS标签；最后配置两个地址族之间的路由重生成。

- 从PE5/PE6发往PE3/PE4的路由为携带SRv6 SID的EVPN路由，到达PE3/PE4后下发私网路由表，并将私网路由重生成为携带MPLS标签的VPNv4路由，发送给PE1/PE2；从PE1/PE2发往PE3/PE4的路由为携带MPLS标签的VPNv4路由，到达PE3/PE4后下发私网路由表，并将私网路由重生成为携带SRv6 SID的EVPN路由，发送给PE5/PE6。

- 流量在PE5/PE6到PE3/PE4之间使用SRv6封装，在PE3/PE4到PE1/PE2之间使用MPLS封装。

|4.3　SRv6 演进样例|

下面将以几种典型网络部署模型为例，展示SRv6的演进过程。

4.3.1　城域 E2E VPN + Option A 向 E2E SRv6 VPN 演进

城域E2E VPN + Option A是指在城域网络中使用E2E VPN，城域网络和骨干网络之间采用跨AS Option A方式对接，典型组网如图4-10所示。网络拓扑的内容不是本章重点，读者可以参考第6章。

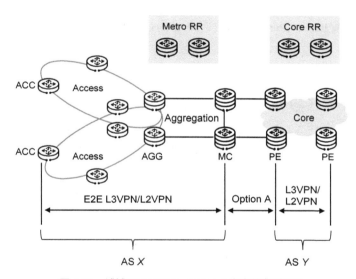

图 4-10　城域 E2E VPN + Option A 方案的典型组网

下面将分别阐述该网络中基于SRv6 Overlay和基于SRv6与MPLS互通两种方式的演进过程。

1. 基于SRv6 Overlay方式的演进过程

这里以Native IPv6 Overlay为例介绍SRv6 Overlay方式的演进过程。其他几种Overlay方式的演进过程基本类似。整体演进过程如下所述。

① 全网部署IPv6，包括配置IPv6地址、增加IGP IPv6和BGP IPv6部署以及打通公网IPv6转发。

② 升级RR和部分PE节点，部署SRv6隧道。

③ 将已升级的PE节点间业务切换为SRv6承载，其他业务仍然采用MPLS承载。

④ 升级其他PE节点，部署SRv6隧道。

⑤ 将业务迁移至SRv6后，删除已有的MPLS隧道和MPLS配置。

下面重点介绍演进过程中的4个部署内容。

（1）IGP和BGP IPv6公网地址族对等体部署

IGP域和BGP域的划分和现网保持一致。如图4-11所示，以IS-IS IPv4场景为例，IGP和BGP IPv6公网地址族的部署过程如下所述。

① 基于存量设备的主接口、子接口、LoopBack接口新增IPv6地址，与原有IPv4地址形成双栈。

② 在存量网络的IS-IS进程里新增IPv6拓扑，将互连接口和LoopBack接口加入IPv6拓扑，然后在IPv6拓扑下完成SRv6相关配置。

③ 基于MC（Metro Core，城域核心）和PE节点之间的主接口、子接口新增IPv6地址，配置EBGP IPv6对等体传递跨AS的公网路由。

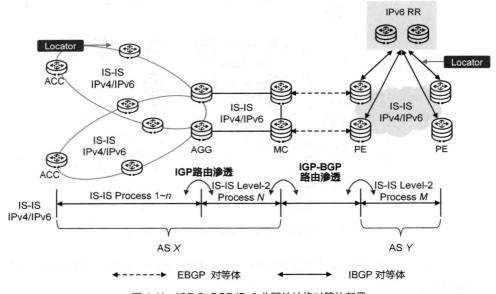

图 4-11　IGP 和 BGP IPv6 公网地址族对等体部署

（2）BGP VPNv4、BGP EVPN地址族部署

如图4-12所示，以BGP EVPN地址族为例，其部署过程如下所述。

① 将RR升级到支持SRv6的版本，仅需部署BGP IPv6对等体支持SRv6路由发布，不需要新增SRv6的相关配置（SRv6 Locator配置等），就可以支持SRv6 VPN路由的接收和发送。需要使用SRv6承载业务的节点升级到支持SRv6的版本。

② 在SRv6业务节点（包括ACC和PE）和各自RR间建立IBGP IPv6对等体，并

在BGP VPNv4/BGP EVPN地址族下使能BGP IPv6对等体。BGP IPv6和BGP IPv4对等体共用现网的RR。BGP IPv6对等体和BGP IPv4对等体使用相同的路由策略。

③ 在RR之间建立IBGP IPv6或者EBGP IPv6对等体，所有RR在反射路由时不更改下一跳。

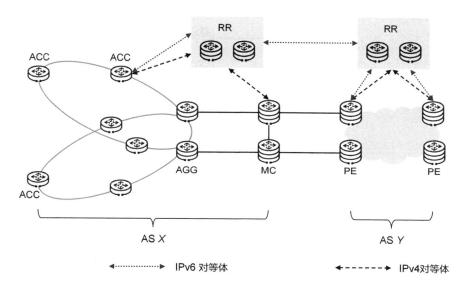

图 4-12　BGP VPNv4、BGP EVPN 地址族部署（城域 E2E VPN+Option A）

（3）隧道部署

隧道部署需要考虑SRv6 BE和SRv6 Policy两种场景。

如图4-13所示，部署SRv6 BE时，需要使能SRv6、配置SRv6 Locator并引入路由到IGP中。IGP会将SRv6 Locator路由在本进程里泛洪，并引入其他IGP进程，通过BGP发布到其他AS。一旦SRv6 Locator路由发布，SRv6 BE路径就建立完成。

如图4-14所示，SRv6 Policy部署在SRv6 BE的基础上还需要增加如下过程。

① 在控制器和设备间建立NETCONF和Telemetry连接，用于下发配置、收集链路和SRv6 Policy流量信息。

② 在BGP-LS IPv6和BGP IPv6 SR-Policy地址族下使能SRv6业务节点和RR之间的BGP IPv6对等体关系。

③ 在控制器和各域RR建立BGP IPv6对等体，并在BGP-LS IPv6和BGP IPv6 SR-Policy地址族下使能。

④ 在跨AS节点（包括MC和PE）之间使能BGP EPE（Egress Peer Engineering，出口对等体工程）IPv6，支持跨AS的SRv6 Policy部署。关于BGP EPE IPv6，本书因篇幅限制，不作过多介绍，读者可查阅RFC 9086[41]和RFC 9087[42]。

⑤ 在MC和PE节点上使能IGP下的BGP-LS IPv6拓扑上报。

⑥ 在控制器上配置隧道的首尾节点及路径约束，将通过控制器计算出SRv6 Policy的可用路径后下发给头节点。

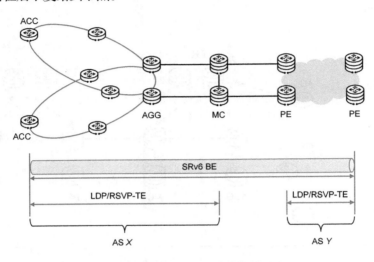

图 4-13　SRv6 BE 部署 （城域 E2E VPN+Option A）

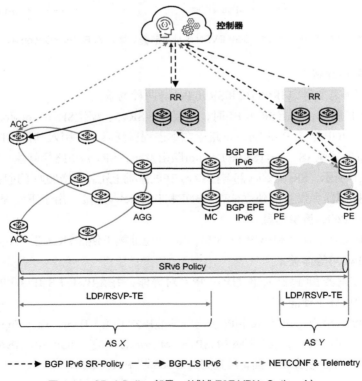

图 4-14　SRv6 Policy 部署 （城域 E2E VPN+Option A）

（4）业务部署

这里以5G业务为例，分为NSA（Non-Standalone，非独立组网）和SA（Standalone，独立组网）两种场景描述业务部署。

如图4-15所示，在NSA场景中，5G S1/X2业务采用和4G业务相同的VPN承载。VPN业务从LDP/RSVP-TE隧道演进到SRv6 BE承载的步骤如下所述。

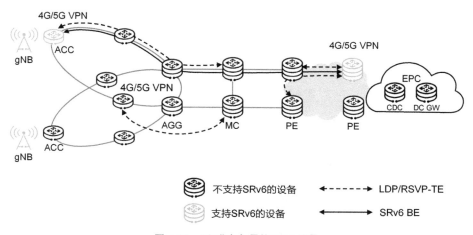

图 4-15　5G 业务部署的 NSA 场景

① 将NSA业务所属VPN实例使能双栈，引用SRv6 Locator，并配置通过SRv6承载。

② 配置路由策略，NSA业务所属VPN实例优先选择BGP IPv6对等体发布的路由，并将VPN实例承载从LDP/RSVP-TE隧道切换到SRv6。演进过程中，NSA业务所属VPN实例下的MPLS隧道和SRv6可以共存。

③ 当网络中所有业务都切换到SRv6后，删除已有的LDP/RSVP-TE隧道和MPLS基础配置。

未来NSA场景向SA场景演进时，SA业务可以采用新的VPN，SRv6承载方案保持不变。

如图4-16所示，在SA场景中，所有设备都已演进支持SRv6，并采用E2E SRv6 VPN方案承载，建议5G业务采用独立的VPN。

2. 基于SRv6与MPLS互通方式的演进过程

SRv6与MPLS互通方式的演进适合只有部分区域支持SRv6，其他区域无法升级支持SRv6的场景。

图4-17给出了城域E2E VPN+Option A典型组网中基于SRv6与MPLS互通的演进过程，其中划分的各场景及相应的建议方案如表4-3所示。

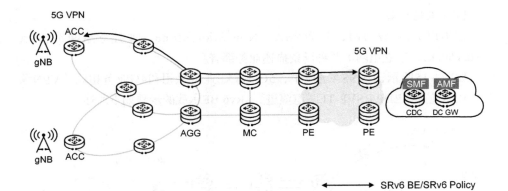

图 4-16 5G 业务部署的 SA 场景

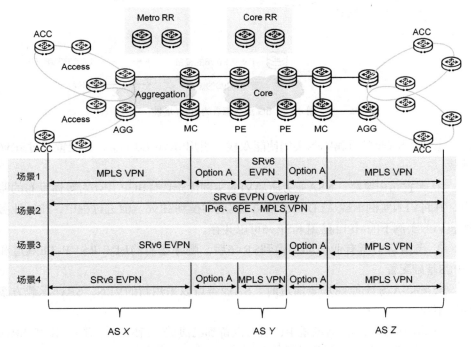

图 4-17 SRv6 与 MPLS 互通 （城域 E2E VPN+Option A）

表 4-3　城域 E2E VPN +Option A 典型组网中基于 SRv6 与 MPLS 互通的
演进场景及建议方案

场景分类	城域网络是否支持 SRv6	骨干网络是否支持 SRv6	建议方案
场景 1	不支持	支持	建议继续采用 Option A 方式对接，待部分城域网络支持 SRv6 后，可以演进到场景 3
场景 2	支持	不支持	建议在城域网络跨 AS 设备 MC 节点之间通过 SRv6 Overlay 方式演进，待骨干网络支持 SRv6 后，演进到全网 E2E SRv6 EVPN。 此场景通过 Option A 方式也支持演进，但是推荐 Overlay 方式，保证业务端到端的部署
场景 3	部分支持	支持	建议支持在 SRv6 的城域网络和骨干网络之间部署 E2E SRv6 EVPN，不支持 SRv6 的城域网络和骨干网络之间继续运行 Option A，待所有城域网络均支持 SRv6 后，再演进到全网 E2E SRv6 EVPN
场景 4	部分支持	不支持	建议全网跨 AS 继续保持通过 Option A 方式进行对接，待骨干网络支持 SRv6 后，可以演进到场景 3

其中，场景1、场景3和场景4的主体是以Option A方式对接，SRv6部署方式可参考新建网络进行部署；场景2可以参考SRv6 Overlay方式演进过程进行部署，这里不再赘述。

4.3.2　城域 HoVPN + Option A 向 SRv6 HoVPN 演进

城域HoVPN + Option A是指在城域网络中使用HoVPN（Hierarchy of VPN，分层VPN），城域网络和骨干网络之间采用Option A方式对接。HoVPN模型与4.3.1节中介绍的E2E VPN模型不同，VPN业务需要在AGG节点落地分段部署。因此ACC与AGG之间是一段VPN业务，AGG与MC之间是另一段VPN业务。这两段VPN业务可以通过路由策略切换SRv6隧道独立进行，并互相解耦，分段演进到SRv6隧道承载。典型组网如图4-18所示。

下面将分别阐述该网络中基于SRv6 Overlay和基于SRv6与MPLS互通方式的演进过程。

1. 基于SRv6 Overlay方式的演进过程

城域HoVPN+Option A的SRv6 Overlay整体演进过程类似E2E VPN+Option A方案，可参考4.3.1节的"基于SRv6 Overlay方式的演进过程"。下面重点介绍演进过程中的4个部署内容。

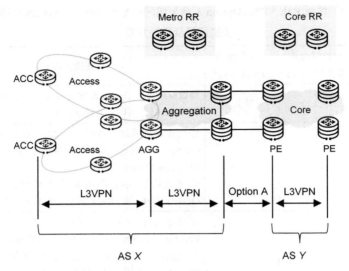

图 4-18　城域 HoVPN+Option A 方案的典型组网

（1）IGP和BGP IPv6公网地址族对等体部署

HoVPN + Option A向E2E SRv6 VPN演进的IGP和BGP IPv6公网地址族对等体，其部署方式类似E2E VPN+Option A方案，可参考4.3.1节的"IGP和BGP IPv6公网地址族对等体部署"。

（2）BGP VPNv4/BGP EVPN地址族部署

如图4-19所示，AGG继续兼做Inline-RR（内置RR），BGP EVPN地址族演进设计方案如下。

① 将RR升级到支持SRv6的版本，仅需部署BGP IPv6对等体支持SRv6路由发布，不需要新增SRv6配置（如SRv6 Locator等配置），即可以支持SRv6 VPN路由的接收和发送。在该方案中，AGG节点通常兼做ACC节点的Inline-RR，因此AGG节点也需要升级。

② 将需要使用SRv6承载业务的节点升级到支持SRv6的版本。

③ 在SRv6业务节点（包括ACC、AGG、MC和PE）与各自RR间建立IBGP IPv6对等体，并在BGP VPNv4/BGP EVPN地址族下使能BGP IPv6对等体。BGP IPv6和BGP IPv4对等体共用现网的RR设备，BGP IPv6对等体和BGP IPv4对等体使用相同的路由策略。

④ 在RR之间建立IBGP IPv6或者EBGP IPv6对等体，所有RR反射路由时不更改下一跳。

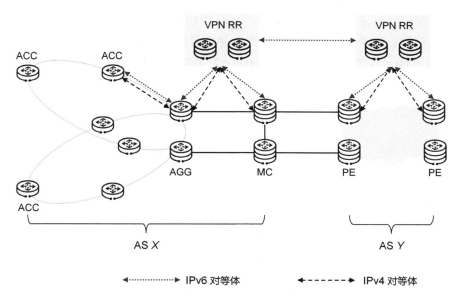

图 4-19　BGP VPNv4/BGP EVPN 地址族部署　（城域 HoVPN+Option A）

（3）隧道部署

隧道部署需要考虑SRv6 BE和SRv6 Policy两种场景。

如图4-20所示，部署SRv6 BE时，需要使能SRv6、配置SRv6 Locator并将路由引到IGP中。一旦SRv6 Locator路由发布完成，SRv6 BE路径就建成了。

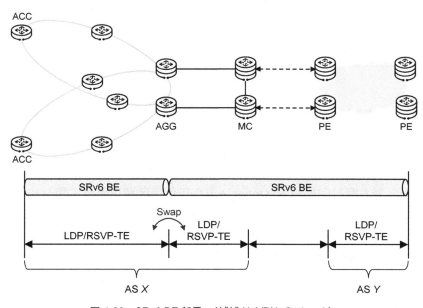

图 4-20　SRv6 BE 部署　（城域 HoVPN+Option A）

如图4-21所示，SRv6 Policy在SRv6 BE的基础上，还需要部署BGP-LS IPv6对等体、BGP IPv6 SR-Policy对等体以及跨AS的BGP EPE IPv6对等体。HoVPN+Option A方案与E2E VPN+Option A方案类似，具体可参考4.3.1节。

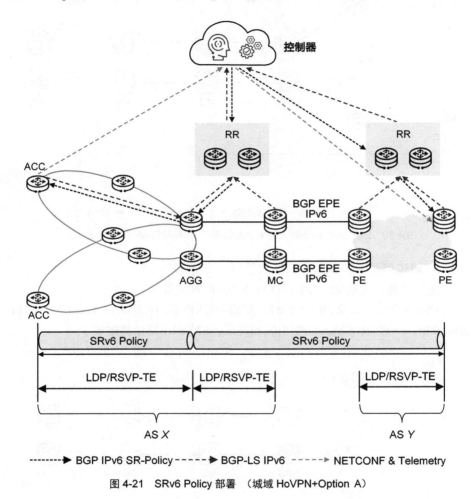

图 4-21　SRv6 Policy 部署　（城域 HoVPN+Option A）

（4）业务部署

业务部署方案与E2E VPN+Option A方案类似，区别在于ACC和AGG（Inline-RR）之间要建立BGP IPv6对等体关系，并通过路由策略控制承载业务的隧道切换到SRv6，具体可参考4.3.1节的"业务部署"。

2. 基于SRv6与MPLS互通方式的演进过程

如图4-22所示，在城域HoVPN+Option A典型组网中基于SRv6与MPLS互通方式的演进过程与E2E VPN中的类似。

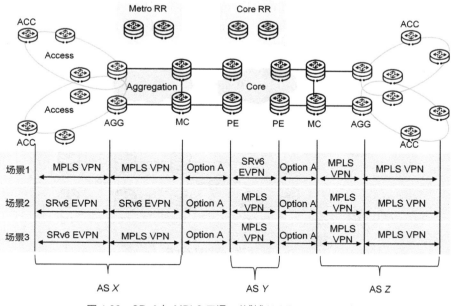

图 4-22　SRv6 与 MPLS 互通　（城域 HoVPN+Option A）

下面介绍图4-22中场景3的演进过程。在AGG节点进行SRv6/MPLS互通，MC和骨干网络节点配置都无须更改，整体演进过程如下。

① 在ACC和AGG节点上部署IPv6，包括配置IPv6地址和增加IGP IPv6部署。

② 在ACC/AGG和RR间部署BGP IPv6对等体。

③ 在HoVPN组网中，AGG节点上已经有VPN实例。在L3VPN场景中，可以直接采用SRv6/MPLS VPN Gateway方式进行互通。

④ 在ACC和AGG节点间部署SRv6。

⑤ 将ACC和AGG节点间的业务切换为SRv6承载。

4.3.3　Seamless MPLS 向 E2E SRv6 演进

Seamless MPLS（无缝MPLS）网络是指在网络中采用BGP-LU（Labeled Unicast，标签单播）地址族对等体建立端到端的BGP LSP来承载VPN业务，网络可以是单AS多IGP进程网络，也可以是多AS网络。这里以多AS网络为例进行介绍，典型组网如图4-23所示。

基于Seamless MPLS的网络相比基于Option A方式部署跨AS业务更加便捷，因为Seamless MPLS支持通过建立端到端隧道承载业务。但是，Seamless MPLS

中BGP LSP的建立需要全网互相学习LoopBack标签路由，这对边缘节点的压力较大，网络的稳定性也受影响；同时，Seamless MPLS不具备SLA保障能力。而演进到E2E SRv6可以解决这两个问题。

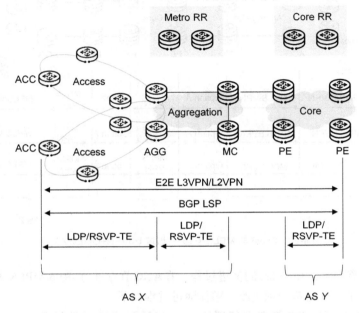

图 4-23　Seamless MPLS 多 AS 网络的典型组网

下面将分别阐述Seamless MPLS网络中基于SRv6 Overlay和基于SRv6与MPLS互通方式的演进过程。

1.　基于SRv6 Overlay方式的演进过程

Seamless MPLS网络的SRv6 Overlay方式整体演进过程类似于E2E VPN+Option A方案，可参考4.3.1节的"基于SRv6 Overlay方式的演进过程"。

（1）IGP和BGP IPv6公网地址族对等体部署

Seamless MPLS向E2E SRv6演进的IGP和BGP IPv6公网地址族对等体部署可参考4.3.1节的"IGP和BGP IPv6公网地址族对等体部署"。

（2）BGP VPNv4/BGP EVPN地址族部署

Seamless MPLS向E2E SRv6演进的BGP VPNv4/BGP EVPN地址族部署分为两种场景。

- 在城域内无分级RR的情况下，部署可参考4.3.1节的"BGP VPNv4/BGP EVPN地址族部署"。
- 在AGG节点兼做Inline-RR的情况下，部署可参考4.3.2节的"BGP VPNv4/

BGP EVPN地址族部署"。

（3）隧道部署

隧道部署需要考虑SRv6 BE和SRv6 Policy两种场景。

如图4-24所示，部署SRv6 BE时，需要使能SRv6、配置SRv6 Locator并将路由引到IGP中。一旦SRv6 Locator路由发布完成，SRv6 BE路径就成功建立。

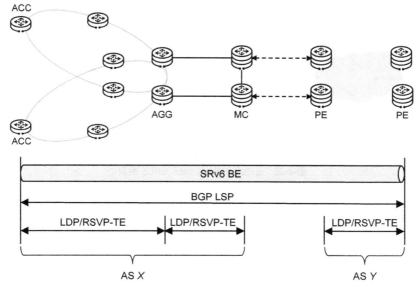

图 4-24　SRv6 BE 部署 （Seamless MPLS 网络）

SRv6 Policy场景在SRv6 BE基础上，还需要部署BGP-LS IPv6对等体、BGP IPv6 SR-Policy对等体以及跨AS的BGP EPE IPv6对等体。如果业务不在AGG落地，可参考4.3.1节的"隧道部署"；如果业务在AGG落地，则参考4.3.2节的"隧道部署"。

（4）业务部署

如果业务不在AGG落地，可参考4.3.1节的"业务部署"；如果业务在AGG落地，则参考4.3.2节的"业务部署"。通过路由策略控制业务需要切换到IPv6数据平面，同时隧道切换到SRv6。

2. 基于SRv6与MPLS互通方式的演进过程

Seamless MPLS网络基于SRv6与MPLS互通的演进方式分为两种，过程如下所述。

如果在Seamless MPLS网络中已经建立端到端隧道，网络中只有某些PE节点支持SRv6，并且是在存量网络基础上进行演进，则不建议通过互通的方式对业务和隧道进行分段部署。原因在于，Seamless方式建议端到端部署隧道，但互通方式需要部署MPLS VPN Gateway，这样会破坏Seamless端到端业务模型，因此建议采用SRv6和Seamless MPLS共存的方式进行演进。如图4-25所示，在支持SRv6的节点上同时使用SRv6和Seamless MPLS承载，在不支持SRv6的节点上使用BGP LSP承载。

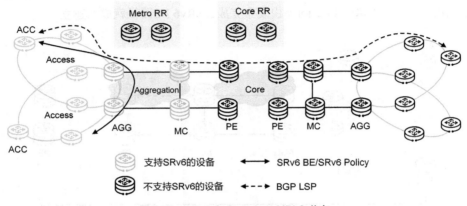

图4-25 SRv6 和 Seamless MPLS 共存

　　如果是新建的网络区域，并且不想在新区域中使能MPLS，可以选择在区域的边缘节点上进行VPN业务层面的互通。如图4-26所示，新建城域网络中只部署了SRv6，骨干网络和其他城域网络部署了MPLS，此时可以在城域网络核心MC节点上进行互通。

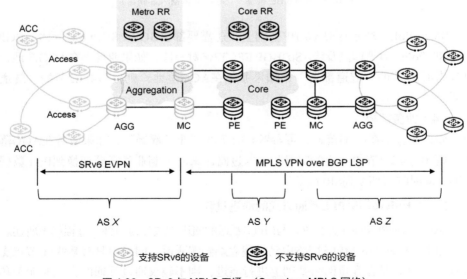

图4-26 SRv6 与 MPLS 互通 （Seamless MPLS 网络）

新建网络中基于SRv6与MPLS互通的演进过程如下所示。

① 在新建城域网络的所有节点上部署IPv6，包括配置IPv6地址和增加IGP IPv6部署。

② 在新建城域网络节点和RR间建立BGP IPv6对等体。

③ 在MC节点上根据业务和演进方式部署VPN实例及互通配置。如果MC节点本身兼做PE并且已有L3VPN实例，可以采用SRv6/MPLS VPN Gateway方式。

④ 将新建城域网络所有节点间的业务切换为SRv6承载。

第 5 章
SRv6 网络评估与规划建议

本章通过对网络基础条件和网络业务两方面进行评估，来确定哪些网络和设备可以演进到SRv6。此外，本章还在第4章介绍的SRv6的演进路线和方案的基础上，给出规划建议。

| 5.1 网络基础条件评估 |

网络基础条件评估主要包含两方面：一是网元级评估，如设备支持度排查，内存、CPU（Central Processing Unit，中央处理器）排查等；二是网络级评估，如链路类型质量评估、链路流量利用率评估和质差链路评估等。

5.1.1 网元级评估

SRv6网络演进的基础必须是软硬件支持与SRv6相关的协议或者特性。由于SRv6对IPv6地址进行了重构，引入了SRH和数据平面TLV封装等机制。这些技术带来了丰富的网络编程能力，也对网络设备处理能力提出了更高的要求。为了实现高性能的报文处理和转发，对SRH、TLV的处理一般都需要用硬件来实现。另外，为了支持更精细化的流量调优、IFIT、网络切片等功能，还需要硬件具备更强的网络编程能力，这些对现网的设备都具有一定程度的挑战。

设备硬件评估的原则如下。

- 设备和单板关注点：需要支持SRv6相关协议或者特性的设备和单板，这里涉及的特性包含IPv6、SRv6 BE、SRv6 Policy、IFIT、FlexE、信道化子接口、Flex Channel、EVPN、TWAMP（Two-Way Active Measurement Protocol，双向主动测量协议）、1588v2、G.8275.1等。可以根据使用场景来判断硬件（设备、单板等）是否支持计划使用的特性，一般情况下，要求设备上所有的硬件都支持计划使用的特性，这样才认为设备支持

SRv6演进。

- 硬件内存关注点：路由器的内存对SRv6 Policy、VPN实例路由量等的规格有影响，建议将内存低的设备作为边缘设备，不作为核心设备或者RR，且演进SRv6网络一般需要在原有网络的基础上新建SRv6网络，这样会存在VPN实例路由量增加的情况，因此建议如下。
    - ◆ RR（包括独立RR和Inline-RR）设备：选型内存不能低于8 GB。
    - ◆ 核心设备：盒式设备内存不低于4 GB，推荐8 GB的内存设备；框式设备内存不低于8 GB，推荐16 GB的内存设备。
    - ◆ 边缘设备：不低于4 GB的内存设备。
- 硬件CPU关注点：现网设备稳态时的CPU利用率不要超过50%；使用工具模拟业务部署后的CPU占用率，如超过80%门限，则业务运行有风险。建议选择演进前CPU利用率不超过50%的设备，如果超过，则建议更换性能更高的设备。
- P节点设备关注点：建议选择支持SRv6的P节点设备。如果P节点不支持SRv6，这些节点只能进行SRv6 BE场景的基本IPv6报文转发，不能识别SRv6 Policy和SRv6 TI-LFA FRR的报文，从而影响SRv6方案的功能。
- 升级满足度关注点：如果涉及升级场景，需要按照升级满足度评估，更换不满足升级要求的设备，可以在升级前开展专项评估。
- 新硬件关注点：部分设备需要更换新硬件才能支持SRv6功能。

综上所述，网元硬件方面建议选择性能较好的设备和单板，同时，还需要考虑不同节点的设备选型要求以及成本的计算。详细的硬件选型可以在确定演进方案前咨询设备供应商的专业工程师，以获取合理的方案。

5.1.2　网络级评估

网络级评估主要包含两个方面：一是链路类型和质量的评估，二是链路流量利用率及演进后的预估流量利用率的评估。

随着网络的持续演进，用户网络的链路类型也多种多样。当前常见的链路是光纤链路，但是很多国家存在较多早期建设的低速链路，也有很多国家存在较多的微波链路，还有一些运营商是租用第三方链路，场景比较复杂。同时，SRv6封装会带来额外的报文头开销，所以需要从链路类型、质量以及利用率方面开展评估。

1. 链路类型和质量的评估

常见不同类型链路的风险与评估建议如表5-1所示。

表 5-1　常见不同类型链路的风险与评估建议

链路类型	风险	建议
微波链路	微波链路带宽较小，部署 SRv6 后可能导致带宽不足而拥塞丢包的风险。 微波链路带宽随外部天气环境动态变化，并且当前很难实时感知带宽变化并进行调优	只有微波到站的场景可用，无光纤到站的节点不建议用 SRv6 Policy；接入层存在大量微波链路的场景建议采用 HoVPN 方案，在汇聚层部署 SRv6 Policy，并在接入层部署 SRv6 BE，或保留原有 MPLS 协议。在有光纤到站的情况下，SRv6 Policy 主路径运行在光纤链路上，SRv6 Policy 备路径或逃生路径可运行在微波链路上。 排查微波链路及链路带宽占用率，并根据流量模型评估空闲微波带宽是否可以支持 SRv6 部署，无法支持则不能部署 SRv6
低速链路	低速链路带宽较小，部署 SRv6 后可能导致带宽不足而拥塞丢包的风险	排查低速链路及链路带宽占用率，并根据流量模型评估空闲低速链路带宽是否可以支持 SRv6 部署，无法支持则不能部署 SRv6，建议扩容或者改成高速链路
租用第三方链路	SRv6 会使报文头增大从而导致利用率带宽增加，需要提前评估演进到 SRv6 后的链路利用率使用情况	如果利用率增加较多，可以根据实际情况选择合适的 SRv6 传输效率提升技术
质差链路	链路的丢包、时延等质量指标差会影响 SRv6 业务，以及链路频繁闪断（10 min 内闪断次数大于等于 5 次，则被认为是频繁闪断）、中断会导致割接 SRv6 后的流量路径不可预期	排查 Top N 质差链路并进行检修、更换，之后再演进部署 SRv6

2. 链路流量利用率及演进后预估流量利用率的评估

由于使用 SRv6 封装会带来额外的报文头开销，从而降低链路传输效率，所以需要按照具体的使用场景来分析报文头开销对链路传输效率的影响。在 SRv6 BE 的模式下，报文固定增加 40 Byte 的报文头开销（IPv6 报头）。如果使用 SRv6 Policy，还会额外增加 SRH（包含 SID List 等信息）开销，且这部分开销与包含 SID 数量强相关，SID 数量越多、开销越大。如果网络转发路径过长，使用的 SID 数量过多（多于 10 个），建议优化转发路径，减少 SID 的使用，或部署合适的 SRv6 传输效率提升方案。增加报文头对不同业务的传输效率影响不同，业务报文越长，则影响越小。以移动承载业务为例，2G/3G 业务报文较短（80~300 Byte），使用 SRv6 承载对业务传输效率的影响较大；但 4G/5G 业务报文较长（700~

1000 Byte），使用SRv6承载对业务传输效率的影响较小。建议4G、5G等报文较长的业务可以选择SRv6 Policy承载，2G、3G等报文较短的业务则优先选择SRv6 BE承载。

SRv6 Policy报文头开销包括4个部分：基础IPv6报文头（40 Byte）、SRH固定报文头（8 Byte）、SRv6 Policy Segment List[16×（N-1）Byte]、VPN SID（16 Byte），其中N为SRv6 Policy的SID数量。推荐采用Reduced模式进行封装，即不封装第一个SID。

在SRv6 Policy场景中，SRv6报文头开销计算方法如下：

SRv6报文头长度=40 Byte+8 Byte+[16×（N-1）] Byte+16 Byte

表5-2详细列举了不同跳数（指定经过的物理链路数）情况下，普通SRv6 Policy的报文头长度构成。

表 5-2　普通 SRv6 Policy 的报文头长度构成

普通 SRv6 Policy	SRv6 报文头 （IPv6+SRH） / Byte	IPv6 报文头 / Byte	SRH 固定报文头 /Byte	SRv6 Policy Segment List 报文头 /Byte	VPN SID 报文头 /Byte
2 跳	80	40	8	16	16
3 跳	96	40	8	32	16
4 跳	112	40	8	48	16
5 跳	128	40	8	64	16
6 跳	144	40	8	80	16
7 跳	160	40	8	96	16
8 跳	176	40	8	112	16
9 跳	192	40	8	128	16
10 跳	208	40	8	144	16
15 跳	304	40	8	240	16
20 跳	384	40	8	320	16

📖 说明

在SRv6 Policy的SID数量大的情况下，可以使用Binding SID来缩短SRv6报文头长度，以提高传输效率。使用Binding SID的SRv6 Policy封装开销计算方法这里不作介绍，有需要的读者可以自行估算或咨询设备供应商的专业工程师。

在G-SRv6 32 bit方案的场景中，G-SRv6 Policy封装开销计算方法如下：

SRv6报文头长度=48 Byte+{16×⌈（N-1）/4⌉}Byte+16 Byte

其中，$\lceil(N-1)/4\rceil$ 表示计算出来的数值向上取整，N 为 SRv6 Policy 的 SID 数量，并假设 SRv6 Policy 中的 SID 不更换 Locator Block，Locator Block 长度为 64 bit，VPN SID 使用普通的 SRv6 SID。

表 5-3 详细列举了不同跳数（指定经过的物理链路数）情况下，G-SRv6 32 bit 方案的报文头长度构成。

表 5-3　G-SRv6 32 bit 方案的报文头长度构成

G-SRv6 32 bit 方案（Locator Block 不变）	SRv6 报文头（IPv6+SRH）/ Byte	IPv6 报文头 / Byte	SRH 固定报文头 /Byte	SRv6 Policy Segment List 报文头 /Byte	VPN SID 报文头 /Byte
2 跳	80	40	8	16	16
3 跳	80	40	8	16	16
4 跳	80	40	8	16	16
5 跳	80	40	8	16	16
6 跳	96	40	8	32	16
7 跳	96	40	8	32	16
8 跳	96	40	8	32	16
9 跳	96	40	8	32	16
10 跳	112	40	8	48	16
15 跳	128	40	8	64	16
20 跳	144	40	8	80	16

在 G-SRv6 16 bit 方案的场景中，G-SRv6 Policy 场景封装开销计算方法如下：

SRv6 报文头长度=48 Byte+{16×$\lceil(N-5)/8\rceil$}Byte+16 Byte

其中，$\lceil(N-5)/8\rceil$ 表示计算出来的数值向上取整，N 为 SRv6 Policy 的 SID 数量，并假设 SRv6 Policy 中的 SID 不更换 Locator Block，Locator Block 长度为 48 bit，VPN SID 使用普通的 SRv6 SID。

表 5-4 详细列举了不同跳数（指定经过的物理链路数）情况下，G-SRv6 16 bit 方案的报文头长度构成。

表 5-4　G-SRv6 16 bit 方案的报文头长度构成

G-SRv6 16 bit 方案（Locator Block 不变）	SRv6 报文头（IPv6+SRH）/ Byte	IPv6 报文头 / Byte	SRH 固定报文头 /Byte	SRv6 Policy Segment List 报文头 /Byte	VPN SID 报文头 /Byte
2 跳	64	40	8	0	16

续表

G-SRv6 16 bit 方案（Locator Block 不变）	SRv6 报文头（IPv6+SRH）/ Byte	IPv6 报文头 / Byte	SRH 固定报文头 /Byte	SRv6 Policy Segment List 报文头 /Byte	VPN SID 报文头 /Byte
3 跳	64	40	8	0	16
4 跳	64	40	8	0	16
5 跳	64	40	8	0	16
6 跳	80	40	8	16	16
7 跳	80	40	8	16	16
8 跳	80	40	8	16	16
9 跳	80	40	8	16	16
10 跳	80	40	8	16	16
15 跳	96	40	8	32	16
20 跳	96	40	8	32	16

在uSID方案的场景中，报文头封装开销计算方法如下：

SRv6报文头长度=48 Byte+{16×⌈（N-5）/5⌉}Byte+16 Byte

其中，⌈（N-5）/5⌉表示计算出来的数值向上取整，N为SRv6 Policy的SID数量，并假设SRv6 Policy中的SID不更换Locator Block，Locator Block长度为48 bit，VPN SID使用普通的SRv6 SID。

表5-5详细列举了不同跳数（指定经过的物理链路数）情况下，uSID方案的报文头长度构成。

表 5-5　uSID 方案的报文头长度构成

uSID 方案 （Locator Block 不变）	SRv6 报文头（IPv6+SRH）/ Byte	IPv6 报文头 / Byte	SRH 固定报文头 /Byte	SRv6 Policy Segment List 报文头 /Byte	VPN SID 报文头 /Byte
2 跳	64	40	8	0	16
3 跳	64	40	8	0	16
4 跳	64	40	8	0	16
5 跳	64	40	8	0	16
6 跳	80	40	8	16	16
7 跳	80	40	8	16	16
8 跳	80	40	8	16	16

uSID 方案（Locator Block 不变）	SRv6 报文头（IPv6+SRH）/ Byte	IPv6 报文头 / Byte	SRH 固定报文头 /Byte	SRv6 Policy Segment List 报文头 /Byte	VPN SID 报文头 /Byte
9 跳	80	40	8	16	16
10 跳	80	40	8	16	16
15 跳	96	40	8	32	16
20 跳	112	40	8	48	16

在部署SRv6的方案里通常会部署切片和IFIT等特性，部署后也会增加报文头长度。在进行链路带宽利用率评估时，这部分也要同步进行评估。

部署切片的报文，以基于SRv6 Slice ID的切片方案为例[43]，会增加16 Byte的HBH扩展头开销。

部署IFIT交替染色的报文，以IFIT交替染色头封装在SRH头中的场景举例[44]，会增加24 Byte的开销。

经过上述对链路类型和质量以及带宽利用率的评估，综合部署建议如下。

① 重保业务：部署SRv6 Policy，提供确定性时延和带宽，严格保证业务（如5G业务、专线业务等）SLA。

另外，注意不同地区判断重保业务的标准不同。部分地区2G、3G业务也是重保业务。不同业务要根据自身网络需求进行判断。

② 普通业务：部署SRv6 BE，尽力而为保障业务SLA，如2G、3G业务和家庭宽带等。

③ 若资源不足，考虑业务需要的同时给出如下建议。

- 建议扩容，资源满足后部署SRv6。
- 带宽敏感的场景部署SRv6 Policy以满足业务需求时，建议部署SRv6传输效率提升的方案，需要根据不同的场景选用C-SID的不同方法。

📖 说明

链路资源充足一般指现网带有业务的情况下，链路带宽利用率低于50%；或者计算报文膨胀后，链路带宽利用率低于70%。如果现有业务链路带宽利用率超过50%，或者计算报文膨胀后链路带宽利用率高于70%，则都属于链路资源不足的情况。

|5.2　网络业务评估|

SRv6演进场景中，需要在演进前开展业务的带宽评估和各关键特性的规格评估，其中关键特性包括SRv6 Policy、BGP-LS、BFD（Bidirectional Forwarding Detection，双向转发检测）和IFIT等。通过上述内容的评估，可以给出后续演进部署的详细方案和基本方向。

5.2.1　业务带宽评估

业务带宽评估是链路带宽以及设备硬件接口类型选择的基础。这里以运营商移动承载业务作为范例给出评估建议，运营商和企业其他的SRv6网络场景的评估与此类似，可以参考。

业务带宽评估需要先评估基站侧，这取决于4G、5G业务的扇区的平均带宽和峰值带宽。在4G和5G共站的情况下，NGMN（Next Generation Mobile Networks，下一代移动网络）联盟定义带宽的计算方法如下：

峰值带宽/站点=峰值带宽/扇区+（N−1）×平均带宽/扇区

平均带宽/站点=N×平均带宽/扇区

其中，N为扇区个数。

图5-1给出了4G/5G共站的单个基站带宽的计算示例。在该图中，假设每个站点存在3个扇区。

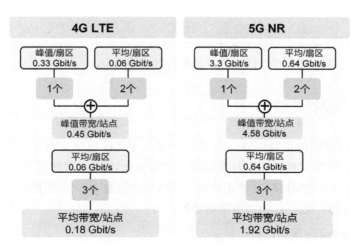

图 5-1　4G/5G 共站的单个基站带宽的计算示例

在IPRAN场景中，带宽评估以及接口类型等的选择取决于基站带宽、站点数量等数据。计算出接入层、汇聚层以及核心层的所需带宽数据后，再根据带宽数据选择合适的接口类型以及硬件类型。如图5-2所示，这是一个典型的4G/5G业务综合承载网络的带宽评估模型。根据带宽评估结果，一般情况下，ACC-BBU建议选择10GE/25GE接口，接入层建议选择50GE/100GE接口，汇聚层和核心层建议选择$N×100GE$或400GE接口，以满足SRv6演进的要求。

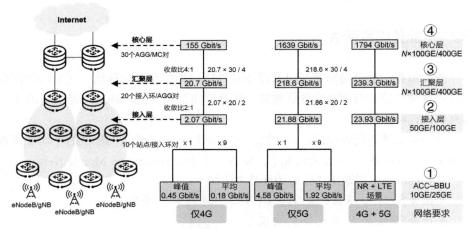

4G LTE FDD / 20 MHz：速率为0.18 Gbit/s或0.45 Gbit/s
5G NR Sub6G / 100 MHz：速率为1.92 Gbit/s 或4.58 Gbit/s

图 5-2　4G/5G 业务集合承载网络的带宽评估模型

📖 **说明**

该带宽的计算基于评估模型开展，是一种假设计算，供带宽评估和接口类型选择时参考。具体项目可以根据业务实际情况开展评估。

5.2.2　业务规格评估

业务规格评估包括两部分：一部分是SRv6 Policy规格、BGP-LS路由规格、BFD规格、IFIT部署规格和切片规格等，该部分与SRv6组网强相关，也是本书重点讲解内容；另一部分是IGP路由数量、VPN路由数量和专线数量等，该部分与传统网络评估方法一致，在本书中不作讲解。

1. SRv6 Policy规格评估

如图5-3所示，下面以单AS场景为例介绍SRv6 Policy规格评估。该场景中通常情况是两级RR，一级RR分别与MC和AGG建立BGP对等体关系；二级RR是AGG

设备，也称为Inline-RR，与ACC建立BGP对等体关系。

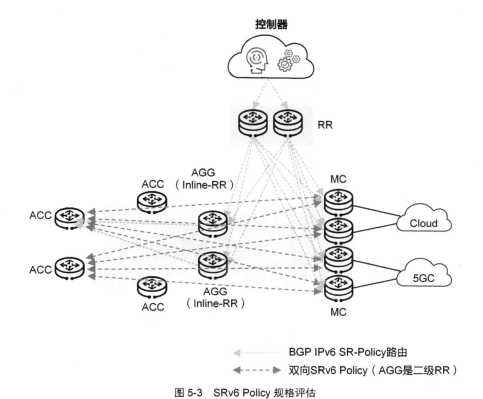

图 5-3 SRv6 Policy 规格评估

无线承载业务采用了E2E VPN over SRv6的部署，整网的SRv6 Policy规格评估方法如下：

端到端整网的SRv6 Policy=[接入设备数量（ACC数量）]×[去往MC/PE的数量]×[每设备发起的隧道数（Color数）]×2（主备Candidate Path）×2（双向）×[每个隧道中可能的使用的Binding SID数量（超长路径分段）+1]注：Binding SID一般用在SRv6 Policy路径跳数超过设备支持的Segment list层数的场景中，如果未超过，则不需要该参数。

上述公式中的"去往MC/PE的数量"正常情况为2，"每设备发起的隧道数（Color数）"跟业务数量对应，例如，有4个业务，则对应有4个Color。

控制器首先将整网SRv6 Policy路由全部下发给网络RR，然后由RR逐级向下游RR反射。最下游RR上的SRv6 Policy路由数计算方法如下：

最下游RR上的SRv6 Policy路由数=整网隧道×2（二级RR从上游两个RR各接收一份路由）

如有专线业务时，则需要考虑专线业务的SRv6 Policy叠加，按照专线数量以及单归/双归评估，计算方法如下：

最下游RR上的SRv6 Policy路由数=专线数量×2（双向）×2（一端双归）×[每个隧道中可能使用的Binding SID数量（超长路径分段）+1]

如果AGG到MC/PE有业务SRv6 Policy，也需要加入统计。

同时，计算出来的结果要与控制器以及路由器的规格进行比较，如果超过规格，则需要按照规格以内的要求进行部署。具体规格数据建议在方案设计前咨询设备供应商的专业工程师。

2. BGP-LS路由规格评估

下面以图5-4的组网为例，介绍BGP-LS路由规格评估。

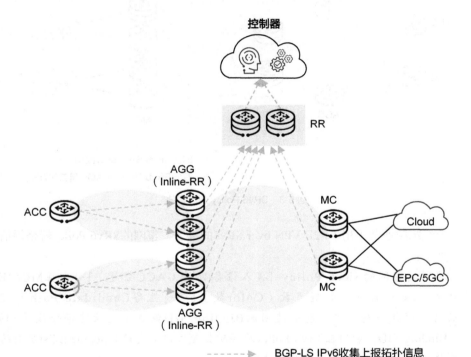

图 5-4　BGP-LS 路由规格评估

图5-4中，BGP-LS收集网络拓扑信息，由一级RR汇总上报控制器。路由类型包括Node Routes、Link Routes、IPv4 Prefix Routes、IPv6 Prefix Routes、SRv6 Policy Routes、SRv6-SID Routes等6种类型。以华为iMaster NCE-IP为例的控制器是以Node Routes、Link Routes、SRv6 Policy Routes、SRv6-SID Routes进行算路调优。IPv4 Prefix Routes、IPv6 Prefix Routes默认不需要使用，所以推荐RR给控制器

上报时过滤掉这两种路由。如果有特殊需求需要上报前缀路由，则需要重点评估 IPv6 Prefix Routes 的规模（SRv6 网络不需要上报 IPv4 Prefix Routes）。

以一级 RR 上 BGP-LS 路由（IPv6 Prefix Routes）规模评估举例，其评估方法如下。

一级 RR 的路由量=[接入层所有设备数量×N]+[汇聚层所有设备数量×N]

注：N=平均每设备的 LoopBack+SRv6 Locator+Link 数量

接入层所有设备是指所有 ACC；汇聚层所有设备是指所有 AGG 加上所有 MC。

计算出来的结果要与设备的规格进行比较，如果超过规格，则需要按照规格以内的要求进行部署。具体规格数据建议在方案设计前咨询设备供应商的专业工程师。

3. BFD 规格评估

下面以图 5-5 的组网为例，介绍 BFD 的评估方法。图 5-5 中，BFD 是建立在 ACC 和 MC 之间的检测会话，共有 SBFD（Seamless Bidirectionless Forwarding Detection，无缝双向转发检测）和 BFD 两个大类，其中 SBFD 类型为 SBFD for Segment List，BFD 类型有 BFD for SRv6 Locator、BFD for IP、BFD for IGP、BFD for Interface、BFD for Link-bundle 等 5 种。各种 BFD 类型均会占用资源，BFD 的规格压力点主要在于 MC 角色，且基于业务的 SBFD for Segment List 与 SRv6 Policy 的 Segment List 数量强相关，所以在方案设计前需要对 BFD 做评估和规划。

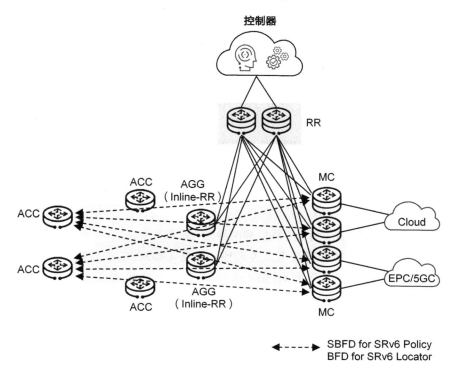

图 5-5　BFD 规格评估

下面假设SRv6 Policy有一个主Candidate Path和一个备Candidate Path，每个Candidate Path只有一条Segment List。

① SBFD for Segment List：为保障业务基于SRv6 Policy承载时能够快速感知故障，需要针对SRv6 Policy主备Candidate Path的Segment List进行SBFD检测，因此一个VPN业务在MC上双向共需要部署4个SBFD。

② BFD for SRv6 Locator：保障SRv6 Locator的快速故障感知，BFD的数量取决于MC对接ACC的数量。

③ BFD for IGP：保障MC与直连的设备之间的IGP邻居快速故障感知，BFD的数量取决于MC与直连的设备之间IGP的邻居关系。

④ BFD for Link-bundle：保障Eth-Trunk成员接口之间链路快速故障感知，BFD的数量取决于Eth-Trunk成员接口的数量。

⑤ BFD for IP、BFD for Interface：保障节点/链路快速感知故障，BFD的数量取决于需要监控的节点/链路的数量。

在有专线业务时，需要考虑专线业务的SBFD叠加。例如，专线业务MC上发起的每条SRv6 Policy有主备Candidate Path，那么双向部署SBFD的数量应该是SRv6 Policy数量×4。

此外，SRv6 Policy部署的BFD对带宽占用也较多，需要考虑SBFD部署后新增加的带宽占用，防止超带宽情况的发生。例如，全网100台设备之间建立全互联的SRv6 Policy，全网共计9900个SRv6 Policy，假设SBFD配置检测周期为50 ms，则带宽占用评估如下。

- SBFD报文去程经过隧道转发，假设一个报文200 Byte，则总流量约为302 MB。计算公式为：9900×200×1000/50×8 Byte=316 800 000 Byte，大约为302 MB。
- SBFD报文回程经过IP转发，假设一个报文100 Byte，则总流量约为151 MB。计算公式为：9900×100×1000/50×8 Byte=158 400 000 Byte，大约为151 MB。

4. IFIT部署规格评估

IFIT检测有端到端检测和逐跳检测两种模式。

IFIT部署规格评估时需要重点考虑核心设备（如MC）的规格和控制器的规格。部署IFIT前必须对规格进行评估。

以MC设备的规格计算举例，粗略计算分为如下两部分。

（1）入节点（Ingress）规格

Ingress规格=下挂所有基站的IP数×核心网网段数×核心网网络侧接口数

IFIT端到端部署是监控核心网到基站的业务流在承载网络上的质量。IFIT检测流是以核心网网段为源IP，以基站的业务IP为目的IP。

基站IP数是指一对MC下所下辖的2G、3G、4G等所有基站的业务IP数之和；核心网网段数是指不重叠的网段数量；核心网网络侧接口数是指核心网和MC连接时的链路数，主要是指物理接口数。

（2）出节点（Egress）+中转节点（Transit）规格

Egress+Transit规格=Ingress规格+Ingress规格×4%

IFIT检测出节点的规格和入节点的规格相同。当出现故障转为逐跳检测时会出现IFIT中转节点。4%是一个作为参考的经验值，该百分比是指发生故障的业务流的占比，用于计算中转节点的IFIT数量。实际部署场景需要计算时可以咨询设备供应商的专业工程师。

根据组网的不同，路由器可能作为Ingress、Egress或Transit角色，对于不同产品和单板，计算出来的Ingress规格、Egress + Transit规格有所不同，建议与各厂商的各款产品规格进行比较。

控制器组网业务的IFIT规格计算（以华为网络控制器iMaster NCE-IP举例）分为端到端IFIT检测和逐跳IFIT检测两种场景。

① 端到端IFIT检测场景中，计算时把所有MC的IFIT检测的入节点和出节点数量加在一起。

② 逐跳IFIT检测场景中，可以细分为两种场景。若E2E监控流规格>100 000，则规格=E2E规格的1%；若E2E监控流规格≤100 000，则规格=1000。

5. 切片规格评估

切片规格评估主要是对带宽的规划，跟切片网络的物理链路带宽、业务转发资源要求，以及用户的需求规划和要求等因素有关系。一般情况下，业务切片带宽规划的原则如下。

① 优先参考现网物理网络中业务的带宽占比，如2B业务占比20%，那么为2B业务规划的切片带宽占端口带宽的比例优先考虑20%。

② 考虑业务汇聚的情况，根据不同网络层次，设定不同的带宽，层次越高，规划的带宽越大，如接入层5 Gbit/s，汇聚层10 Gbit/s，核心层20 Gbit/s。可以按照绝对值、相对值的两种方式设置切片带宽。绝对值是指给出一个明确的带宽值，如设置5 Gbit/s作为切片带宽；相对值是指切片带宽占物理带宽的百分比，如设置切片带宽为100 Gbit/s的接口带宽的10%作为切片带宽。

③ 现网具体部署多少带宽给某个切片，也需要依照用户的需求规划和要求而定。例如，某运营商提供WholeSale（批发）服务，给3个移动运营商分别开启端到端的5 Gbit/s的切片；又例如，某运营商要求根据带宽比例进行切片，给自营业务分别使用。

表5-6给出了一个切片带宽分配规划的示例。

表 5-6　切片带宽分配规划的示例

切片类别	数量	带宽占比（举例）	场景类型	商业模式
基础业务默认切片	1 个	50%	运营商基础网络切片，承载移动、家宽、普通质量专线业务	切片网络对最终用户透明
高质量 2B 专线切片	多个	10%	VIP 企业共享的切片，提供确定性体验	作为高品质专线销售给用户
2B 垂直行业切片	多个	10%	2B 大型垂直行业网络切片，可用于智能电网等场景	切片作为服务向企业销售
按需建立的租户级切片	多个	—	给某个企业单独使用的切片，点到点逐跳资源保障	为 VIP 企业提供独享带宽保障

| 5.3　网络规划建议 |

前面两节介绍了网络基础条件评估和网络业务评估，可以看出，设备硬件、网络链路类型和质量、演进后要使用的业务特性等对SRv6的部署和演进都至关重要。下面给出SRv6网络规划的综合建议。

1. 演进方案的选择建议

目前，主流的SRv6演进方案主要有E2E VPN over SRv6和HoVPN over SRv6两种解决方案，选择建议如下。

- 如果全网网元规模在1000个以内，全网设备全部支持SRv6且满足SRv6部署要求，则建议选择E2E VPN over SRv6解决方案。
- 如果全网网元规模在1000个以上，整网端到端路径的跳数过多，如超过20跳的路径达到50%以上；接入层设备不满足SRv6 Policy部署要求，如接入层有大量微波链路或者链路经常闪断；同时，汇聚层以上有路径调优要求的，则建议选择HoVPN over SRv6解决方案。

2. 网络规模的规划建议

新建或者演进网络均需要在设计初期对网络中各角色的数量进行规划，选择方案时需要考虑用户诉求、组网划分以及控制器的能力等方面。

下面举例进行简单说明，实际部署时可以咨询设备供应商的专业工程师。

假设目标网络是1个IPCore、5个IPRAN、单AS，要部署SRv6业务，组网如

图5-6所示。为了使数据更好理解，使用图中的两列数字表示，第一列数字代表一个单位的规模数量，第二列数字代表整网（1个IPCore和5个IPRAN）的节点规模。

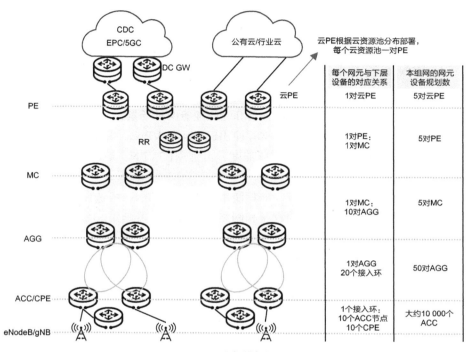

图 5-6　网络规模规划示例

网络中各角色节点的规模如表5-7所示。

表 5-7　网络中各角色节点的规模

所属节点	数量（单个 IPRAN）/ 个	数量（全网 1 个 IPCore 和 5 个 IPRAN）/ 个
PE	—	10
A-RR	—	2
MC	2	10
AGG	20	100
ACC	2000	约 10 000
ACC/CPE	2000	约 10 000

3. 隧道演进策略的建议

隧道演进策略的建议如下。

① 推荐整网升级支持SRv6，尽量避免与传统方案互通的复杂部署。

② 如果只有部分网络支持SRv6或SR-MPLS，尽量保证AS内全部支持SRv6，跨AS采用Option A互通。

③ 当AS内方案不一致时，采用SRv6与MPLS的互通方案，在SRv6和MPLS的边界设备上进行路由重生成。

4. VPN演进策略的建议

下面以运营商场景为例，说明VPN的演进策略。其他场景可以参考此内容。运营商VPN演进主要分为移动承载业务和专线业务两种场景，建议如下。

- 移动承载业务：新建场景，推荐使用EVPN L3VPN，可选L3VPN；存量演进场景，考虑用户意愿和改造难度，可延用L3VPN，后续按需演进EVPN L3VPN。

- 三层专线业务：新建场景，推荐使用EVPN L3VPN，可选L3VPN；三层存量演进场景，根据用户的意愿和网络改造难度，可延用L3VPN，按需演进EVPN L3VPN。

- 二层专线业务：新建场景，推荐使用EVPN L2VPN；对于存量点到点MPLS PW（Pseudo Wire，伪线）专线，按需使用EVPN L2VPN E-Line进行替代，在网络中部署SRv6和EVPN，将现有的MPLS PW专线切换到EVPN；对于存量点到多点MPLS VPLS专线，在支持SRv6 EVPN的站点部署SRv6 EVPN，与现有的VPLS业务共存或者拼接演进。

5. 控制器算路及调优部署的建议

在SRv6方案中，网络控制器至关重要，在业务自动化部署、业务路径规划和自动调整等方面发挥了极大的作用。相较于传统手动方式，网络控制器不仅提升了效率，还大大减少了网络发生故障时的业务受损时间。

算路和调优是控制器发挥的关键作用，这里以华为网络控制器iMaster NCE-IP为例，给出相关建议。iMaster NCE-IP相关的调优及故障定位可以参考第10章。

- iMaster NCE-IP的算路策略：可以根据业务场景，基于Cost最小、时延最小或者带宽均衡等进行算路，默认策略是Cost最小算路。隧道算路时支持在满足算路约束的前提下，按照选定的策略计算最优路径。

- iMaster NCE-IP的算路因子：可通过算路因子确保算路结果满足SLA要求。SRv6 Policy算路时支持基于多个算路因子算路，即任何一个算路因子不满足时，都认为算路失败。设计算路因子的具体参数时，需要提前对现网情况进行评估，避免算路失败后，业务走逃生路径。

隧道的带宽模式分为3种：原始带宽模式、动态带宽模式和无限制带宽模式。按照网络负载选择使用何种带宽模式。

- 原始带宽模式：主备路径Up时，主备路径都独占带宽，不与其他隧道共享。
- 动态带宽模式：高优先级隧道主备路径都Up时，主路径独占带宽，备路径预留带宽，但是带宽可以被低优先级隧道进行共享；高优先级隧道主路径发生故障且无新路径时，备路径独占带宽，不再与低优先级隧道共享带宽。
- 无限制带宽模式：主备路径Up时，主路径独占带宽，备路径不预留带宽，与其他隧道共享带宽。主路径发生故障且无新路径时，备路径独占带宽。

上述3种模式的能力对比以及适用场景说明如表5-8所示。

表 5-8　SRv6 Policy 3 种带宽模式的能力对比以及适用场景

SRv6 Policy 主备带宽模式	优点	缺点	适用场景
原始带宽	备路径提供端到端的带宽预扣除，主路径发生故障时，切换到备路径，不会拥塞	备路径的带宽在正常情况下不会被使用，造成带宽浪费	业务可靠性要求高，并且网络带宽资源比较充足，建议使用原始带宽模式
动态带宽	高优先级隧道的备路径的带宽可以与低优先级隧道共享，从而节省部分带宽	高优先级隧道的主路径发生故障，流量切换到备路径时，可能短暂拥塞	带宽资源不太充足，且有不同隧道优先级规划的网络，建议使用动态带宽模式
无限制动态带宽	隧道提供主备保护的同时，只扣除主路径的带宽，一个隧道一份带宽	主路径发生故障时，由于备路径没有预留带宽，流量切换到备路径时，可能会拥塞	带宽资源不太充足，且隧道不区分优先级的网络，建议使用无限制动态带宽模式

下面是iMaster NCE-IP算路和调优部署建议，具体项目交付时可以依据具体要求详细设计。

- 建议不同类型的业务部署不同的Color。对于一个VPN承载不同业务，可以基于一个VPN设置一个SRv6 Policy组，并根据DSCP值映射到其中的SRv6 Policy。可以为这个SRv6 Policy组指定一个Color，这个Color被称为一级Color；SRv6 Policy组中每个SRv6 Policy自身的Color被称为二级Color。
- iMaster NCE-IP可以根据链路的管理组和隧道的亲和属性约束算路。链路根据算路需要部署不同的管理组，如微波链路管理组设置为0x1。可以在算路时基于隧道的亲和属性排除或包含具备特定管理组属性的链路。
- 默认情况下，按照主备路径分离进行路径计算，确保主备路径最大限度分离，以保证可靠性。
- SRv6 Policy的主备路径建议采用动态带宽模式：高优先级的隧道主备路径在

计算路径时都扣除带宽，但是高优先级隧道的备路径带宽可以与低优先级隧道的共享隧道。

- 如需约束特定路径为主路径，并且在该主路径故障恢复后流量自动回切，则需要配置软锁定。

6. 设备硬件部署的建议

设备硬件部署方面，建议全网支持SRv6，以满足SRv6部署的要求。除此之外，链路和设备的具体要求如下。

- 链路部署建议：以运营商移动承载场景为例，汇聚层推荐使用100GE链路；接入层设备替换（主要场景）或者新建接入层，链路推荐使用50GE带宽，或者初期可使用10GE链路，后期更换为50GE链路。
- 汇聚层设备选择建议：推荐使用性能较高的设备，如华为NE40E-X8A或者NetEngine 8000系列设备。将汇聚存量框式设备带宽扩容，汇聚层带宽扩容到100GE，扩容方式共有如下3种。
  - ◆ 存量设备有空余接口，直接扩容接口。
  - ◆ 存量设备空余接口不足，但有空余槽位，则增配接口板。
  - ◆ 存量设备槽位和接口都不足，建议直接替换为新的更大容量的框式设备。机房空间，以及电源、光纤等基础资源可以利旧。
- 接入层设备选择建议：根据设备供应商推荐的设备进行选择或者利旧。
  - ◆ 机房空间、光纤等基础资源没有空余的情况下，建议直接用新设备替换原有存量接入设备。单个接入层改造完成后，接入新业务和存量业务共同承载。
  - ◆ 有空余机房空间且光纤等基础资源也有空余的情况下，建议原有存量业务接入环保持不变，继续接入存量业务，新增接入环光纤。新建接入环用来接入新业务。

第 6 章
运营商 E2E VPN 方案的设计与部署

本章围绕E2E VPN over SRv6方案，详细介绍IPv6地址、IGP/BGP路由、SRv6路径、业务承载、专线业务、网络切片、可靠性、时钟和QoS（Quality of Service，服务质量）以及安全等方面的设计原则。同时，本章以G国M运营商为例，介绍E2E VPN over SRv6方案的实际部署过程。

6.1 E2E VPN over SRv6 方案设计

运营商移动业务和专线业务的发展对网络提出了新的要求。这主要体现在以下几点。

- 多业务统一承载的需求：运营商移动业务和专线业务的不断增长，让运营商对降低网络投资和运营成本有迫切的需求，这使得移动网络与专线网络的融合势在必行。融合后的网络需要满足多业务统一承载的需求。

- 大带宽需求：移动承载网络在从4G向5G的演进过程中，有更大的网络带宽和更高的吞吐量（通量）需求。5G要求移动承载网络的接入设备具备用户侧10GE到站（低频基站）/25GE到站（高频基站）的大带宽。在带宽足够大的基础上，为了达到高吞吐量，还需要保持链路的低丢包率。从网络部署的最佳实践考虑，一般来说，移动承载网络要求设备的缓存为每端口100 ms以上。这样可以保证在链路高负载的情况下，仍然保持较低的丢包率。

- 时间同步的需求：5G新频谱主流应用为TDD（Time Division Duplex，时分双工）模式，TDD需要高精度的时间同步。3GPP（3rd Generation Partnership Project，第三代合作伙伴计划）定义基站间相对偏差小于3 μs，可满足TDD业务要求。转换为单基站相对于基准源的偏差为 ± 1.5 μs。如果TDD基站不同步，会导致该故障基站方圆10 km² 范围内的基站都受到信号干扰，从而影响5G基本业务。

- 网络扩展性的需求：从无线4G到5G的演进过程中，基站覆盖距离变短，基站密度越来越大。这就需要海量的ACC设备用于基站接入，以及超大规模的跨 AS 移动承载网络。

- 网络运维的需求：运营商 WAN（Wide Area Network，广域网络）普遍面临着多厂家组网，业务端到端配置依赖多厂家网管实现，导致业务部署大量依赖人工规划和人工配置，既低效又易出错，且排障效率低下。SDN 技术的出现，使得网络自动化、IT（Information Technology，信息技术）化成为可能，并有机会改变传统的网络管理和控制方式。当前 SDN 架构基于开放的接口和 YANG 的业务模型，进行统一的网络建模，这给 WAN 从封闭向开放创新演进提供了技术可能性。同时，基于 SDN 的集中管控，在网络自动优化、降低运维成本以及提高网络利用率等方面，都会给运营商 WAN 带来价值。这是 WAN 向 SDN 演进的驱动力，IPRAN 作为 WAN 的最关键部分，成为向 SDN 演进的首选。
- 简化协议的需求：传统的 MPLS 协议部署复杂，特别是涉及网络跨 AS 的时候，表现尤为突出。运营商希望能简化协议部署，降低部署难度。

针对以上需求，业界在部署 SRv6 网络的过程中，总结出了新的网络架构和承载方案。承载方案一般有如下两种：E2E VPN over SRv6 解决方案和层次化的 HoVPN over SRv6 解决方案。

本章重点介绍 E2E VPN over SRv6 解决方案，其整体架构如图 6-1 所示。该方案主要涉及 ACC、AGG、MC 和 PE 等转发设备，以及控制器等。

E2E VPN over SRv6 方案设计的原则是针对单个 AS 或者多个 AS 中部署的 L2VPN/L3VPN 业务，采用端到端的 SRv6 BE/SRv6 Policy 承载业务。整体架构具有如下特点。

- 灵活部署：5G 移动网络核心网可以根据业务需求被灵活部署在 EDC（Edge Data Center，边缘数据中心）、RDC（Regional Data Center，区域数据中心）和 CDC（Central Data Center，核心数据中心）等数据中心，承载网络通过 SRv6+EVPN 技术提供灵活的业务连接。
- 大带宽：接入层通过 10GE/25GE/50GE 组网，汇聚层、核心层采用 400GE 或 $N \times 100GE$ 组网，为 5G 和固移融合业务承载提供基础网络保障。
- 网络切片：采用 SRv6 的网络切片技术，可以规模部署网络切片，使不同切片中的业务互相隔离。
- 时钟同步：承载网络端到端支持时间和频率同步，可以为基站授时提供保护方案。时钟同步也为 IFIT 质差监控功能提供网络同步基础。
- 可扩展性：通过部署基于 SRv6+EVPN 的 L3 到边缘网络，支持大量 4G/5G 基站间 X2、Xn 业务流量的自动转发，提升网络可扩展性。
- 简化运维：部署网络控制器，可以自动计算业务转发路径、自动开启网络切片、自动化流量感知与网络调优，做到自动保障业务 SLA。

- 简化协议：使用EVPN统一L2VPN和L3VPN。扩展IGP/BGP并支持SRv6，替代了LDP、RSVP-TE、BGP-LU等复杂的MPLS信令，提升了业务部署效率和运维效率。

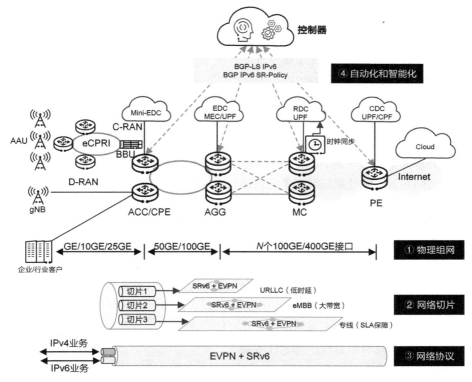

注：eMBB即enhanced Mobile Broadband，增强型移动宽带。

图 6-1　E2E VPN over SRv6 解决方案的总体架构

6.1.1　IPv6 地址设计

虽然IPv6有巨大的地址空间，但是随意地使用不仅会导致整网地址的混乱、增加网络维护成本，甚至会导致无法有效地聚合路由，大大增加网络节点维护的路由数量，增加网络扩展的难度。因此，部署SRv6前，合理地规划IPv6地址是网络设计中非常重要的一个环节。

IPv6地址规划的总体原则包括如下内容。

- 统一规划全网地址：统一各区域不同网络地址的结构，便于分配和管理。
- 地址语义化、层次化、结构化、可汇聚：地址结构中包含所需的地址属性、地域、地址类型、网络大类、业务用途等信息，且地址可以基于网络层级进行汇聚，以便于地址的发布、识别、管理和运维。

- 确保地址可读性好：尽量以4 bit为单位划分地址的标识信息，以便使用十六进制来表达IPv6地址，达到简洁、直观，便于书写和阅读，并易于实施和管理的目的。

- 分离规划不同类型的地址：运营商网络的设备地址，建议选择GUA（Global Unicast Address，全球单播地址），便于多网络互通。同时，SRv6 Locator地址、LoopBack接口的IPv6地址、设备互连接口的地址分别规划，互不重叠，以便于灵活控制不同地址的发布范围，提升网络安全性。

- 按应用便利性规划：网络地址规划要考虑SRv6 Locator地址满足SRv6传输效率提升的要求，将转发过程中IPv6地址中不变的部分尽量集中在一起，变化的部分集中在一起，便于实现SRv6传输效率提升。另外，计划部署多切片的网络，在地址规划时要考虑预留切片标识，以便于在不同网络切片上聚合路由、设置策略等。

- 满足安全性要求：梳理网络和业务安全所需要进行的地址过滤流量等场景，在IPv6地址中嵌入关键的溯源信息，如地址属性、所属地域等信息，便于识别和回溯。

- 预留可扩展空间：进行IPv6地址规划时应充分考虑未来用户增加和业务增长的需求，预留一定的余量，以保证各区域、网络、业务单位的地址连续性；如果预留不足，则未来的地址扩充可能会出现碎片、不连续等情况，导致地址无法满足可聚合性、安全性等要求。

IPv6地址规划包含：SRv6 Locator地址、LoopBack接口的IPv6地址和网络设备互连接口（Link）地址等。图6-2展示了一个运营商网络的IPv6地址规划的范例。图6-2中部分字段的含义说明如下。

- 固定前缀：从RIR（Regional Internet Registry，区域互联网注册中心）获取的前缀。

- 所属子网：可分配的地址块，以网络地址为例，可细分为如下几个部分。
    - 属性名称：标识地址的用途。可用于标识网络、平台或用户地址等。例如，当属性名称等于0x0或0x1时，标识该地址用于网络设备。
    - 网络类型：网络类型标识，包括骨干网络、城域网络、移动承载网络等。
    - 地址类型：标识LoopBack接口、设备互连接口和SRv6 Locator。
    - 位置：标识区域（如省、自治区、直辖市）。

大中型网络的典型特征和地址规划的建议如下。

- 大中型网络的主体一般分为3个层次：核心层（Core）、汇聚层（Aggregation）和接入层（Access）。骨干网络包含骨干层，城域网络或移动承载网络通常包含汇聚层和接入层。

- 核心层、汇聚层和接入层要规划不同的IGP区域，不同城域的汇聚层和接入层的IGP域进程号不同。

- 整个网络根据规划划分为多个BGP AS，核心层属于一个AS，每个城域属于各自单独的AS。

- 不同IGP域和BGP AS之间不发布明细路由，只发布聚合路由，以减少路由域内的路由数量，加快路由收敛时间。

- 对于跨IGP域的业务，通过在IGP域之间发布聚合路由或者在接入层中发布默认路由来实现SRv6的连通性；跨AS的业务通过IGP + BGP发布聚合路由来实现SRv6连通性。

- 网络域内的地址规划尽量基于统一的地址前缀分配，并且不同域的地址前缀分配尽可能不同，这样不仅能简化规划，还便于提高SRv6报文传输的效率。

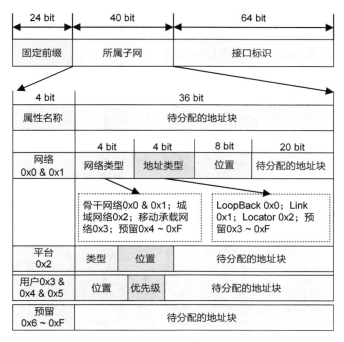

图 6-2　IPv6 地址规划示例

　　网络规划完成以后，设备上的SRv6 Locator地址、LoopBack接口的IPv6地址以及链路地址能够聚合发布。如图6-3所示，IPv6地址可以按照网络层次以及区域进行聚合，具体每个地址的设计参考后续内容。

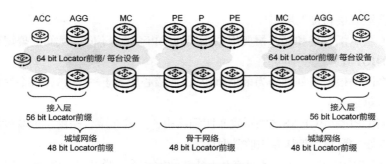

图 6-3　IPv6 地址聚合

下面介绍一个可行的IPv6地址规划的例子。它包含了LoopBack接口的IPv6地址规划、设备互连接口（Link）地址规划以及SRv6 Locator地址规划，分别描述如下。

（1）LoopBack接口的IPv6地址的规划

LoopBack地址用于标识一个设备节点的LoopBack接口。一台设备可以配置多个LoopBack IPv6地址，LoopBack IPv6地址需要整网唯一，掩码长度为128 bit。

为了简化规划和运维，LoopBack地址规划保留了Slicing字段，与SRv6 Locator对齐。

图6-4给出了LoopBack地址规划的范例。

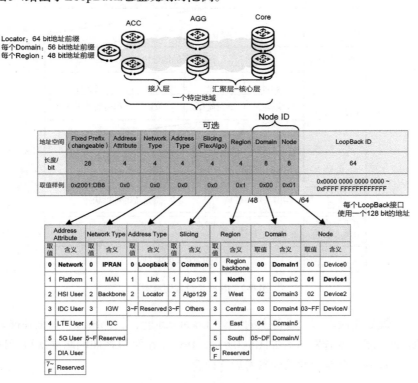

图 6-4　LoopBack 地址规划的范例

　　该LoopBack地址规划中各字段的含义和说明如表6-1所示。

表 6-1　LoopBack 地址规划中各字段的含义和说明

字段名	含义	说明
Fixed Prefix （changeable）	固定前缀，一般从 RIR 获取	—
Address Attribute	地址属性，标识该地址的用途。可用于标识网络、固网终端用户、移动终端用户或服务器	建议 4 bit
Network Type	网络类型，一个运营商有多个网络，需要标识类型，地址不能重叠。比如 IGW（International Gateway，国际网关）、Backbone Network（骨干网络），Metro Network（城域网络）和 IDC（Internet Data Center，互联网数据中心）内部网络等	建议 4 bit
Address Type	地址类型，取值如下。 ● 0x0（0b0000）：标识设备的 LoopBack 地址。 ● 0x1（0b0001）：标识 SRv6 Locator 地址。 ● 0x2（0b0010）：标识设备互连接口（Link）地址。 ● 其他：预留值	建议 4 bit。标识 LoopBack 接口时，取值为 0x0
Slicing （FlexAlgo）	不涉及，LoopBack 地址规划保留 Slicing 字段，与 SRv6 Locator 对齐	针对 LoopBack 地址时，取值为 0x0
Region	地域标识，标识一个省份或者一个大区，该大区下面有很多城市	可选，如果网络规模较小，例如整网小于 60 000 个节点，可以用 Domain 替代
Domain	Domain 为基于某种管理目的而划分的一些网元集合的统称，可以按照物理位置划分 Domain。 ● 一个骨干网络，可以使用一个或两个 Domain。 ● 一个城市，可以使用多个 Domain。 ● 一个 IDC 内部网络，可以使用一个 Domain	必选，标识设备所属的区域位置。建议 8 bit 固定，和 SRv6 Locator 对齐
Node	网络设备在某个 Domain 内部的标识，按照顺序编号	必选，标识设备节点。建议固定 8 bit，Domain ＋ Node 整体用于标识某个 Domain 中的唯一节点
LoopBack ID	标识一个设备节点的 LoopBack 接口的编号。一台设备可以配置多个 LoopBackID，按照顺序编号	必选。建议 64 bit

　　每个LoopBack地址的掩码为128 bit，每台设备的LoopBack地址可以汇聚为64 bit，每个Domain的地址可以汇聚为56 bit，每个Region的地址可以汇聚为48 bit。

　　根据以上LoopBack地址设计的规则，下面展示一个配置举例：Domain = 0x03（03是Domain ID），节点编号为0301、0302、0303的LoopBack地址，都是128 bit。

```
ipv6 address 2001:DB8:0010:0301::1 128
ipv6 address 2001:DB8:0010:0302::1 128
ipv6 address 2001:DB8:0010:0303::1 128
```

（2）设备互连接口地址的规划

在设备互连接口地址（也称为链路地址）规划中，嵌入链路（Link）两端的设备节点编号，有利于Ping/Trace时发现故障位置，提升网络维护效率。

为了简化规划和运维，设备互连接口地址规划保留了Slicing字段，与SRv6 Locator对齐。

图6-5给出了设备互连接口地址规划示例。

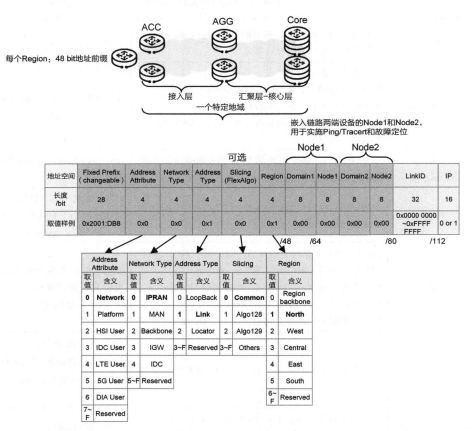

图6-5　设备互连接口地址规划示例

设备互连接口地址规划中各字段的含义和说明如表6-2所示。其中，Fixed Prefix（changeable）、Address Attribute、Network Type、Region等字段的含义和说明参考表6-1，此处不再赘述。

表 6-2　设备互连接口地址规划中各字段的含义和说明

字段名	含义	说明
Address Type	地址类型，取值如下。 ● 0x0（0b0000）：标识设备的 LoopBack 地址。 ● 0x1（0b0001）：标识 SRv6 Locator 地址。 ● 0x2（0b0010）：标识设备互连接口（Link）地址。 ● 其他：预留值	建议 4 bit。标识设备互连接口时，取值为 0x1
Slicing（FlexAlgo）	不涉及，设备互连接口地址规划保留 Slicing 字段，与 SRv6 Locator 对齐	针对设备互连接口地址时，取值为 0x0
Domain1	Domain 为基于某种管理目的而划分的一些网元集合的统称，可以按照物理位置划分 Domain。 ● 一个骨干网络，可以使用一个或两个 Domain。 ● 一个城市，可以使用多个 Domain。 ● 一个 IDC 内部网络，可以使用一个 Domain	必选，标识设备的位置。建议 8 bit 固定，和 SRv6 Locator 对齐
Node1	网络设备在某个 Domain 内部的标识，按照顺序编号	必选，标识设备节点 ID。建议 8 bit 固定：Domain + Node 用于标识节点
Domain2	含义同 Domain1	—
Node2	含义同 Node1	—
LinkID	两台设备间的链路，设备间可以有多条链路，链路包含物理链路或者子接口链路	—
IP	为每条链路配置 IP 地址	—

　　每条链路IP地址的掩码是127 bit，即::0/127和::1/127，这两个地址分别部署到链路两端的设备互连接口上。

　　设计设备互连接口地址时，地址规划原则遵循（Domain1+Node1）–（Domain2+Node2），Domain+Node值较小的节点的互连接口在前面，值较大的节点的互连接口在后面，并且Domain+Node值较小的节点的互连接口地址掩码总是::0/127。

　　根据以上设备互连接口地址设计的规则，下面给出一个配置举例：Domain = 0x03（03是Domain ID），节点0301到节点0303、0304和0305的设备互连接口地址设计如下。

```
ipv6 address 2001:DB8:0010:0301:0303::0 127
ipv6 address 2001:DB8:0010:0301:0304::0 127
ipv6 address 2001:DB8:0010:0301:0305::0 127
```

（3）SRv6 Locator地址的规划

　　图6-6给出了SRv6 Locator地址规划示例。

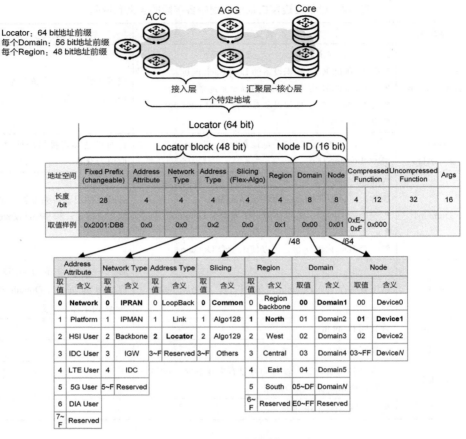

图 6-6 SRv6 Locator 地址规划示例

该SRv6 Locator地址规划中各字段的含义和说明如表6-3所示。其中，Fixed Prefix（changeable）、Address Attribute、Network Type、Region等字段的含义和说明参考表6-1，此处不再赘述。

表 6-3 SRv6 Locator 地址规划中各字段的含义和说明

字段名	含义	说明
Address Type	地址类型，取值如下。 ● 0x0（0b0000）：标识设备的 LoopBack 地址。 ● 0x1（0b0001）：标识 SRv6 Locator 地址。 ● 0x2（0b0010）：标识设备互连接口（Link）地址。 ● 其他：预留值	建议 4 bit，标识 SRv6 Locator 时，取值为 0x2

字段名	含义	说明
Slicing（FlexAlgo）	切片标识，用于标识该地址是否用于某个 FlexAlgo 切片中。取值为 0x0 表示默认切片拓扑，即 FlexAlgo0	建议 4 bit
Domain	Domain 为基于某种管理目的而划分的一些网元集合的统称，可以按照物理位置划分 Domain。 ● 一个骨干网络，可以使用一个或两个 Domain。 ● 一个城市，可以使用多个 Domain。 ● 一个 IDC 内部网络，可以使用一个 Domain	必选，建议 8 bit，最小 4 bit。 在 16 bit SRv6 C-SID 方案中，因为 Domain+Node 字段和 Compressed Function 字段共享 16 bit 空间，可以用最高 4 bit 共 16 个取值（二进制 0b0000～0b1111，对应十六进制 0x0～0xF），来区分 GIB 和 LIB。GIB 标识 Domain 地址空间，LIB 标识 Compressed Function 地址空间。 默认情况下，GIB:LIB=14:2，即最高 4 bit 预留 0xE、0xF 两个取值给 LIB 使用，0x0～0xD 这 14 个取值预留给 GIB 使用。可以通过配置修改 GIB:LIB 的取值
Node	网络设备在某个 Domain 内部的标识，按照顺序编号	必选，标识设备节点。与 Domain 共享 16 bit，如果 Domain 使用 8 bit，则 Node 使用剩余 8 bit 地址空间。 在 16 bit SRv6 C-SID 方案中，Domain+Node 用于标识设备的 16 bit End C-SID，即 GIB
Compressed Function	用于为可压缩的 End.X SID 和 VPN SID 等分配 Function ID。 通常包含动态 Function ID 和静态 Function ID 两部分，静态 Function ID 部分由手动规划，剩余的地址空间归动态 Function ID。 在 16 bit SRv6 C-SID 方案中，用于 16 bit 的 End.X C-SID 和 16 bit VPN C-SID 等，即 LIB	建议 16 bit。Domain 默认最高 4 bit 预留 0xE、0xF 两个取值给此字段使用。因此，该字段占用的地址段中，End.X C-SID/VPN C-SID 有 2×2^{12} 个
Uncompressed Function	用于为非压缩的 End.X SID 和 VPN SID 等分配 Function ID。 通常包含动态 Function ID 和静态 Function ID 两部分，静态 Function ID 部分由手动规划，剩余的地址空间归动态 Function ID。 在 SRv6 传输效率提升方案中，考虑到可扩展性和兼容性，当 Compressed Function 的 16 bit C-SID 空间不足时，End.X/VPN C-SID 自动从此空间继续分配	建议 32 bit

续表

字段名	含义	说明
Args	参数段	可选，默认值为 16 bit。IETF 定义 Arg. FE2 用于 EVPN BUM 流量转发时的水平分割

SRv6 Locator地址规划示例中，Domain长度为8 bit。在16 bit SRv6 C-SID方案中，如果按照默认GIB:LIB=14:2规划，Domain空间中去掉前4 bit的两个预留取值0xE = 0b1110、0xF=0b1111，则最高4 bit取值为0x0~0xD（0b0000~0b1101），可以分配给Domain使用，此时Domain数量为（2^4-2）×2^4=224。

根据以上SRv6 SID的规则，下面展示16 bit SRv6 C-SID的配置实例：Domain = 0x03 （03是Domain ID），节点编号为0301、0302、0303的SRv6 Locator地址，前缀长度均是64 bit。

```
locator Loc1 compress-16 ipv6-prefix 2001:DB8:0020:0301:: 64 compress-static 12
static 12 args 16
locator Loc1 compress-16 ipv6-prefix 2001:DB8:0020:0302:: 64 compress-static 12
static 12 args 16
locator Loc1 compress-16 ipv6-prefix 2001:DB8:0020:0303:: 64 compress-static 12
static 12 args 16
```

16 bit SRv6 C-SID的地址空间划分如图6-7所示。其中，Node ID最高4 bit的0x0~0xD为GIB，Compressed Function最高4 bit的0xE~0xF为LIB。Compressed Function的0xE分给静态空间，剩余的0xF分给动态空间。

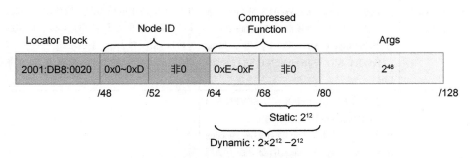

图6-7　16 bit SRv6 C-SID 的地址空间划分

在SRv6传输效率提升方案中，考虑到可扩展性和兼容性，当Compressed Function的16 bit C-SID空间不足时，End.X/VPN C-SID自动从此空间继续分配，此时SRv6 SID的地址空间划分如图6-8所示。其中，Uncompressed Function最高2^{12} bit分给静态空间，剩余的分给动态空间。

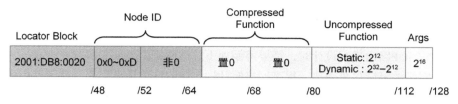

图 6-8　128 bit SRv6 SID 的地址空间划分（当 16 bit C-SID 空间不足时）

以下展示32 bit SRv6 C-SID的配置示例：Domain=0x03（03是Domain ID），节点编号为0301、0302、0303的SRv6 Locator地址，前缀长度均是64 bit。

```
locator SRv6_locator ipv6-prefix 2001:DB8:0020:0301:: compress block 64 compress-
static 12 static 12 args 16
locator SRv6_locator ipv6-prefix 2001:DB8:0020:0302:: compress block 64 compress-
static 12 static 12 args 16
locator SRv6_locator ipv6-prefix 2001:DB8:0020:0303:: compress block 64 compress-
static 12 static 12 args 16
```

32 bit SRv6 C-SID的地址空间划分如图6-9所示。其中，Node ID空间和Compressed Function空间共为2^{32} bit，Compressed Function中的静态空间为2^{12} bit，剩余的分给动态空间。

Locator Block	Node ID	Compressed Function	Args
2001:DB8:0020	非0	Static: 2^{12} Dynamic: $2^{32}-2^{12}$	2^{48}
/48	/64	/80	/128

图 6-9　32 bit SRv6 C-SID 的地址空间划分

当Compressed Function的32 bit C-SID空间不足时，End.X/VPN C-SID自动从Uncompressed Function空间继续分配，此时SRv6 SID的地址空间划分如图6-10所示。

Locator Block	Node ID	Compressed Function	Uncompressed Function	Args
2001:DB8:0020	非0	置0	Static: 2^{12} Dynamic: $2^{32}-2^{12}$	2^{16}
/48	/64	/80	/112	/128

图 6-10　128 bit SRv6 SID 的地址空间划分（当 32 bit C-SID 空间不足时）

6.1.2　IPv6 IGP 路由设计

IPv6 IGP路由进行设计时，需要遵循如下总体原则。

- 网络故障域尽量隔离，提高网络健壮性；IP地址尽量可聚合，便于路由的收敛；减少不同IGP区域、AS之间路由引入的数量，从而减少路由数量。
- 网络组网规划要标准，比如接入层ACC和AGG之间按照规整的环形组网来规划。尽量避免接入层的各接入环之间相互连线，或者核心层和接入层之间相互连线。
- IGP Cost的设计要充分考虑ECMP能力，使IP流量的转发能够充分利用网络带宽，达到网络负载均衡。

IPv6 IGP路由协议的规划推荐基于如下原则。

- IGP推荐选用IS-IS。IS-IS针对SRv6扩展的相关草案的标准化更加完善。IS-IS协议邻居建立较快，支持接口简单，协议易于扩展，更加适合较大规模网络的部署。
- 接入层、汇聚层的IGP设计采用IS-IS多进程。多进程设计可以有效控制路由规模和路由震荡对网络的影响，隔离故障域。

E2E VPN方案的IGP设计以IS-IS多进程为例，详细的规划建议如下。

- 一对AGG下挂的所有接入环设备数量不超过200个时，为了简化路由、互引配置，AGG对下挂的所有接入环共用一个IGP进程。如果接入层网络光纤不稳定，经常发生故障，建议每个接入环独立部署一个IS-IS进程，避免引起较大范围的IGP路由震荡。
- AGG和MC设备数量不超过1000个时，采用单IGP进程；超过1000个时，采用多进程。
  - ◆ 如果AGG到MC的网络光纤不稳定，经常发生故障，为了隔离故障域，建议 AGG和MC每500个节点部署一个IGP进程。
  - ◆ AGG和MC的不同进程间，采用聚合路由互引。
- IGP Cost值的规划建议如图6-11中链路上的数值：网络中的接入层、汇聚层和核心层链路带宽依次成倍数增大。Cost值规划需要保证在业务任意路径上，汇聚层各链路IGP Cost值之和小于接入层任意单链路上的IGP Cost值，而核心层各链路IGP Cost值之和小于汇聚层单链路IGP Cost值。此外，为了简化规划，接入层、汇聚层和核心层每层内的所有链路的IGP Cost值规划为相同值。对于跨AS场景，每个AS网络内的IGP Cost值规划原则相似，这里不再赘述。

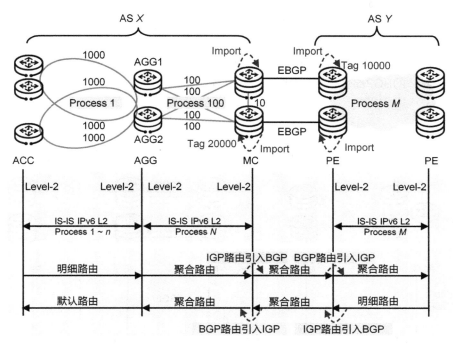

图 6-11　IGP Cost 值的规划

在AGG、MC、PE节点上，对LoopBack路由和SRv6 Locator路由的发布建议如下。

- AGG：将接入层LoopBack和SRv6 Locator的路由明细进行路由聚合，并发布到汇聚层；向接入层发布默认路由。
- MC：将收到的接入层和汇聚层LoopBack和SRv6 Locator的路由引入BGP，并进行路由聚合；将收到的来自PE的LoopBack及SRv6 Locator的聚合路由引入IGP，并进行路由聚合。
- PE：将核心层PE的LoopBack和SRv6 Locator路由引入BGP，并进行路由聚合；将收到的来自MC的接入层和汇聚层的LoopBack及SRv6 Locator聚合路由引入IGP中，并进行路由聚合。

为了防止路由互引成环，在MC和PE上需要对IGP和BGP互引的路由进行防环部署。例如，在MC上，将BGP路由引入IGP时，为引入的路由添加Tag为20000；将IGP引入BGP路由时，拒绝Tag为20000的路由。同理，MC将IGP路由引入BGP时，为该路由添加另一个Tag值；将BGP引入IGP路由时，拒绝携带此Tag的路由。

6.1.3　IPv6 BGP 路由设计

IPv6 BGP路由的设计要分别考虑公网BGP IPv6平面与私网BGP VPNv4/VPNv6平面，具体的BGP部署如图6-12所示。

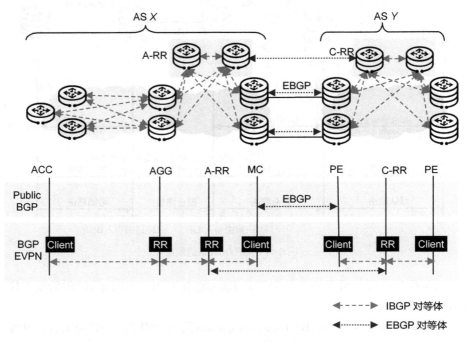

图 6-12　BGP 部署

公网BGP平面的部署如下。

- AS内：网络路由互通依靠IGP的互引，因而不需要配置IBGP（Internal Border Gateway Protocol，内部边界网关协议）对等体。
- AS间：ACC、AGG、MC、RR和PE需要公网IPv6路由可达，MC和PE之间建立EBGP（External Border Gateway Protocol，外部边界网关协议）对等体，传递IPv6 LoopBack和SRv6 Locator路由；AS边界节点MC和PE上进行IGP和BGP路由相互引入。

私网BGP平面的部署如下。

- 在MP-BGP地址族中发布基站侧以及核心网侧路由：私网IPv4或者私网IPv6。
- AGG作为ACC的Inline-RR。AGG和MC使用A-RR（Aggregation-RR，汇聚路

由反射器），PE使用C-RR（Core-RR，核心路由反射器），A-RR同C-RR建立EBGP对等体。所有RR/Inline-RR发布路由时不修改下一跳。

- 为了防止路由形成环路，A-RR对应的Cluster ID规划相同值，C-RR对应的Cluster ID也规划相同值，但是AGG可能会接入业务，AGG对应的Cluster ID规划为不同值。
- 为了VPN业务流量能够基于等值路径进行负载分担转发或基于VPN FRR进行主备路径转发，建议为VPN的每个业务接入节点设置不同的RD（Route Distinguisher，路由标识）值，或在RR与其客户机（client）之间部署Add-Path特性。

对于BGP对等体的部署，参考如下原则。

- 在公网BGP平面，原则是BGP对等体只在AS边界节点（如MC/PE）上建立；公网BGP平面部署中只使用EBGP，不使用IBGP。
- 在私网EVPN/BGP平面，考虑到网络扩展性以及设备的规格能力，明确不允许两端的PE直接建立BGP对等体，而需要通过RR来实现BGP对等体的层次化部署，如图6-12所示。网络中间的所有相关设备均不允许通过策略修改路由下一跳。

对于RR的部署，需要依据如下原则判断是否部署独立RR。

- 对于网络演进场景，一般是考虑现网是否具有独立RR。如果存在，则继续沿用，或在相同位置采用能力更强的RR。
- 对于新建网络场景，接入层一般推荐设备兼做RR（由AGG兼做），汇聚层和核心层推荐部署独立RR。

总的来说，由于接入层RR需要处理的EVPN私网路由等较少，转发设备可以兼做RR；但由于汇聚层和核心层的RR需要处理的路由量较多，甚至需要处理整网的路由，部署独立的RR更适合。因此，建议在接入层部署非独立RR，汇聚层和核心层部署独立RR。

下面介绍BGP-LS IPv6和BGP IPv6 SR-Policy设计。网络控制器及各AS内的网络设备均部署BGP-LS IPv6及BGP IPv6 SR-Policy，相关的信息上报和下发如图6-13所示。

- BGP-LS IPv6用于网络控制器收集网络的拓扑信息，包含节点信息、链路信息以及两者对应的SRv6 SID信息。网络控制器根据这些信息可以形成完整的网络拓扑，用于SRv6 Policy算路以及调优。
- BGP IPv6 SR-Policy用于将控制器计算完成的SRv6 Policy下发到对应的头节点。

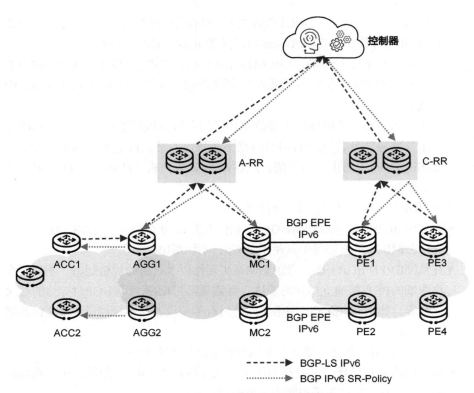

图 6-13　BGP-LS IPv6 和 BGP IPv6 SR-Policy 设计

BGP-LS IPv6设计的原则如下。

- ACC与AGG（Inline-RR）之间、AGG/MC与A-RR之间、PE与C-RR之间、网络控制器与A-RR/C-RR之间建立BGP对等体，使能BGP-LS IPv6。
- AGG、MC和PE收集IGP拓扑、带宽、链路时延等信息，将收集的信息通过BGP-LS IPv6对等体关系上报给RR。之后RR向网络控制器上报这些信息。
- ACC设备将SRv6 Policy状态通过AGG（Inline-RR）发送给A-RR，A-RR再反射给网络控制器。
- PE将SRv6 Policy状态发送给C-RR，C-RR再反射给网络控制器。

BGP-LS IPv6路由包含3种类型：Node、Link和Prefix。Prefix类型路由对SRv6 Policy的算路和调优没有作用，因此在从AGG到A-RR的出方向，在从C-RR到网络控制器的出方向，推荐过滤Prefix类型路由，从而降低设备的处理压力。

此外，对于如上跨AS的场景，需要在MC和PE上部署BGP EPE IPv6，为对等体分配Peer-Node SID和Peer-Adj SID。可以通过BGP-LS IPv6对等体关系将这些SID上报给控制器，由控制器完成跨AS的E2E SRv6 Policy编排。

BGP IPv6 SR-Policy设计的原则如下。

- ACC与AGG（Inline-RR）之间、AGG/MC与A-RR之间、PE与C-RR之间、网络控制器与A-RR/C-RR之间使能BGP IPv6 SR-Policy。
- 网络控制器计算SRv6 Policy，使用<HeadEnd、Color、EndPoint>唯一标识 SRv6 Policy。
- 网络控制器通过BGP IPv6 SR-Policy对等体关系将SRv6 Policy路径信息通告 给RR，之后由RR反射给网络设备。

📖 **说明**

默认情况下，控制器仅需要把SRv6 Policy路径信息通告给SRv6 Policy的头节点（如AGG1和AGG2）和尾节点（如PE3和PE4）。在跨AS场景中，通常推荐在跨AS的边界节点（如MC1/MC2、PE1/PE2）和RR之间建立BGP IPv6 SR-Policy对等体关系。如果控制器识别到跨AS的SRv6 Policy路径信息超过设备的最大栈深，则不仅需要向头节点和尾节点通告SRv6 Policy路径信息，还需要向跨AS的边界节点通告SRv6 Policy路径粘连信息，确保能够跨AS建立一条完整的SRv6 Policy路径。

6.1.4　SRv6 路径设计

SRv6包含SRv6 BE和SRv6 Policy两种类型。SRv6 BE的转发依赖沿途路径的IGP Cost值的规划，SRv6 Policy的转发依赖网络控制器按照SLA需求计算的路径。SRv6 BE和SRv6 Policy各有不同的适用场景，如表6-4所示。

表 6-4　SRv6 BE 和 SRv6 Policy 的适用场景

类型	适用场景
SRv6 BE	普通业务推荐部署 SRv6 BE，尽力保障业务 SLA，如传统的 2G、3G 业务和家宽业务等
SRv6 Policy	重保业务推荐部署 SRv6 Policy，提供确定性时延和带宽，严格保障业务 SLA，如专线业务、5G 业务等

1. SRv6 BE场景

在SRv6 BE场景中，不需要部署网络控制器。所有VPN业务都被封装在一层IPv6报文头，不携带SRH。中间节点把VPN业务报文当作IPv6报文进行转发，转发的依据是IGP Cost计算出的路由表。因此SRv6 BE依赖IPv6 IGP路由和IPv6 BGP路由的设计，具体请参考前文，这里不再赘述。

2. SRv6 Policy场景

SRv6 Policy的总体设计原则如下。

- 需要部署网络控制器实现业务SRv6 Policy路径的最优规划。
- 采用单层控制器进行端到端SRv6 Policy部署。对于跨多个区域的组网场景，各区域需要独立控制器时，也可以采用分层控制器架构进行整体拉通。
- 基于业务诉求建立SRv6 Policy，再为业务绑定SRv6 Policy。后续新增业务优先绑定满足诉求且已建立的SRv6 Policy，否则绑定新建立的SRv6 Policy，方便多业务共享SRv6 Policy。
- 控制器采用逐跳规划SRv6 Policy路径的方式，便于隧道路径的精细化规划和管理。
- SRv6 Policy正反共路，便于业务正反共路转发。
- SRv6 Policy主、备Candidate Path尽可能不共路，避免节点/链路发生故障时直接导致主、备Candidate Path同时出现故障。
- 使能SRv6 BE逃生路径，保证SRv6 Policy主、备Candidate Path均发生故障后，业务依然能够继续被转发。

华为网络控制器iMaster NCE-IP计算SRv6 Policy时可以使用20多个约束因子。约束因子可以单独使用，也可以组合使用，以满足不同业务场景的差异化诉求。

常见的算路约束因子及其说明如表6-5所示。

表 6-5　常见的算路约束因子及其说明

约束因子	说明
带宽	用户使用的带宽不超过 SR Policy 路径途经链路的剩余带宽
时延门限	算路选择时延在门限范围内的路径
正反隧道是否共路	若使能共路，则需挑选正反 SRv6 Policy 路径完全一致的路径
亲和属性	支持 Include-all、Include-any 和 Exclude-any 模式
Hop-limit	约束隧道经过跳数不超过设置的值
Candidate Path	支持计算主、备两条路径用于动态保护。计算时会优先保证两条路径的严格节点、链路、SRLG（Shared Risk Link Group，共享风险链路组）分离，如果不能分离，则按照 SRLG、节点、链路的顺序依次退避，寻找可以部分重合的路径结果
路径分离	同源、同宿、同时计算的多条备选 Segment List 中，路径尽量不重叠。计算时，会优先保证两条路径严格节点、链路、SRLG 分离，如果不能分离，则按照 SRLG、节点、链路的顺序依次退避，寻找可以部分重合的路径结果

在满足约束的条件下，网络控制器还支持表6-6给出的算路策略。

表6-6　网络控制器支持的算路策略

算路策略	算路方法
TE Metric 最小	E2E 隧道的 TE Metric 越小越好，隧道 TE Metric 取途经各链路的 TE Metric 之和
最小开销	在满足带宽约束的基础上，业务遵循 IGP Cost 值越小越优的原则
最小时延	部分业务追求最小时延，参考 TWAMP 上报的时延，隧道途经各链路的时延累加值越小越优
最大可用度	在网络中的链路质量变化比较大时，确保业务运行在高质量（高可用度）链路上，隧道链路质量端到端可用度的值越大越好，端到端隧道可用度取各段链路可用度之积
带宽均衡	将隧道路径中各链路中的链路剩余带宽的最小值作为比较值，该比较值越大越好

6.1.5　移动承载业务 VPN 设计

下面以5G业务为例，阐述移动承载业务VPN的设计。5G业务包含NSA模式和SA模式。

- 在5G NSA模式下，核心网继续采用4G EPC（Evolved Packet Core，演进型分组核心网），基站侧增加5G NR（New Radio，新空口）射频单元，5G和4G射频单元共享一个BBU（Baseband Unit，基带单元）。此时，5G基站需要借用4G基站与核心网进行信令面S1-C通信，5G基站与4G基站之间复用X2-C/U流量进行通信。由于5G业务与4G业务耦合紧密，推荐将5G NSA和4G业务部署在同一个L3VPN中进行承载。
- 在5G SA模式下，5G业务端到端需要独立部署，即独立的5GC（5G Core，5G核心网）和独立的射频单元、基站BBU。此时，5G基站和核心网可以采用新的IPv4地址或IPv6地址通信，5G N2/N3/Xn业务可以采用与4G S1/X2业务不同的VPN承载，便于4G业务和5G业务的隔离、管理和差异化服务。

如图6-14所示，5G业务的核心网UPF（User Plane Function，用户平面功能）模块可以分布式部署，下沉到接入层或者汇聚层，从而形成多层级的数据中心：EDC、RDC和CDC。网络中通常需要在汇聚层/核心层部署独立RR。为简化描述，图6-14中省去了独立RR，其具体设计请参考6.1.3节。

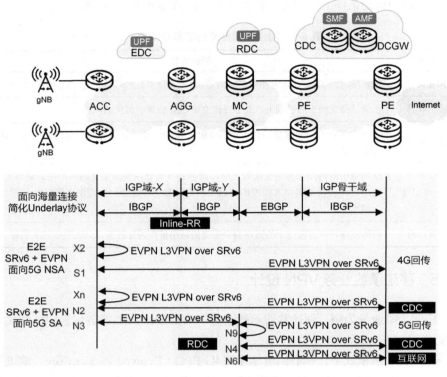

图 6-14　5G 业务规划

5G SA业务场景中，所有业务都被部署在一个EVPN L3VPN中进行承载。可以针对不同的业务采用不同的业务隧道，如下所述。

- N2业务：从基站（gNB）到核心网（5GC）的控制平面业务，按需部署SRv6 BE/SRv6 Policy。
- N3业务：从基站到UPF的用户数据平面业务，可以根据需要部署相应的SRv6 BE/SRv6 Policy。特别地，针对URLLC（Ultra-Reliable Low-Latency Communication，超可靠低时延通信）业务，可以部署基于时延最短的SRv6 Policy，以满足业务的时延需求。
- N4/N9业务：属于5GC到5GC之间的控制平面和数据平面业务，通常由汇聚层/核心层网络承载5GC之间的转发业务，网络规划一般采用树形或口字形双平面，按需部署SRv6 BE/SRv6 Policy。
- Xn业务：基站到基站的业务接口，该业务在UE（User Equipment，用户设备）切换基站时，在基站之间传递信令和缓冲数据，并采用SRv6 BE承载。

5G NSA业务场景中，5G业务和4G业务采用同一个L3VPN承载，复用已有4G业务的L3VPN即可。

- S1业务：从基站到核心网的控制平面/数据平面的业务，按需采用SRv6 BE/ SRv6 Policy承载。
- X2业务：基站到基站的业务接口，推荐采用SRv6 BE承载。

5G业务路由发布时，需要携带团体（Community）属性，便于过滤控制业务路由，如图6-15所示。

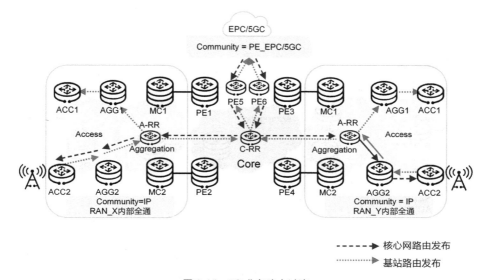

图 6-15　5G 业务路由过滤

在图6-15中，网络中各节点的路由过滤规划如表6-7所示，以IPRAN_X区域、Core区域的节点规划为示例。

表 6-7　网络中各节点的路由过滤规划

节点	VPN 路由发布时团体属性规划	接收方向的路由团体属性	说明
ACC	Community=IPRAN_X	Community=IPRAN_X、PE_EPC/PE_5GC	必选
AGG	如果接入 5G 业务，则：Community=IPRAN_X	不过滤	可选
MC	Community=IPRAN_X	过滤掉 Community=IPRAN_Y 的路由	建议必选
A-RR	N/A（不规划团体属性）	过滤掉 Community=IPRAN_Y 的路由	建议必选
C-RR	N/A（不规划团体属性）	不过滤	可选
PE	Community=PE_EPC/PE_5GC	不过滤	必选

IPRAN_X标识中的X为该IPRAN的编号，实际操作时需要全局规划。不同IPRAN之间的路由需要隔离，以减轻设备处理的压力。

1. S1业务和N2/N3业务

根据业务的实际情况，4G/5G NSA S1业务和5G SA N2/N3业务控制平面规划如图6-16所示。

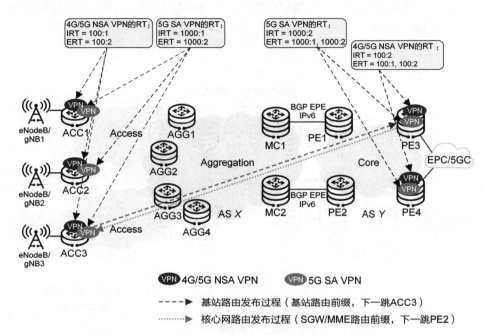

图 6-16　4G/5G NSA S1 业务和 5G SA N2/N3 业务控制平面规划

- 5G NSA建网时，5G NSA业务通过IPv4和无线基站通信。5G NSA组网时，S1业务采用与4G业务相同的VPN，RT规划与4G保持一致。
- 5G SA建网时，5G SA业务可以采用新的IPv4地址或IPv6地址，N2/N3业务采用与4G业务不同的VPN承载。基站可以支持NSA和SA双模，即NSA和SA业务共存，但使用不同的业务地址。如图6-16所示，全网N2/N3路由可以根据RT规划来控制发布和接收。首先为全网基站始发的N2/N3路由分配一个RT（如1000:2）；PE也分配独立的RT（如1000:1），代表EPC/5GC始发的N2/N3路由。
- 业务层面基于E2E VPN模型，各种业务路由在ACC和远端PE之间发布。
- 从RT规划可以看出，所有ACC的IRT（Import RT，入口RT）相同，所有ACC的ERT（Export RT，出口RT）相同，而单个ACC的IRT不等于ERT；ACC与其他ACC之间的S1/N2/N3业务路由相互隔离，因此可以极大地减轻ACC私网路由的压力。

4G/5G NSA S1业务和5G SA N2/N3业务的承载可以选择SRv6 BE和SRv6 Policy。当数据平面采用SRv6 BE转发时，模型如图6-17所示。

- ACC和PE的LoopBack/SRv6 Locator公网IPv6路由需要互通。
- ACC和PE之间建立SRv6 BE。
- 报文在ACC/PE入口封装入SRv6 BE，并封装IPv6报文头；中间节点按照IPv6公网的Native IP转发。
- 报文到达ACC/PE出口后，剥掉SRv6 BE封装，查询VPN实例路由表，并转发私网IP报文。

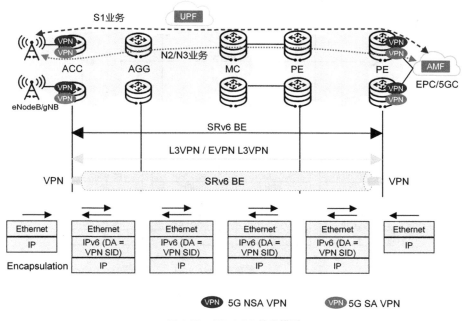

图 6-17　SRv6 BE 转发模型

📖 说明

下文描述中提及的DA=VPN SID是一个示意性写法，该部分其实是IPv6报文头，省略了源地址等字段。VPN SID由Locator+Function+Args共同组成，VPN SID的类型包括End.DT4、End.DT6、End.DX4、End.DX6、End.DX2、End.DT2U、End.DT2M等。

当数据平面采用SRv6 Policy转发时，模型如图6-18所示。

- ACC和PE的LoopBack/SRv6 Locator公网IPv6路由需要互通。
- ACC和PE之间建立SRv6 Policy。
- 报文在ACC/PE入口封装入IPv6报文头，并封装SRH，然后转发。
- 中间节点按照SRH中的SID List指导报文逐跳转发。

- 报文到达ACC/PE出口后，剥掉SRv6 Policy的IPv6和SRH封装，查询VPN实例路由表，转发私网IP报文。

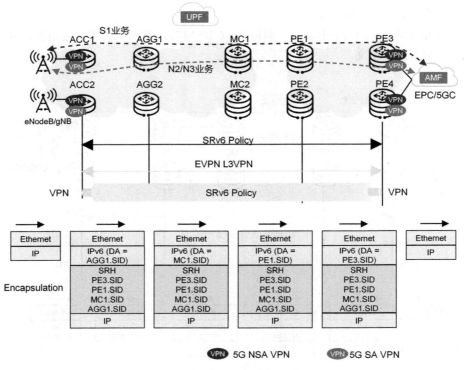

图 6-18　SRv6 Policy 转发模型

2. N4/N9业务

N4/N9业务配置一个VPN，采用全互联（Full-Mesh）的互通模型，建议IRT和ERT都做相同配置。如图6-19所示，IRT和ERT都配置为1000:4。

N4/N9业务可以采用SRv6 BE或SRv6 Policy承载，其隧道转发模式和N2/N3业务类似。

3. X2/Xn业务

如图6-20所示，对于X2/Xn业务，通过单独规划一套RT来控制业务的发送和接收。因此，同一个IPRAN（一对MC下挂的网络）中所有的ACC节点之间会相互学习对方的X2/Xn路由。AGG反射私网路由给环内ACC时不修改下一跳。

默认情况下，不考虑跨AS的IPRAN X2/Xn业务，因此将相应的X2/Xn路由过滤掉。

同一接入环以及跨接入环的X2/Xn业务基于明细路由，通过最短路径完成就近转发，因此，推荐部署SRv6 BE。

Xn与N2/N3一般采用同一个VPN来承载，并且为Xn业务的VPN实例RT规划采用全互联模型。

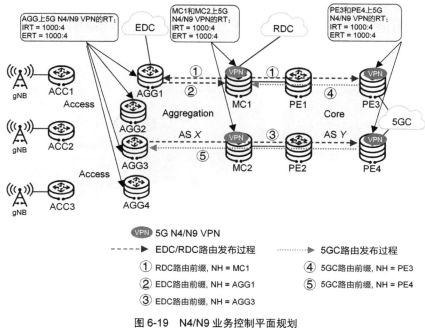

图 6-19　N4/N9 业务控制平面规划

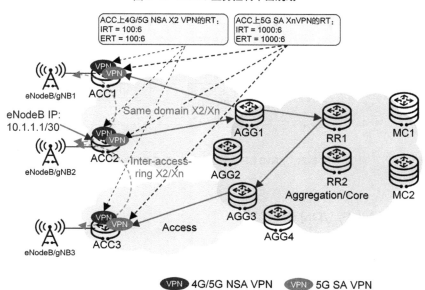

图 6-20　X2/Xn 业务控制平面规划

X2/Xn业务采用SRv6 BE承载。X2/Xn的业务转发模型如图6-21所示。

- 同接入环X2/Xn业务，通过明细路由进行本地就近转发，外层隧道通过SRv6 BE承载。
- 同AGG、跨接入环的X2/Xn业务，图示为ACC3到ACC4的方向，端到端通过SRv6 BE承载。
- 跨AGG、跨接入环的X2/Xn业务，图示为ACC2到ACC3的方向，端到端通过SRv6 BE承载。

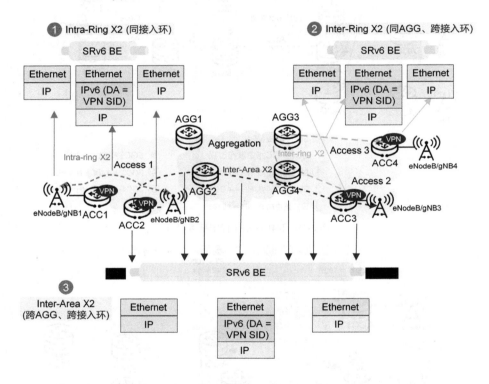

图 6-21　SRv6 BE 承载的 X2/Xn 业务的转发模型

6.1.6　专线业务 VPN 设计

运营商的企业专线套餐类型多种多样，总体上包括企业总部与分支机构或分支机构与分支机构之间互联互通的组网专线、企业上云专线、企业上网专线和企业云间互联专线等。

这些专线业务均可以通过L3 VPN或L2 VPN来承载，具体依赖企业用户的业务诉求。

对于高价值专线业务，建议部署SRv6 Policy进行SLA保障。SRv6 Policy可以提供时延SLA、带宽SLA、丢包率SLA保障以及可以规定经过或者避开某些链路。当网络状态变化、无法满足SLA时，网络控制器根据SLA进行重新算路，并调整SRv6 Policy经过的节点或链路，达到保障业务SLA的目的。

一般的专线业务，建议直接通过SRv6 BE进行承载，业务报文按照尽力而为的方式进行转发，不提供诸如时延等SLA保障。

具体的专线业务模型分类、使用的VPN类型、隧道模型，以及SLA保障级别、是否高价值，如表6-8所示。

表 6-8　专线业务模型分类及相关信息

业务模型大类	业务模型小类	VPN 类型	隧道类型	SLA 保障级别	高价值
L2VPN	P2P L2VPN	EVPN E-Line	SRv6 BE	无保障	否
			SRv6 Policy	保障时延 SLA、带宽 SLA、丢包率 SLA 以及可以规定经过或者避开某些链路	是
	MP2MP L2VPN	EVPN E-LAN	SRv6 BE	无保障	否
			SRv6 Policy	保障时延 SLA、带宽 SLA、丢包率 SLA 以及可以规定经过或者避开某些链路	是
	P2MP L2VPN	EVPN E-Tree	SRv6 BE	无保障	否
			SRv6 Policy	保障时延 SLA、带宽 SLA、丢包率 SLA 以及可以规定经过或者避开某些链路	是
L3VPN	L3VPN	EVPN L3VPN	SRv6 BE	无保障	否
			SRv6 Policy	保障时延 SLA、带宽 SLA、丢包率 SLA 以及可以规定经过或者避开某些链路	是

下面以企业组网专线和企业上云专线为例，简要介绍专线业务VPN的规划，如图6-22所示。

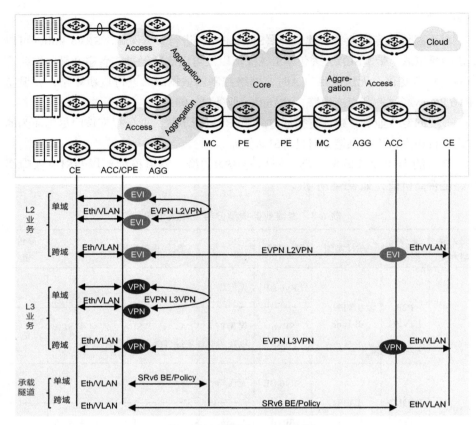

图 6-22　专线业务 VPN 的规划

表6-9给出了企业组网和企业上云专线承载方案的示例。

表 6-9　企业组网和企业上云专线承载方案的示例

业务大类	VPN 类型	隧道类型	SLA 保障级别	说明
企业组网专线	EVPN E-Line/E-LAN/E-Tree	SRv6 BE	无保障	业务可以单 AS、跨 AS 部署
	EVPN L3VPN/L3VPN	SRv6 Policy	保障时延 SLA、带宽 SLA、丢包率 SLA 以及可以规定经过或者避开某些链路	业务可以单 AS、跨 AS 部署
企业上云专线	EVPN E-Line/E-LAN/E-Tree	SRv6 BE	无保障	业务可以单 AS、跨 AS 部署
	EVPN L3VPN/L3VPN	SRv6 Policy	保障时延 SLA、带宽 SLA、丢包率 SLA 以及可以规定经过或者避开某些链路	业务可以单 AS、跨 AS 部署

6.1.7　网络切片设计

传统的IP网络采用统计复用、尽力而为的方式进行数据报文的转发，以较低的成本提供灵活的网络连接服务，却无法高效地提供差异化和可保障的SLA，难以实现用户的隔离和独立运营。

通过IP网络切片，运营商能够在一个通用的物理网络之上构建多个专用的、虚拟化的、互相隔离的逻辑网络，满足不同用户对网络连接、资源及其他功能的差异化要求。

在IP网络上需要部署网络控制器，才能进行网络切片的全生命周期管理。IP网络切片的生命周期管理包括切片规划、切片部署、切片运维以及切片优化。

- 切片规划：包括网络切片的物理链路、转发资源、业务VPN和隧道规划，用来指导网络切片的配置和参数设置。
- 切片部署：包括创建切片接口、配置切片带宽、配置VPN和隧道通过网络切片承载等。
- 切片运维：包括网络切片可视、SLA保障、故障运维、业务自愈和根因分析等。
- 切片优化：在满足业务服务等级要求的情况下，最大化网络切片带宽利用率，包括切片转发资源预测、切片内流量优化、切片带宽弹性扩缩容等。

创建切片时，网络控制器负责网络切片的自动化部署。网络控制器根据规划自动生成切片相关的配置命令，并通过NETCONF协议下发到设备，完成切片的创建。

以华为网络控制器iMaster NCE-IP为例，具体的网络切片设计如图6-23所示。

网络切片的自动化部署流程大致包括以下步骤。

① 通过网络控制器切片管理模块，进入切片创建流程，并选择需要部署切片的区域。

② 根据情况选择固定带宽或百分比方式创建切片。

③ 网络控制器基于设备支持的资源隔离能力（FlexE/信道化子接口），按照设置的预留带宽，在选择的对应区域中的每条链路上创建FlexE接口或信道化子接口，预留带宽并部署相应的Slice ID切片标识。

下面以5G SA和企业切片规划为例介绍网络切片规划的大致流程，如图6-24所示。

① 网络切片划分：整网一个默认切片，用来承载现网存量业务。其中为5G

SA业务规划一个行业切片，为企业业务规划另一个行业切片。

② 切片带宽占比：默认切片（总体带宽的50%），5G SA行业切片（总体带宽的30%），企业业务行业切片（总体带宽的20%）。带宽占比可以根据具体业务情况进行灵活调整。

③ 网络切片接口：采用FlexE接口或者信道化子接口，保证各行业切片的带宽。行业切片内的业务不被其他行业切片或默认切片内的业务抢占带宽，保障业务的SLA。

④ 网络切片标识：为每个行业切片整网规划唯一的Slice ID，并把Slice ID与此行业切片的逐跳网络切片接口进行关联，从逻辑角度形成了行业切片的整网拓扑。

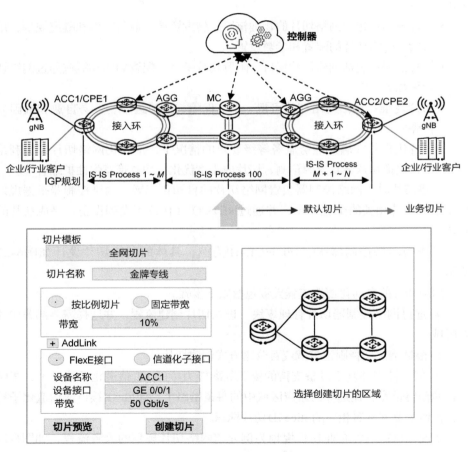

图 6-23　网络切片的设计

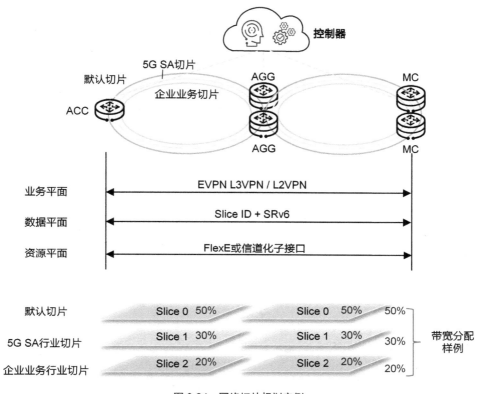

图 6-24　网络切片规划实例

　　在行业切片创建以后，就可以在切片中部署L3VPN/L2VPN业务了，如图6-25所示。

　　在各行业切片中可以按需规划独立的L3VPN/L2VPN来承载业务。VPN业务通过SRv6 BE/SRv6 Policy来转发。

- 行业切片以Slice ID来区分，行业切片内的SRv6 BE及SRv6 Policy携带此切片的Slice ID。
- 采用SRv6 BE承载业务时，在头节点上根据VPN路由的Color映射到Slice ID，并将Slice ID封装到数据报文里。设备将数据包从对应的Slice ID接口发出，沿途设备逐跳匹配数据包的Slice ID和出接口的Slice ID来指导转发。
- 采用SRv6 Policy承载业务时，网络控制器在具有Slice ID属性的切片拓扑内进行路径计算，并将携带Slice ID的SRv6 Policy路径下发到业务头节点。头节点根据VPN路由的Color迭代SRv6 Policy，并在转发时把SRv6 Policy路径以及对应的Slice ID封装到数据报文里。设备按照SRv6 Policy路径指示逐跳匹配数据包的Slice ID和出接口的Slice ID来指导转发。

- 为减少网络节点/链路故障对业务的影响，推荐在行业切片平面内部署SRv6 BE/SRv6 Policy的隧道级保护、VPN级保护，并部署配套的BFD来加快故障的检测速度。

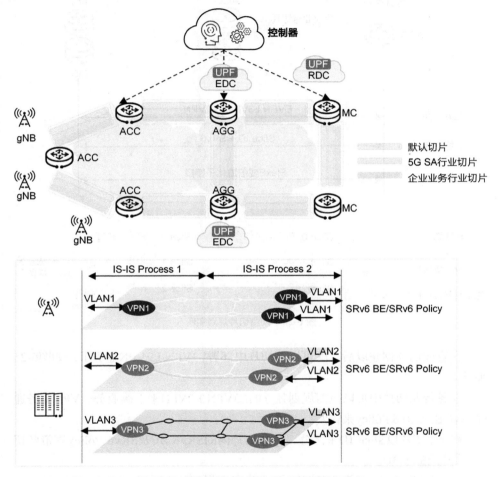

图 6-25　基于行业切片部署 L3VPN/L2VPN 业务

6.1.8　可靠性设计

1.　可靠性的保护技术

SRv6场景可以应用多种保护技术，下面针对关键的可靠性保护技术进行简要介绍。

① TI-LFA保护。

TI-LFA用于SRv6 BE场景故障的局部保护方案。如图6-26所示，TI-LFA保护使用段路由的源路由机制。在PLR（Point of Local Repair，本地修复节点）指定TI-LFA备路径的Segment List，并根据指定备路径控制流量转发；在分布式架构中，引入路径控制能力，实现TI-LFA FRR保护。

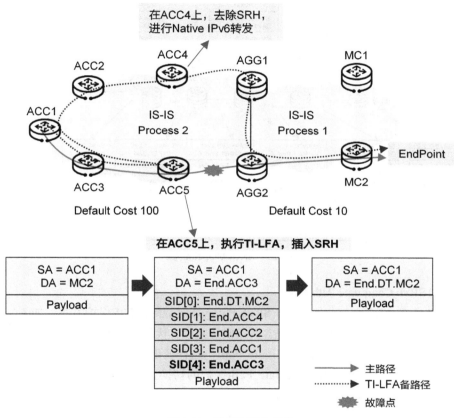

图 6-26　TI-LFA FRR 保护

② SRv6 Midpoint保护。

SRv6 Midpoint保护用于SRv6 Policy场景故障的局部保护方案。 如图6-27所示，ACC1到PE3之间存在SRv6 Policy路径，中间节点/链路（如AGG1—MC1链路）发生故障后，PLR节点（如AGG1）指定Midpoint备路径的Segment List（如SRH2）；根据指定备路径，采用Encaps模式，重新封装SRH2，控制SRv6 Policy流量转发。当流量到达PE1时，PE1剥离SRH2并继续根据SRH1指导流量转发。为了使Midpoint方式快速恢复业务转发，推荐使能BFD加速故障检测。

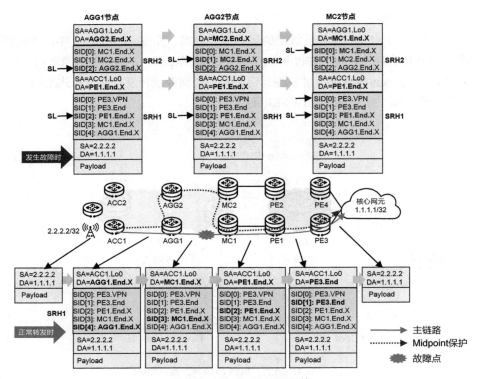

图 6-27　SRv6 Midpoint 保护

③ SRv6 Candidate Path保护。

SRv6 Candidate Path保护用于SRv6 Policy场景故障的E2E保护方案。如图6-28所示，PE1到PE2的SRv6 Policy包含两条候选路径，优先级高的路径为主Candidate Path，优先级低的路径为备Candidate Path，这样就形成了HSB（Hot-Standby，热备份）保护。为了提升Candidate Path保护的切换速度，两条路径需要同时使能SBFD，当主路径上的SBFD检测到故障发生时，入口PE1将流量切换到备路径上。

④ SRv6 Policy向SRv6 BE逃生保护。

此方案用于多点同时发生故障、SRv6主备路径均发生故障时的业务快速恢复。如图6-29所示，ACC2到PE1的SRv6 Policy主备Candidate Path均发生故障，ACC2感知PE1的MP-BGP下一跳仍然可达，但主备Candidate Path的SBFD状态都为Down，ACC2将Candidate Path置Down，同时，将流量引导到SRv6 BE路径上，目的节点是PE1。

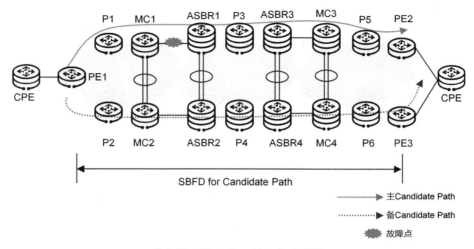

图 6-28　SRv6 Candidate Path 保护

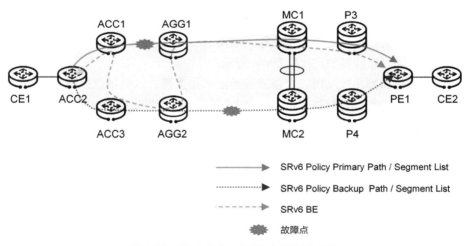

图 6-29　SRv6 Policy 向 SRv6 BE 逃生保护

⑤ VPN FRR保护。

VPN FRR保护主要用于VPN端点发生故障情况下的业务快速恢复。如图6-30所示，远端PE1根据学习到的两条下一跳不同的私网路由，预先计算主备路径。远端PE1通过BFD快速检测到主节点PE2发生故障，并将VPN流量切换到备路径。

BFD用于加速对远端PE的故障检测，业务恢复时间取决于故障检测的参数设置和VPN FRR的切换时间。

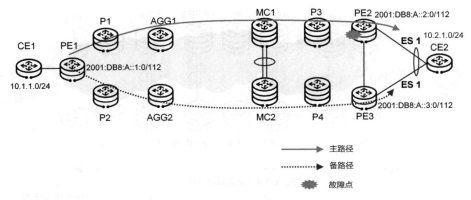

图 6-30　VPN FRR 保护

SRv6防微环通常用于防止故障正切/回切期间流量产生短暂环路，具体原理请参考《SRv6网络编程：开启IP网络新时代》一书[19]，本书不再赘述。

2. 可靠性的设计原则

SRv6方案在可靠性保护设计上，采用层次化保护和就近保护原则，目的是简化保护方案的配置以及实现故障隔离。SRv6 BE的可靠性保护设计如表6-10所示；SRv6 Policy的可靠性保护设计如表6-11所示。

运营商在做网络规划时，主备路径不能共用光缆，以免单点故障直接导致业务中断。当跨AS时，建议跨AS的ASBR之间采用链路捆绑LACP（Link Aggregation Control Protocol，链路聚合控制协议）增加可靠性。

表 6-10　SRv6 BE 的可靠性保护设计

保护级	配置位置（场景）	检测方案	保护方案	说明
隧道层	各个 IGP 域内设备两两之间	BFD for IGP（30 ms×3，表示 BFD 检测周期是 30 ms，检测倍数是 3。以下此类写法表达意思皆同）	感知设备间链路发生故障，触发 TI-LFA 并加快 IGP 收敛	—
业务层	ACC—PE 场景	BFD for SRv6 Locator（50 ms×3）	触发 VPN FRR 并切换	—
链路层	主备 PE 之间，PE 和 CE 之间	BFD for IP（50 ms×3）	触发 IP FRR 并切换	设备之间通过三层设备连接，如路由器。
	跨 AS 的 ASBR 之间，PE 和 CE 之间	BFD for Interface（30 ms×3）	触发 IP FRR 并切换	设备之间通过光纤/波分连接

表 6-11　SRv6 Policy 的可靠性保护设计

保护级	配置位置（场景）	检测方案	保护方案	说明
隧道层	各个 IGP 域内设备两两之间	BFD for IGP（30 ms×3）	指定链路/节点（在 Segment List 中的节点）发生故障，使用 Midpoint（中间节点）保护	中间节点感知到路径上的链路/节点发生故障，所以跳过 SRH 中的故障 SID，刷新目的地址为下一个 SID 进行转发
	ACC—PE 场景，针对 SRv6 Policy	SBFD for Segment List（50 ms×3），配置 SBFD 回程入隧道	SRv6 Candidate Path 切换	需要配置 SBFD 检测的 no-bypass 功能，保证 SBFD 不再进行 Midpoint 保护。在 3 个周期后，使 SBFD 处于 Down 状态，触发 SRv6 Policy 的 Candidate Path 切换
业务层	ACC—PE 场景，针对 SRv6 Policy	SBFD for Segment List（50 ms×3），配置 SBFD 回程入隧道	所有 SBFD for Segment List 都为 Down，则 SRv6 Policy 为 Down，触发 VPN FRR 保护	如果 SBFD Down，则认为 Segment List 为 Down；如果所有 Segment List 为 Down，则认为 SRv6 Policy 为 Down
链路层	主备 PE 之间，PE 和 CE 之间	BFD for IP（50 ms×3）	触发 IP FRR 切换	设备之间通过三层设备连接，如路由器
	跨 AS 的 ASBR 之间，PE 和 CE 之间	BFD for Interface（30 ms×3）	触发 IP FRR 切换	设备之间通过光纤/波分连接

方案的可靠性设计还需要考虑如下方面。

- 推荐使能SRv6 Policy切换到SRv6 BE逃生保护。当主备SRv6 Policy路径都失效后，业务路由收敛后，业务可以继续承载在SRv6 BE路径上，最大限度地保障业务持续运行。
- 当业务采用SRv6 BE承载时，使能IS-IS SRv6防微环，包括使能正切防微环和回切防微环。该功能用于网络发生故障或故障恢复期间，触发IS-IS重新收敛，避免网络节点之间状态短暂不一致及各个设备收敛速度不同导致的转发微环现象。

📖 **说明**

当网络中有WDM（Wavelength Division Multiplexing，波分复用）或者OTN（Optical Transport Network，光传送网）等光层传输设备时，需要配置切换延迟时间，即路由器层面的收敛要等待光网络层收敛完成后，再开始收敛。

3. S1/N2/N3业务的保护

移动业务为5G NSA模式时，承载S1和X2业务；移动业务为5G SA模式时，承载N2/N3和Xn业务。本小节描述S1/N2/N3业务承载的可靠性设计，下一小节描述X2/Xn业务承载的可靠性设计。

无论哪种移动业务，均推荐采用L3VPN承载，VPN业务层面的保护推荐采用VPN FRR。承载S1/N2/N3业务时，SRv6隧道可以按需采用SRv6 BE或SRv6 Policy以及相应的保护方案；承载X2/Xn时，SRv6隧道推荐采用SRv6 BE以及相应的保护方案，按最短路径转发。S1/N2/N3移动业务保护设计如表6-12所示。

表 6-12　S1/N2/N3 移动业务的保护设计

场景	保护层级	检测方案和保护方案
SRv6 BE 场景	隧道层级	BFD for IGP，触发 TI-LFA 切换
	VPN 业务层级	BFD for SRv6 Locator，触发 VPN FRR 切换
SRv6 Policy 场景	隧道层级	SBFD for Segment List，触发 SRv6 Candidate Path 切换
	VPN 业务层级	SBFD for Segment List 都设为 Down，触发 VPN FRR 切换
跨 AS 场景	链路层级	跨 AS 的 ASBR 之间，建议部署跨板卡的 LAG（Link Aggregation Group，链路聚合组）功能，增强链路可靠性；同时部署 BFD for Interface，触发 IP FRR 保护

下面针对网络中的故障点进行逐一说明。在不同的VPN业务场景中，MC和PE承担不同的角色，如作为业务的中间P节点、业务头/尾PE节点，需要有不同的可靠性设计方案。S1/N1/N3业务保护的具体组网和故障点如图6-31所示。

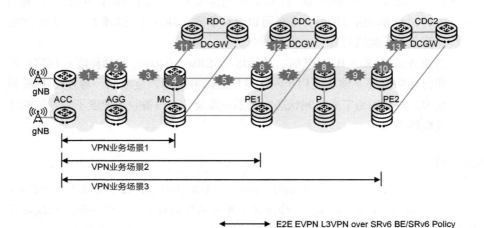

图 6-31　S1/N2/N3 业务保护的具体组网和故障点

针对隧道和VPN业务保护的故障点检测及保护措施，详细设计如表6-13所示。

表 6-13　隧道和 VPN 业务保护的故障点检测及保护措施设计

业务	故障点	检测方案	保护方案
SRv6 BE 场景	1/2/3/7/8/9	U/D：BFD for IGP（30 ms ×3）	U/D：TI-LFA
	4	MC 不终结业务（MC 作为中间 P 节点）： ● U：BFD for IGP（30 ms×3）； ● D：BFD for Interface（30 ms×3）。 MC 终结业务（MC 作为 VPN 的尾 PE 节点）： ● U：BFD for SRv6 Locator（50 ms×3）； ● D：BFD for IP（50 ms×3）	MC 不终结业务： ● U：TI-LFA； ● D：IP FRR（跨 AS）。 MC 终结业务： ● U：VPN FRR； ● D：IP FRR
	5	U/D：BFD for Interface（30 ms×3）	U/D：IP FRR
	6	PE1 不终结业务： ● U：BFD for Interface（30 ms×3）； ● D：BFD for IGP（30 ms×3）。 PE1 终结业务： ● U：BFD for SRv6 Locator（50 ms×3）； ● D：BFD for IP（50 ms×3）	PE1 不终结业务： ● U：IP FRR； ● D：TI-LFA。 PE1 终结业务： ● U：VPN FRR； ● D：IP FRR
	10	U：BFD for SRv6 Locator（50 ms×3）。 D：BFD for IP（50 ms×3）	U：VPN FRR。 D：IP FRR
	11/12/13	U/D：BFD for Interface（30 ms×3）	U：VPN Mixed FRR（IP 路由和 VPN 路由混合的 FRR）。 D：IP FRR
SRv6 Policy 场景	1/3/7/8/9	BFD for IGP（30 ms×3）。 SBFD for Segment List（50 ms×3，部署 SBFD 回程入隧道）	U/D：指定链路／节点，Midpoint 保护。 U/D：主备 SRv6 Candidate Path 保护
	2/4/6/10	节点不终结业务：BFD for IGP（30 ms×3）。 节点终结业务： ● U：SBFD for Segment List（50 ms×3，部署 SBFD 回程入隧道）； ● D：BFD for IP（50 ms×3）	节点不终结业务：指定链路／节点，Midpoint 保护。 节点终结业务： ● U：VPN FRR； ● D：IP FRR
	5	U/D：BFD for Interface（30 ms×3）	U/D：IP FRR
	11/12/13	U/D：BFD for Interface（30 ms×3）	U：VPN Mixed FRR。 D：IP FRR

📖 **说明**

- U=Upstream流量，具体指从基站到核心网的流量。
- D=Downstream流量，具体指从核心网到基站的流量。
- VPN Mixed FRR（IP路由和VPN路由混合的FRR）：通常用于CE双归到业务尾PE的场景。通过配置混合FRR功能，当主用业务尾PE去往CE的路由下一跳不可达时，引导流量继续通过隧道转发到达备份尾PE，由备份尾PE引导流量去往CE，从而提高网络的可靠性。

4. X2/Xn业务的保护

基站之间的X2/Xn业务保护设计如图6-32所示。

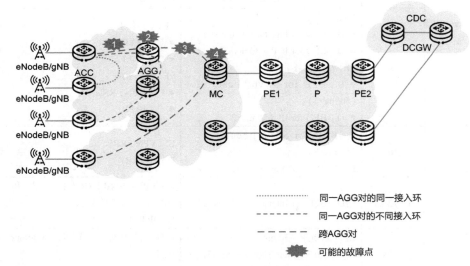

图 6-32　基站之间的 X2/Xn 业务保护设计

X2/Xn业务故障点的检测和保护方案设计如表6-14所示。

表 6-14　X2/Xn 业务故障点的检测和保护方案设计

业务	故障点	检测方案	保护方案
X2/Xn（同一 AGG 对的同一接入环）	1/2	U/D：BFD for IGP（30 ms×3）	U/D：TI-LFA
X2/Xn（同一 AGG 对的不同接入环）	1/2	U/D：BFD for IGP（30 ms×3）	U/D：TI-LFA

续表

业务	故障点	检测方案	保护方案
X2/Xn（跨 AGG 对）	1/2/3/4	U/D：BFD for IGP（30 ms×3）	U/D：TI-LFA

5. 专线业务的保护

针对L3VPN专线的保护设计，其检测和保护方案请参考本节的"S1/N2/N3业务的保护"。针对EVPN L2VPN专线，隧道采用SRv6 BE承载业务故障点的保护设计如图6-33所示。

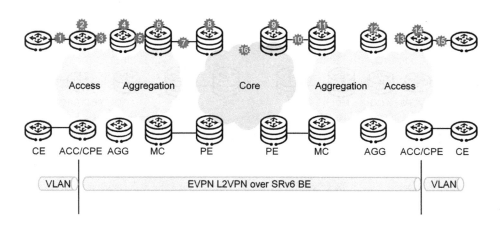

● 可能的故障点

图 6-33　EVPN L2VPN 专线 SRv6 BE 承载业务故障点的保护设计

EVPN L2VPN专线业务中，SRv6 BE承载业务故障点的检测和保护方案如表6-15所示。

表 6-15　SRv6 BE 承载业务故障点的检测和保护方案

故障点	检测方案	保护方案
1/15	不涉及	不涉及
2/14	不涉及	不涉及
3/4/5/12/13/16	U/D：BFD for IGP（30 ms×3）	U/D：TI-LFA
6/9	U：BFD for IGP（30 ms×3）；D：BFD for Interface（30 ms×3）	U：TI-LFA　D：IP FRR
7/10	U/D：BFD for Interface（30ms×3）	U/D：IP RR

续表

故障点	检测方案	保护方案
8/11	U：BFD for Interface（30 ms×3）； D：BFD for IGP（30 ms×3）	IU：IP FRR ID：TI-LFA

针对EVPN L2VPN专线，隧道采用SRv6 Policy承载业务故障点时，保护设计如图6-34所示。

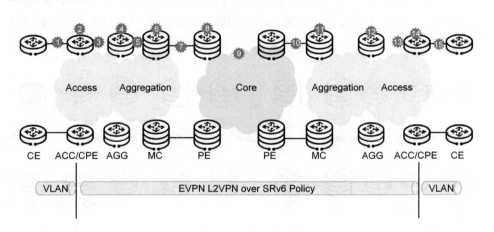

❀ 可能的故障点

图 6-34　EVPN L2VPN 专线 SRv6 Policy 承载业务故障点的保护设计

EVPN L2VPN专线业务中，SRv6 Policy承载业务故障点的检测和保护方案如表6-16所示。

表 6-16　SRv6 Policy 承载业务故障点的检测和保护方案

故障点	检测方案	保护方案
1/15	不涉及	不涉及
2/14	不涉及	不涉及
3/4/5/6/8/9/11/12/13	U/D： ● BFD for IGP（30 ms×3）； ● SBFD for Segment List（50 ms×3，部署 SBFD 回程入隧道）	U/D： ● 指定链路 / 节点：Midpoint 保护 ● 主备 SRv6 Candidate Path 保护
7/10	U/D：BFD for Interface（30 ms×3）	U/D：IP FRR

6.1.9 时钟设计

3GPP定义5G频段的双工模式时，采用的是TDD模式。因此，5G基站需要时间同步，以避免基站间业务的干扰。为此，3GPP TS 38.133标准定义了5G TDD系统时间的同步精度要求如下。

7.4.2 Minimum requirements: The cell phase synchronization accuracy measured at BS antenna connectors shall be better than 3 μs.

基站和基站之间相对偏差3 μs，转换为单个站时相对于基准的偏差则为 ± 1.5 μs，即最基本的要求是|Time Error| ≤ 1.5 μs。如果|Time Error| > 1.5 μs，将会造成基站间5G业务的相互干扰，并可能导致干扰在更多基站间进行大规模扩散，使得大量用户的业务受损。

时钟的设计方案涉及频率同步和相位同步技术，具体如图6-35所示。
- 频率同步，也称为时钟同步，是指信号之间的频率或相位上保持某种严格的特定关系，即信号之间保持恒定的相位差。
- 相位同步，也称为时间同步，是指信号之间的频率和相位都保持一致，即信号之间的相位差恒定为0。

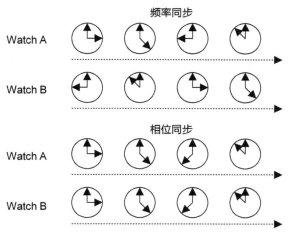

图 6-35 频率同步与相位同步

频率同步推荐采用同步以太技术。频率同步包括同步以太和PTP（Precision Time Protocol，精确时间协议）两种技术。目前ITU-T（International Telecommunication Union-Telecommunication Standardization Sector，国际电联电信标准化部门）标准建议采用同步以太实现频率同步，对应的标准为G.8264（协议互通）和G.8262（性能指标）；采用PTP技术实现频率同步的场景有待进一步明确，当前为"for further study"。

相位同步推荐采用PTP。PTP是在IEEE1588协议基础上演进而来的。IEEE1588v1（1588第1版）的全称是*IEEE Standard for a Precision Clock Synchronization Protocol for Networked Measurement and Control Systems*（《网络测量和控制系统的精密时钟同步协议标准》）。IEEE1588最初用在工业控制领域，后来由于TD-SCDMA（Time Division-Synchronous Code Division Multiple Access，时分同步码分多址）以及LTE-TDD等需要高精度的时间同步，1588v2（1588第2版）才逐渐被ITU-T引入电信领域，并基于1588v2在电信网络的不同应用场景，ITU-T开发了一系列满足1588架构的PTP标准。其中，逐跳进行高精度时间同步的相关协议标准为G.8275.1（协议互通）和G.8273.2（性能指标）。

G.8275.1标准降低了周期性发送携带时间戳信息报文的频率，要求必须叠加基于同步以太技术的频率同步，确保时钟源或时钟传输的中间节点在频率信号正常、时间信号丢失时，可以用频率同步来做一段时间的相位保持，以便维护人员修复故障期间不影响无线业务。

1. 时钟方案的总体设计原则

时钟方案的总体设计原则推荐如下。

- 条件允许的情况下，推荐在基站侧直接接入GNSS（Global Navigation Satellite System，全球导航卫星系统），承载网络接入GNSS，并通过同步以太的频率同步方案+逐跳PTP的相位同步方案给基站提供时间同步，用于基站接入GNSS发生故障后，承载网络给基站提供备用的时间同步能力。
- 承载网络推荐部署同步以太的频率同步方案+G.8275.1的PTP相位同步方案。
- 承载网络的时钟源部署在核心层节点，一对时钟源覆盖整个移动承载网络。如果核心层无法部署时钟源，时钟源可以下沉到接入层/汇聚层节点，例如部署在AGG节点，一对时钟源覆盖AGG节点覆盖区域的基站。

下面以5G IRAN承载网络典型组网的时钟方案为例介绍时钟方案的总体设计原则，如图6-36所示。

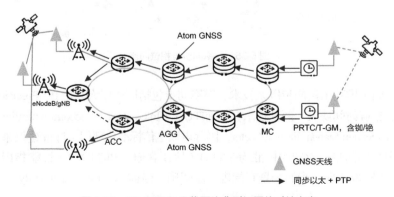

图 6-36　5G IPRAN 承载网络典型组网的时钟方案

IPRAN承载网络典型组网的时钟方案如表6-17所示。

表 6-17　IPRAN 承载网络典型组网的时钟方案

网络场景	建议方案	详细说明
全网设备全部支持高精度时间同步，包括时间源设备到末端设备（通常是基站）之间所有物理设备［包括传输设备 WDM、微波、交换机、MSTP（Multi-Service Transport Platform，多业务传送平台）等］	PRTC（Primary Reference Time Clock，基准定时参考时钟）/T-GM（Telecom Grandmaster，电信级主时钟）时钟源＋承载网络逐跳 PTP 时间同步＋承载网络逐跳同步以太频率同步	PRTC/T-GM 时钟源同时提供以太频率同步＋PTP 时间同步信号。 时钟源对接的网络设备接口： ● 优先采用以太光口，同时接收频率同步和时间同步； ● 以太光口不具备的场景，采用外时钟口＋外时间口来接收频率和时间同步信息
部分设备不支持高精度时间同步	Atom GNSS 模块插入接入层／汇聚层设备，接入层／汇聚层设备给基站逐跳同步以太频率同步＋逐跳 PTP 时间同步	Atom 时钟同步方案优先采用核心层，PRTC/T-GM 提供逐跳同步以太频率同步，Atom GNSS 模块提供时间同步，保证当频率信号正常、时间信号丢失时，可以用频率同步来做时间保持。 Atom GNSS 模块需考虑主备部署。 Atom GNSS 采用 G.8275.1 实现逐跳时间同步

2. 频率同步的设计

下面以图6-37的组网为例介绍频率同步的设计原则，具体包括如下几个方面。

- 一个同步区域内至少部署两个时钟源。这些时钟源跟踪卫星实现频率同步，时钟源内置铷钟或外接铯钟，在无法与卫星实现频率同步的情况下，能够继续为下游网络提供一定时间的频率同步能力。
- 时钟源与网络设备的连接，推荐使用以太接口。如果时钟源和网络设备都不提供以太接口，则采用外时钟2 Mbit/s接口。
- 全网使能SSM（Synchronization Status Message，同步状态消息）协议来传递同步状态信息，避免两台网络设备之间形成时钟环路。配置所有同步接口自动发送和接收SSM，不需要指定接口的SSM级别。
- 如果两台网络设备之间有多条链路，需要使能时钟源捆绑组，避免两台设备之间出现时钟环路。
- 规划主备跟踪路径和时钟跟踪接口。规划10、20、30等优先级，为新增时钟源预留优先级值。
- 环形组网时，不要配置端口优先级（图6-37中标记为no）。
- 启动频偏检测，检测外部时钟源与本地晶振的频偏是否超标。

- 同一个时钟源到基站的同步节点个数不能超过20个，如果超过20个，需要调整时钟源部署的位置，确保跳数不超过20。

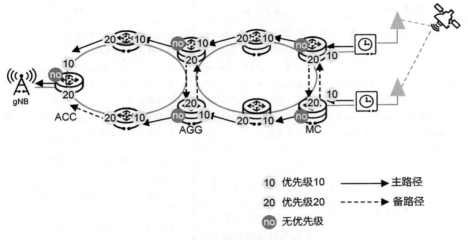

图 6-37 频率同步的组网设计

承载网络需要具备频率同步的保护机制，图6-38详细地描述了节点和链路发生故障时频率同步的保护机制。

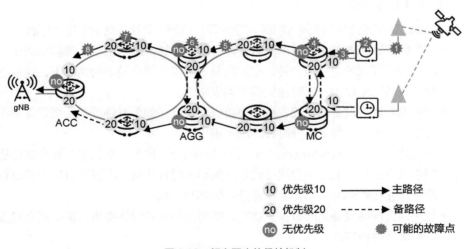

图 6-38 频率同步的保护机制

频率同步的故障点、故障描述及保护方案如表6-18所示。

表 6-18　频率同步的故障点、故障描述及保护方案

故障点	故障描述	保护方案
1/2/3	时钟源发生故障，SSM 质量降级或丢失	当时钟源发生故障时，本地网络设备会接收到 SSM 质量降级的通知或者信号中断，并进行 SSM 算法检测。 当 SSM 降级，则会启动重新选源，本地网络设备选择备份的 PRTC/T-GM 进行频率同步
4/5/6/7/8	网络设备发生故障或者链路发生故障	故障点的下游设备检测时钟信号状态变化，重新进行时钟选源；当没有可用源时，该设备进入保持状态，并发送质量等级为 SEC（SDH Equipment Clock，SDH 设备时钟）的时钟信号给其下游设备，通知其下游设备时钟质量降级；下游设备开始跟踪备时钟信号

3. 相位同步的设计

以图6-39组网为例，相位同步的设计原则包括如下方面。

- 一个同步区域内至少部署两个时钟源。这些时钟源跟踪卫星同步时钟，内置铷钟或外接铯钟提供保持能力。
- 推荐采用以太网接口与网络设备对接。如果没有匹配的以太网接口，可以使用外部的1PPS（Pulse Per Second，每秒脉冲）/TOD（Time of Day，日期时间）时间接口。TOD格式符合ITU-T G.8271的要求。
- 全网配置G.8275.1，设备时钟类型为T-BC（Telecom Boundary Clock，电信级边界时钟）。最佳时钟源由G.8275.1定义的Alternate BMCA（Best Master Clock Algorithm，最佳主时钟算法）自动选择。
- 环形组网中，如果设备能同时接收到主时钟和从时钟的时间同步信息，对长半环的接口（图6-39中标记为no的接口）配置notSlave参数。notSlave参数允许接口只发送时间信号，不接收时间信号。
- 建议使能时钟偏差检测，检测环网上主备路径的相对时间偏差。如果时间偏差超过一定阈值，则发生事件，并提示环同步问题。
- 同一个时钟源到基站的同步节点个数不能超过20个，如果超过20个，需要调整时钟源部署的位置，确保跳数不超过20。

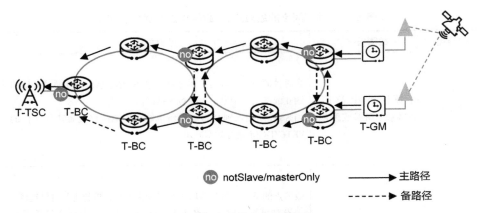

图 6-39 相位的同步组网设计

相位同步故障点及其保护设计如图6-40所示。

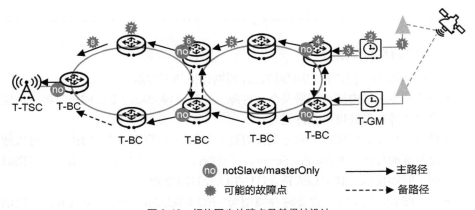

图 6-40 相位同步故障点及其保护设计

网络中相位同步各故障点的故障描述和保护方案如表6-19所示。

表 6-19 相位同步各故障点的故障描述和保护方案

故障点	故障描述	保护方案
1/2/3	时钟源发生故障,PTP 报文中 ClockClass 质量降级或信号丢失	当时钟源发生故障时,本地网络设备会接收到 ClockClass 质量降级或者信号中断。本地网络设备的 Alternate BMCA 算法检测到 ClockClass 降级,则会启动重新选源,设备选择跟踪备时钟源 PRTC/T-GM
4/5/6/7/8	网络设备发生故障或者链路发生故障	故障点的下游设备检测时钟信号状态变化,重新进行时钟选源;当没有可用源时,该设备进入保持状态,并发送保持质量等级给其下游设备,通知其下游设备时钟质量降级;其下游设备开始跟踪备时钟信号

6.1.10　QoS 设计

　　运营商网络通常会承载多业务以提高网络复用率，如何通过规划保障多业务的有序转发？如何保障网络拥塞时重要业务不受损？对此，业务间的优先级规划及拥塞情况的处理原则显得尤为重要。因此，QoS设计成为网络设计中不可缺少的环节。

　　QoS设计的总体原则如下。

- 承载网络中必须部署QoS，建议部署Diff-Serv（差分服务）模式的QoS策略。
- 必须确保承载网络轻载，任何一条链路的峰值带宽利用率都不能超过70%，否则，应该考虑及时扩容带宽。
- 承载网络中的带宽资源要优先用于满足移动业务的需求。在带宽规划时，确保业务带宽总体不超载的情况下，预留移动业务带宽需求，剩余的带宽再来做家宽业务承载。
- 以华为NetEngine系列路由器产品为例，全网接入侧和网络侧接口需要配置trust upstream命令，避免IP报文全部默认入BE队列。业务尾节点需要配置qos phb disable命令，确保不会修改业务报文中的DSCP（Differentiated Services Code Point，差分服务代码点）值。
- 移动承载业务推荐采用Diff-Serv模式中的Uniform（统一）模式。网络入口使能采用简单流分类，信任业务报文中携带的DSCP优先级，并将业务报文的DSCP优先级映射为IPv6报文TC（Traffic Class，流量等级）字段，用于标识报文在网络中转发的优先级。网络出口剥掉IPv6报文头，不修改业务报文初始的DSCP值。
- 为简化QoS业务配置，专线业务推荐采用Diff-Serv模式中的VPN Pipe（管道）模式，并在网络中的调度优先级不超过AF4，同时，确保专线业务Payload里的DSCP/802.1P值穿越网络后保持不变。

1. 移动承载业务的QoS设计

　　移动承载业务通常包括信令业务（如N2）、数据业务（如N3）、管理通道（如OAM）、时钟业务等。运营商无线侧会根据需要设定各业务的优先级，无线侧的基站/核心网发出的业务报文中通过DSCP字段来标识业务优先级。运营商网络信任并继承报文中的优先级，业务沿途路径上的每个网络节点基于此优先级进行调度转发。运营商的移动承载业务QoS设计如图6-41所示。

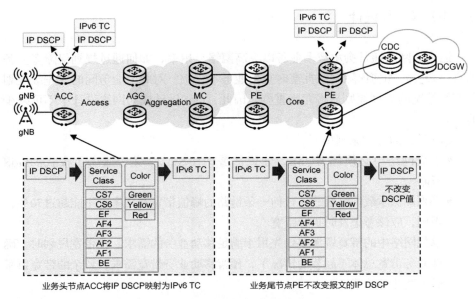

图 6-41　运营商的移动承载业务 QoS 设计

移动承载业务的QoS设计原则如表6-20所示。

表 6-20　移动承载业务的 QoS 设计原则

维度	说明
Diff-Serv 模式	Uniform 模式，信任基站 / 核心网业务报文中携带的 DSCP 优先级
带宽控制	基站业务不限速，避免抑制基站流量
优先级调度	业务头节点：在收到业务报文时，把业务的 DSCP 优先级映射成内部服务等级（Service Class）和颜色（Color），进行节点内部的业务优先级调度；在业务报文即将离开节点时，把服务等级和颜色映射进 IPv6 的 TC 字段，继续转发。 业务中间节点：在收到业务报文时，把 IPv6 的 TC 字段优先级映射成内部服务等级和颜色，进行节点内部的业务优先级调度；在业务报文即将离开节点时，保持其 IPv6 TC 字段不变。 业务尾节点：在收到业务报文时，把 IPv6 的 TC 字段优先级映射成内部服务等级和颜色，进行节点内部的业务优先级调度。节点使能 qos phb disable 命令，确保业务报文离开网络时，不改变用户报文自身携带的优先级

2. 专线业务的QoS设计

专线业务一般被分为若干个等级，例如Premium、Priority、Important和

Standard等。

针对特殊要求的用户，可以在以上4类等级的基础上，根据业务报文中的802.1P或DSCP进行HQoS调度。专线业务的QoS设计如图6-42所示。

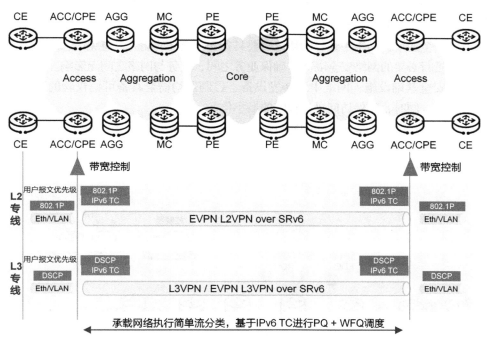

图 6-42 专线业务的 QoS 设计

专线业务的QoS设计原则如表6-21所示。

表 6-21 专线业务的 QoS 设计原则

维度	说明
Diff-Serv 模式	Pipe 模式，采用运营商自定义的业务优先级进行调度
带宽控制	CPE（Customer Premises Equipment，客户终端设备，也称为客户驻地设备）的用户侧接口，做双向的 CAR（Committed Access Rate，承诺接入速率）限速，确保用户使用带宽不超过所购买的带宽
优先级调度	在 CPE 的业务入口，按照运营商规划为专线业务设置优先级，并按该优先级进行调度。业务尾节点配置 qos phb disable 命令，确保离开网络时，不改变用户报文自身携带的优先级

6.1.11 安全设计

网络安全的总体设计原则如下。

- 安全边界：网络边界设备需要对进入网络的报文进行合法性或合理性检查，避免影响网络稳定运行。
- 安全通信：网络中运行的协议需要具备安全交互的能力，避免被篡改；需要进行必要的网络安全隔离，确保业务之间、业务与网络之间无影响。
- 安全基础设施：网络中的转发设备、控制器均需要具备可信校验的启动能力，同时，确保访问操作权限的最小化。
- 安全运维：确保网络中的所有操作均能安全可靠，并且有迹可循，并确保运维的安全性。

以移动承载业务为例，网络安全场景如图6-43所示。

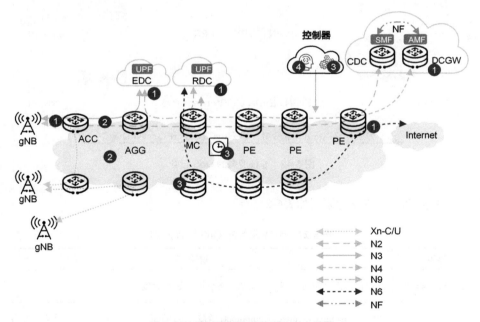

图 6-43 移动承载业务的网络安全场景

移动承载网络中不同网络位置或者组件的安全设计，主要涉及与安全边界、安全通信、安全基础设施和安全运维相关的场景，具体如表6-22所示。

表 6-22　移动承载业务涉及的场景和解决方案

位置	维度	涉及的场景	解决方案
1	安全边界	● ACC 接入业务。 ● PE 接入业务。 ● AGG/MC 接入业务	● 配置 ACL（Access Control List，访问控制列表），丢弃非法报文。 ● 配置协议防攻击，如配置防 ARP（Address Resolution Protocol，地址解析协议）泛洪攻击，防 ARP 欺骗攻击，配置 CPU 防攻击，IPv6 NA（Neighbor Advertisement，邻居通告）报文防攻击，IPv6 ND（Neighbor Discovery，邻居发现）报文防攻击等。 ● 配置 MACSec（Media Access Control Security，媒体访问控制安全）加密链路。 ● 承载网络采用独立的 IPv6 地址空间来规划 SRv6 Locator 地址。网络接入节点丢弃源地址属于承载网络内 SRv6 Locator 地址空间的用户侧报文。 ● 网络接入节点部署路由策略过滤接收的私网路由，如仅接收来自基站、核心网的路由等
2	安全通信	● 设备之间互联协议。 ● 业务传输隔离	● 配置路由协议认证：IGP、BGP 等。 ● 业务采用 VPN 承载，不同类型的业务采用不同的 VPN，不同的业务之间相互隔离。 ● 采用网络切片隔离不同业务。切片间带宽占用相互隔离，不同切片间承载的 VPN 业务相互隔离。 ● 配置 MACSec 加密链路
3	安全基础设施	● 网络设备。 ● 网络控制器	● 配置网络设备安全启动、可信启动。 ● 配置网络设备 ASLR（Address Space Layout Randomization，地址空间布局随机化）保护。 ● 配置网络设备访问控制权限最小化。 ● 确保网络控制器账号和密码管理安全。 ● 确保网络控制器低权限运行
4	安全运维	● 网络控制器业务发放。 ● 网络控制器变更网络设备配置	● 确保业务发放安全。 ● 配置日志审计。 ● 统一证书管理。 ● 加密控制平面协议。 ● 配置安全协议：SSHv2（Secure Shell vision 2，安全外壳第 2 版）、SNMPv3（Simple Network Management Protocol version 3，简单网络管理协议第 3 版）。 ● 检测异常操作行为，如日志/告警记录正常操作、异常操作

|6.2 E2E VPN over SRv6 部署案例 |

6.2.1 用户网络简介

M运营商是G国第一大运营商，主营业务包括移动业务、固定网络业务、企业专线、增值软件业务，其中移动业务占比70%以上。近年来，M运营商业务中大量2G、3G用户的移动套餐业务迁移到了4G移动套餐业务中，业务数据流量每年增长60%以上，现网链路带宽利用率持续增长。

如图6-44所示，G国M运营商网络有700多台IP设备，其中IPCore有70多台设备，IPRAN有600多台设备，现网已经部署Seamless MPLS方案承载L2VPN和L3VPN业务。

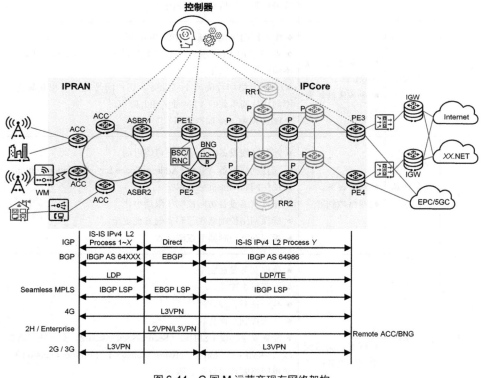

图 6-44 G 国 M 运营商现有网络架构

图6-44所示网络中的关键设备角色介绍如下。

- ACC：接入节点，用于接入无线基站、OLT（Optical Line Termination，光线路终端）、CPE等。
- ASBR：IPRAN边缘节点，用于和IPCore跨AS对接；ASBR也作为ACC的Inline-RR。
- PE：IPCore的边缘节点，用于接入BSC（Base Station Controller，基站控制器）、RNC（Radio Network Controller，无线网络控制器）、EPC、BNG（Broadband Network Gateway，宽带网络网关）等业务网关和IGW。
- P：IPCore的中间节点，用于PE之间业务转发路径的标签交换。
- RR：用于IPCore的PE之间、IPCore的PE和IPRAN的ASBR之间BGP各地址族的路由反射。

IPRAN目前有40个环，每个环由ASBR和ACC组成，环内部署独立的IS-IS进程和BGP AS，环内的设备之间部署LDP。IPCore包括PE、P和RR等设备角色，部署独立的IS-IS和BGP AS。P设备之间部署LDP over TE，RSVP-TE隧道用于流量工程。PE和P设备之间、PE之间部署LDP，PE和RR设备之间建立BGP对等体。PE通过BGP IPv4单播地址族接收和发布标签路由，通过VPNv4地址族接收和发布私网路由。ACC和PE之间部署BGP LSP承载移动业务的L3VPN。

G国M运营商业务大致可以分为3类。

- 移动业务：采用L3VPN承载，实现无线基站和核心网之间的网络互通。环内的ACC和ASBR之间迭代BGP LSP over LDP LSP，ASBR和远端PE之间迭代BGP LSP over LDP over TE。2G、3G的BSC和RNC部署在5个核心站点的PE下，EPC和5GC部署在另外2个核心站点的PE下。2G、3G业务先从IPRAN到IPCore的BSC/RNC终结后，再从BSC/RNC通过L3VPN穿越IPCore到达EPC。4G业务从ACC接入，在ASBR汇聚后，直接到达EPC。
- 企业专线业务：采用L2VPN或L3VPN承载，企业分支在同一个IPRAN环内、不同的IPRAN环内、不同的IPRAN环之间互通。在跨不同IPRAN互通的场景中，通过L2VPN或L3VPN承载在BGP LSP上，从本端IPRAN接入，穿越IPCore，到达远端IPRAN。
- FTTX（Fibre to the X，光纤接入）固定网络业务：通过L2VPN承载在BGP LSP上，利用VPLS从IPRAN的ACC到达IPCore的BNG网关。

G国M运营商的移动业务占总体业务的70%以上，所以用户优先对移动业务进行网络演进。本案例主要介绍移动承载网络如何从传统Seamless MPLS平滑演进到E2E SRv6。

6.2.2 业务需求

G国M运营商的业务需求主要体现在以下3个方面。

第一,网络路径调优:现网IPCore链路带宽利用率在50%～60%,流量高峰期的部分链路带宽利用率超过70%。每天都会发生5～10根光纤断纤故障,导致流量集中到部分链路上,造成流量拥塞。每次故障排除都需要人工去分析现网流量、链路带宽利用率、现网可用链路、IS-IS Cost等参数,再重新规划网络路径,并通过修改TE显式路径或IS-IS Cost的设备配置进行路径调优。这种方式反应滞后且工作量大,导致用户上网体验质量下降,调优效果不理想。基于以上原因,G国M运营商对网络自动调优的诉求非常强烈。

第二,网络技术创新:现网设备和技术方案已运行10年以上,现有网络技术落后。G国M运营商期望引入网络创新技术(如SR、SDN),而且比较关注长期的网络技术规划和未来演进方向。

第三,网络IPv6演进:现网全网运行IPv4,IGW已部署IPv6。G国M运营商期望未来全网IPCore和IPRAN演进到IPv6,构建一张面向未来的IPv6承载网络。

为了满足以上业务需求,G国M运营商采用了具备未来网络演进的E2E SRv6方案,部署EVPN和SRv6的新网络平面,从传统Seamless MPLS平滑演进到E2E SRv6,并通过控制器集中控制网络设备,实现SRv6 Policy自动算路和业务调优。IPCore先平滑演进到SRv6新网络平面,IPRAN逐步演进到SRv6新网络平面。

6.2.3 整体方案设计

IPCore和IPRAN SRv6演进的目标方案采用E2E SRv6方案。Underlay(下层或者物理层)网络部署IS-IS IPv6和SRv6 Policy,Overlay(上层或者业务层)网络部署BGP EVPN接收和发布私网路由;控制器集中控制网络设备和进行SRv6 Policy网络算路,实现网络路径自动调优和自动确认;链路带宽利用率超过70%时触发网络自动调优。

G国M运营商目标网络的架构如图6-45所示。

- IPCore和IPRAN分别部署独立的IS-IS进程和BGP AS,所有设备使能IS-IS IPv6,通过IS-IS进程对外发布IPv6 LoopBack路由、SRv6 Locator路由和SRv6 SID。ASBR和PE之间配置EBGP IPv6对等体,使能BGP EPE IPv6,并基于对等体分配Peer-Node SID,基于BGP邻接链路分配Peer-Adj SID,这些SID通过BGP-LS IPv6对等体关系上报控制器。

- ASBR作为ACC的Inline-RR,IPCore部署独立RR,在ACC和ASBR之间、

ASBR和RR之间、PE和RR之间、RR和控制器之间建立BGP-LS IPv6对等体。ASBR设备收集IPRAN的IGP拓扑、带宽和链路时延信息，并通过BGP-LS IPv6对等体关系上报RR，RR再上报控制器。RR收集IPCore的IGP拓扑、带宽和链路时延信息，并通过BGP-LS IPv6对等体关系上报控制器。

- 在ACC和ASBR之间、ASBR和RR之间、PE和RR之间、RR和控制器之间建立BGP IPv6 SR-Policy对等体。网络控制器计算SRv6 Policy路径，并使用<HeadEnd、Color、EndPoint>唯一标识SRv6 Policy。网络控制器通过BGP IPv6 SR-Policy对等体向RR发布路径信息，RR将路径信息反射给IPCore的PE和IPRAN的ASBR，ASBR再反射给ACC。ACC和PE收到路径信息后，创建SRv6 Policy。

- 在ACC和ASBR之间、ASBR和RR之间、PE和RR之间建立BGP EVPN对等体。ASBR从ACC和RR接收EVPN路由，向ACC反射EVPN路由；RR向PE、ASBR反射和接收EVPN路由。EVPN路由根据颜色（Color）和隧道策略迭代到SRv6 Policy。

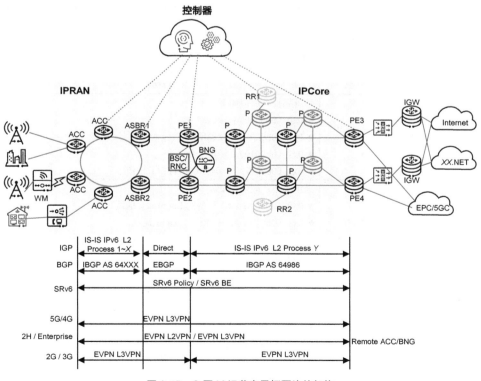

图 6-45　G 国 M 运营商目标网络的架构

6.2.4 IPv6 地址设计

IPv6地址全网统一规划，遵循可汇聚、可读性、安全性、可扩展等原则。IPv6 LoopBack地址、设备互连接口IPv6地址和SRv6 Locator地址需要分别规划，确保地址空间不重叠，如图6-46所示。

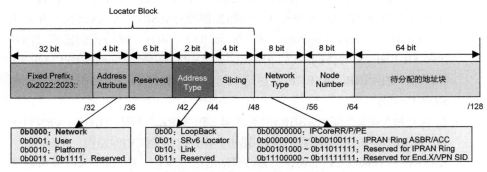

图 6-46 IPv6 地址设计各字段

G国M运营商IPCore和IPRAN IPv6的前缀为2022:2023::/32。其他字段的介绍如表6-23所示。

表 6-23 IPv6 地址其他字段的介绍

字段	长度	说明
Address Attribute	4 bit	地址属性，取值如下。 ● 0x0（0b0000）：标识网络。 ● 0x1（0b0001）：标识用户。 ● 0x2（0b0010）：标识平台。 ● 0x3（0b0011）～0xF（0b1111）：预留
Address Type	2 bit	地址类型，取值如下。 ● 0x0（0b00）：标识设备的 LoopBack 地址。 ● 0x1（0b01）：标识 SRv6 Locator 地址。 ● 0x2（0b10）：标识设备互连接口的 IPv6 地址（Link）。 ● 0x3（0b11）：预留
Slicing	4 bit	网络切片，用于标识不同的网络切片，当网络要划分为多个拓扑，且每个拓扑需要规划不同 SRv6 Locator 时使用此字段
Network Type	8 bit	网络类型（子网），用于识别网络类型和区域。 ● 0x00（0b00000000）：用于 IPCore。 ● 0x01（0b00000001）～0x27（0b00100111）：用于 IPRAN。 ● 0x28（0b00101000）～0xDF（0b11011111）：预留，用于 IPRAN。 ● 0xE0（0b11100000）～0xFF（0b11111111）：预留，用于 End.X/VPN SID
Node Number	8 bit	对子网中的网络设备进行编号，以标识每个单独的设备

1.　IPv6 LoopBack地址的设计

IPv6 LoopBack地址的设计如图6-47所示。

Address Type：0b00标识设备的IPv6 LoopBack地址。IPv6 LoopBack地址将使用128 bit掩码，地址的bit 65～128可用于分配；LoopBack IPv6地址的低32 bit地址将由LoopBack IPv4地址生成。LoopBack IPv4地址的bit 17～24转换为IPv6地址的bit 97～112，IPv4地址的bit 25～32转换为IPv6地址的bit 113～128。例如，现网LoopBack IPv4地址为10.203.*X.Y*，映射后对应的LoopBack IPv6地址为2022:2023::*X:Y*（*X、Y*转换成十六进制）。

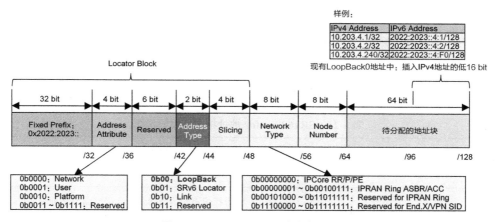

图 6-47　IPv6 LoopBack 地址的设计

2.　设备互连接口IPv6地址（Link）的设计

设备互连接口IPv6地址的设计如图6-48所示。

Address Type：0b10标识设备互连接口的IPv6地址；IPv6地址的bit 57 ～ 128用于分配接口标识；设备互连接口的IPv6地址将使用127 bit掩码。

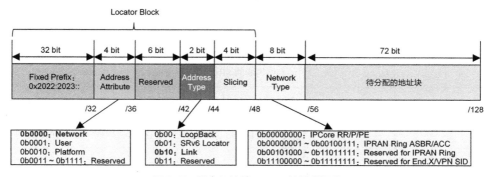

图 6-48　设备互连接口 IPv6 地址的设计

3. SRv6 Locator地址的设计

SRv6 Locator地址的设计如图6-49所示。

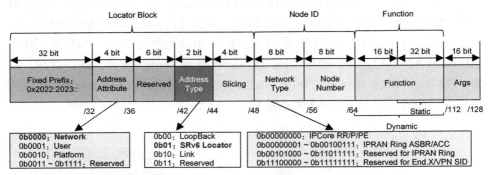

图 6-49　SRv6 Locator 地址的设计

SRv6 Locator地址相关字段的说明如表6-24所示。

表 6-24　**SRv6 Locator 地址相关字段的说明**

字段	长度	说明
Address Type	2 bit	0b01 标识 SRv6 Locator 地址
Slicing	4 bit	网络切片，用于标识不同的网络切片，当网络要划分为多个拓扑且每个拓扑需要规划不同 SRv6 Locator 时使用此字段
Network Type	8 bit	Network Type 字段加上 Node Number 字段，可以称为 Node ID，其长度必须为 16 bit
Node Number	8 bit	表示子网中独立网络设备的 ID。IPCore 和 IPRAN 网元的节点号按所有网元的 LoopBack 接口 IPv4 地址排列顺序分配，相同区域的网元分配相邻的节点号
Function	48 bit	Function 部分的长度建议大于 32 bit。Function 部分包括动态段和静态段。静态段的长度根据静态 SID 的数量确定，通过配置参数指定静态段长度。本案例中静态段的长度为 32 bit。IGP 和 BGP 动态分配 Opcode 时会在动态段范围内申请，确保最终构成的 SRv6 SID 不冲突
Args	16 bit	在 EVPN VPLS 水平分割场景中，Args 可以设置为 ESI（Ethernet Segment Identifier，以太网段标识）的标签值，在 VPN 出节点和 End.DT2M SID 进行"或"操作，生成报文的 IPv6 目的地址

6.2.5　IGP 部署

现网IGP使用IS-IS，IPCore和IPRAN部署独立的IS-IS进程。保持现网的IS-IS进程、Level-2和IPv4相关配置不变，并在现网IS-IS进程基础上新增配置，使能IPv6、发布SRv6 Locator路由和IPv6 LoopBack路由、使能IPv6 TE、使能BFD for IS-IS IPv6；在ASBR和PE之间部署EBGP IPv6对等体，IS-IS和BGP之间IPv6路由互引，BGP聚合从IGP引入的LoopBack路由和SRv6 Locator路由并发布，部署一个新的IPv6路由平面。为了防止路由在IGP和BGP之间互引时形成路由环路，需要在引入路由的时候设置Tag标记，以便部署路由过滤策略。

IGP的设计与路由发布如图6-50所示。

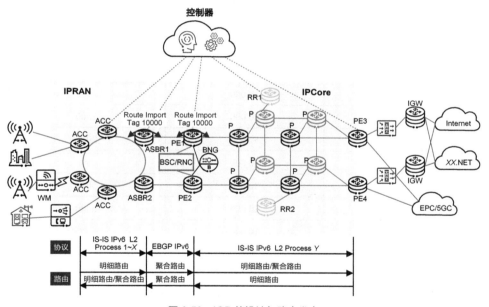

图 6-50　IGP 的设计与路由发布

1.　IS–IS IPv6 Cost的设计

IPCore链路带宽是通过Eth-Trunk增加成员接口不断扩容的，因此链路带宽参差不齐，从10 Gbit/s、20 Gbit/s到100 Gbit/s、200 Gbit/s、300 Gbit/s都存在。因为需要手动调整IPv4 Cost（开销）进行网络调优，现网IS-IS的IPv4 Cost配置没有规律，所以IPv6 Cost无法继承IPv4 Cost，只能重新分析现网并进行设计。

因为现网链路带宽参差不齐，无法按照网络层次进行IPv6 Cost设计，现网方案中接口的IPv6 Cost是根据链路带宽计算出来的。计算公式如下。

接口IPv6 Cost =（带宽参考值/接口带宽）×10

其中，带宽参考值=10 000 000 Mbit/s。

IPCore里不同接口类型的IS-IS IPv6 Cost如表6-25所示。

表 6-25　IPCore 里不同接口类型的 IS-IS IPv6 Cost

接口类型	带宽 /（Mbit/s）	IS-IS IPv6 Cost
800GE	800 000	120
700GE	700 000	140
600GE	600 000	150
500GE	500 000	200
400GE	400 000	250
300GE	300 000	300
200GE	200 000	500
100GE	100 000	1000
80GE	80 000	1250
60GE	60 000	1500
50GE	50 000	2000
40GE	40 000	2500
30GE	30 000	3000
20GE	20 000	5000
10GE	10 000	10 000
1GE	1000	10 0000

IPCore的RR与直连设备之间的IPv6 Cost值设计为最大值，这样使得RR只用于路由反射，避免流量绕行到RR进行转发。

IPRAN相对于IPCore是不同的AS和不同的IS-IS进程，IPRAN的IS-IS IPv6 Cost设计利旧现网IPv4 Cost。因为不同的IPRAN是独立的物理拓扑，IPRAN中每个接入环的链路带宽都是相同的，现网IPRAN使用50GE的接入环，所以IPRAN中ACC之间、ASBR之间、ACC与ASBR之间的IS-IS IPv6 Cost固定为2000。接入环的微波链路的带宽小于1 Gbit/s，IS-IS IPv6 Cost固定为20 000。

2. 跨AS公网路由的互通设计

如图6-51所示，为了实现IPRAN和IPCore之间SRv6 Locator路由和IPv6 LoopBack路由互通，在跨AS的两个边缘设备ASBR和PE上部署IS-IS及BGP路由互引。

IS-IS和BGP之间的路由互引需要在ASBR和PE上进行防环，使用相同的Tag即可。因为每个IPRAN环都是独立的IS-IS进程，每个IPRAN环路由互引的Tag值设置为IS-IS进程号。同一个IPRAN环的ASBR和直连PE使用相同的Tag，不同IPRAN环使用不同的Tag。

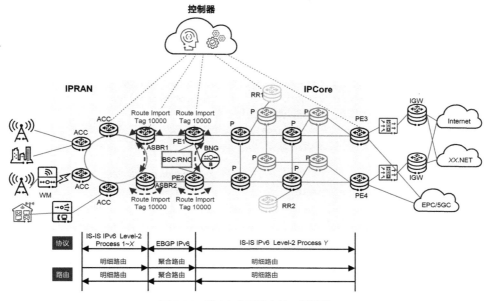

图 6-51　跨 AS 公网路由的互通设计

跨AS公网的路由互引设计示例如下。

- ASBR上在IS-IS中引入BGP路由并确定Tag为10000，绑定路由策略，匹配路由出接口是ASBR上与PE相连的接口，这样保证IS-IS中引入的路由只有IPCore的路由。
- 在BGP中引入IS-IS路由，绑定路由策略，匹配64 bit的SRv6 Locator前缀路由和128 bit的IPv6 LoopBack前缀路由，拒绝引入Tag为10000的路由，这样保证引入BGP的路由只有IPRAN的路由。
- 在PE上路由互引，也配置相同的Tag为10000和路由策略。

由于备ASBR和备PE会配置EBGP对等体，也会通过IS-IS路由引入IPRAN环，所以在ASBR上会同时存在相同前缀的EBGP路由和IS-IS路由。默认情况下，EBGP路由的协议优先级（255）低于IS-IS路由的协议优先级（15），这样在ASBR之间会形成路由环路，所以需要将EBGP路由优先级调高。ASBR从EBGP对等体PE学习的IPCore路由，在BGP中配置BGP路由优先级（EBGP路由：2），确保BGP学到的EBGP路由比备ASBR的IS-IS发布的路由优先（IS-IS路由优先级为15）。

　　由于PE也会通过IS-IS引入EBGP路由并发布到IPCore中，PE上会同时存在相同前缀的EBGP路由和IS-IS路由，PE之间会形成路由环路，所以PE上也需要配置BGP路由优先级（EBGP路由优先级为2）。

　　以下是EBGP IPv6的实际配置。

　　ASBR的配置如下。

```
#
bgp 64596
  peer 2022:2023:20:300::C as-number 200
  peer 2022:2023:20:300::C ebgp-max-hop 255     //设置EBGP的最大跳数
  peer 2022:2023:20:300::C connect-interface GigabitEthernet1/0/0
  //设置发送BGP报文的源接口，EBGP建议使用直连物理接口
  peer 2022:2023:20:300::C tracking delay 30
  //配置BGP快速感知对等体不可达状态和检测时长
#
ipv6-family unicast                             //建立EBGP IPv6对等体，发布IPv6公网路由
  peer 2022:2023:20:300::C enable
```

　　PE的配置如下。

```
#
bgp 64986
  peer 2022:2023:20:300::D as-number 100
  peer 2022:2023:20:300::D ebgp-max-hop 255
  peer 2022:2023:20:300::D connect-interface GigabitEthernet1/0/0
  peer 2022:2023:20:300::D tracking delay 30
  #
  ipv6-family unicast                           //建立EBGP IPv6对等体，发布IPv6公网路由
    peer 2022:2023:20:300::D enable#
#
```

　　以下是跨AS互引公网路由的实际配置。

　　ASBR的配置如下。

　　首先将IS-IS路由引入BGP。

```
#
ip ipv6-prefix accagg index 11 permit :: 0 greater-equal 128 less-equal 128
//匹配接入环的LoopBack0地址。最长前缀匹配128 bit
ip ipv6-prefix accagg index 12 permit :: 0 greater-equal 64 less-equal 64
//匹配接入环的所有SRv6 Locator
#
route-policy IMPORT_ISIS_TO_BGP deny node 10
//配置过滤所有携带10000标签的路由，避免路由环路
 if-match tag 10000
#
route-policy IMPORT_ISIS_TO_BGP permit node 20
```

```
 if-match ipv6 address prefix-list accagg
 if-match protocol isis
#
bgp 64596
#
ipv6-family unicast
 preference 2 255 255          //配置BGP路由的优先级（EBGP路由：2；IBGP路由：255；BGP本地
//路由：255）。BGP学习到的跨AS路由优先级高于备ASBR的IS-IS域发布的路由，以防止路由环路。默
//认情况下，IS-IS路由的优先级较高。如果不执行此配置，ASBR1和ASBR2优先选择IS-IS发布的
//remotePE路由。这样，ASBR之间可能会出现路由环路
 import-route isis 100 route-policy IMPORT_ISIS_TO_BGP          //将IS-IS路由引入BGP中，并指
//定路由策略，过滤掉Tag为10000的路由，防止环路
 aggregate 2022:2023:0:300:: 64 detail-suppressed               //聚合ACC上的LoopBack0路由
 aggregate 2022:2023:10:300:: 56 detail-suppressed              //聚合SRv6 Locator路由
```

然后将BGP路由引入IS-IS。

```
#
route-policy IMPORT_BGP_TO_ISIS permit node 10
 if-match interface GigabitEthernet1/0/0
 //配置路由策略，只允许将路由出接口是GE1/0/0的路由引入IS-IS中
#
isis 100
 ipv6 import-route bgp tag 10000 route-policy IMPORT_BGP_TO_ISIS
 //将BGP路由引入IS-IS中，并指定引入路由的Tag值，用于标识从BGP引入的路由
#
 ipv6 frr          //在系统视图下配置IPv6 FRR，EBGP和IS-IS路由形成主备
```

PE的配置如下。

首先将IS-IS路由引入BGP。

```
#
ip ipv6-prefix core_1 index 30 permit :: 0 greater-equal 128 less-equal 128
//匹配所有PE上的LoopBack0接口的IP地址
ip ipv6-prefix core_1 index 25 permit :: 0 greater-equal 64 less-equal 64
//匹配所有PE上的所有SRv6 Locator网段路由
#
route-policy IMPORT_ISIS_TO_BGP deny node 10          //过滤掉Tag为10000的路由，防止环路
 if-match tag 10000
#
route-policy IMPORT_ISIS_TO_BGP permit node 20
 if-match ipv6 address prefix-list core_1
 if-match protocol isis
#
bgp 64986
#
ipv6-family unicast
 preference 2 255 255          //配置BGP路由的优先级（EBGP路由：2；IBGP路由：255；BGP
```

```
//本地路由: 255)。BGP学习到的跨AS路由优先级高于备ASBR的IS-IS域发布的路由, 以防止路由环路
 import-route isis 100 route-policy IMPORT_ISIS_TO_BGP
//IS-IS路由引入BGP中, 并指定路由策略, 过滤掉Tag为10000的路由, 防止环路
 aggregate 2022:2023:10:: 56 detail-suppressed          //聚合PE的SRv6 Locator路由
 aggregate 2022:2023:: 64 detail-suppressed             //聚合PE的LoopBack0路由
#
```

然后将BGP路由引入IS-IS。

```
#
route-policy IMPORT_BGP_TO_ISIS permit node 10
 if-match interface GigabitEthernet1/0/0
//配置路由策略, 只允许将路由出接口是GE1/0/0的路由引入IS-IS进程
#
isis 1000
 ipv6 import-route bgp  tag 10000 route-policy IMPORT_BGP_TO_ISIS
//BGP路由引入IS-IS中, 并指定引入路由的Tag值, 用于标识从BGP引入的路由
#
ipv6 frr         //系统视图下配置IPv6 FRR, EBGP和IS-IS路由形成主备
#
```

3. IS–IS SRv6的设计

IS-IS SRv6设计的功能项及设计原则如表6-26所示。

表 6-26 IS-IS SRv6 设计的功能项及设计原则

功能项	设计原则
IS-IS 进程号	继承现网的 IS-IS 进程号
网络实体名称	继承现网的网络实体名称
is-level	继承现网配置, 采用 Level-2
is-name	继承现网采用 sysname
开销类型	Wide
IPv6 TE 能力	IS-IS 使能 IPv6 TE, SRv6 Policy 场景需要配置
ipv6 enable topology ipv6	使能 IPv6 与 IPv4 互相隔离
segment-routing ipv6 locator	绑定 SRv6 Locator, 发布 SRv6 Locator 路由
IGP 链路类型 (可选)	接口下需要配置, 控制器收集拓扑信息算路要求, 支持 P2P 和广播类型, 推荐使用 P2P 类型。当需要使用华为网络控制器 iMaster NCE-IP 进行时延算路时, 只能配置成 P2P
bgp-ls enable (可选)	使用 SRv6 Policy 的场景中需要配置, IGP 使能 BGP-LS 拓扑发布。配置以后, IGP 会把收集的拓扑信息发布给 BGP-LS, 通过 BGP-LS 对等体上报控制器。控制器需要收集拓扑信息用于算路, 注意只需在与控制器建立 BGP-LS IPv6 对等体的节点设置此参数

续表

功能项	设计原则
bgp-ls identifier（可选）	使用 SRv6 Policy 的场景中需要配置，应用于控制器算路场景，用于标识不同区域 IS-IS 发布的 BGP-LS 路由，BGP-LS identifier 值建议取 IGP 进程号 +1（因为 IGP 进程号范围从 1 开始，BGP-LS ID 范围从 2 开始），注意只需在控制器与规划建立 BGP-LS IPv6 对等体的节点设置此参数

IS-IS快速收敛（Fast Convergence）设计的功能项及设计原则如表6-27所示。

表 6-27　IS-IS 快速收敛设计的功能项及设计原则

功能项	设计原则
LSP 快速扩散特性	使能 Level-2 的 LSP 快速扩散
LSP 生成智能定时器	智能定时器设置生成 LSP 的间隔时间，该定时器可以根据路由信息的变化频率调整间隔时间。定时器包括 3 个参数：最大延迟时间 1 s、首次延迟时间 50 ms、每次增加延迟时间 50 ms
SPF 智能定时器	SPF 智能定时器设置 SPF 的计算间隔时间，可以根据 LSDB 的变化频率自动调整间隔时间。定时器包括 3 个参数：最大延迟时间 1 s、首次延迟时间 50 ms、每次增加延迟时间 50 ms
BFD 功能	推荐使能，通过部署 BFD for IS-IS IPv6 并配置 frr-binding 参数，保证 TI-LFA FRR 的倒换性能可以满足要求。 检测周期设置原则：如果网络传输时延的规格为 200 ms，则 BFD for IS-IS IPv6 设置为 3×100 ms。如果网络链路状态非常稳定，且用户对倒换性能要求高，则 BFD for IS-IS IPv6 设置为 3×10 ms
TI-LFA FRR 功能	全网 IS-IS 节点使能 TI-LFA FRR 功能，TI-LFA FRR 能为 SRv6 BE 提供链路保护
防微环	使能正切防微环和回切防微环，并设置正切防微环延迟下发表项时间 5 s，回切防微环延迟下发表项时间默认是 5 s，无须修改

IS-IS可靠性设计的功能项及设计原则如表6-28所示。

表 6-28　IS-IS 可靠性设计的功能项及设计原则

功能项	设计原则
设置过载标志位	● on-startup：开启在设备重启时 LSP 过载标志位置位的功能，同时设置定时器的时长。默认定时器是 600 s，推荐值为 360 s。 ● send-sa-bit：开启在设备重启后 Hello 报文中携带 SA（Suppress Adjacency，抑制邻接）比特的功能，并且设置定时器的时长，抑制故障设备和周边邻居设备建立邻接关系。默认定时器是 30 s，推荐值为 120 s。 ● route-delay-distribute：设置在设备重启期间控制路由的延迟发布时间。推荐值为 240 s。 ● allow external：设备重启恢复时允许发布从其他协议学来的路由

　　以下是IS-IS实际配置。RR和ASBR作为上报BGP-LS路由的设备节点，需要在IS-IS进程下使能ipv6 bgp-ls enable和bgp-ls identifier命令，其他设备不需要配置。

　　ACC、PE、P的IS-IS实际配置如下。

```
#
isis 1000
 avoid-microloop frr-protected            //用于使能本地FRR防微环
 avoid-microloop frr-protected rib-update-delay 5000
 //设置正切防微环下IS-IS路由下发延迟时间
 set-overload on-startup 360 route-delay-distribute 240 send-sa-bit 120 allow
 external        //配置设备重启时IS-IS进程进入过载状态及保持过载状态的时间
 #
 ipv6 enable topology ipv6    //使能IPv6与IPv4互相隔离，使用IPv6拓扑独立计算IPv6路由
 ipv6 bfd all-interfaces enable           //配置BFD检测IPv6接口
 ipv6 bfd all-interfaces min-tx-interval 30 min-rx-interval 30 frr-binding
 segment-routing ipv6 locator nk-spe-01-01_locator1          //使能SRv6和动态SID分配
 ipv6 avoid-microloop segment-routing     //使能SRv6回切防微环
 ipv6 avoid-microloop segment-routing rib-update-delay 10000         //设置SRv6回切
 //防微环场景中IS-IS路由下发延迟时间
 ipv6 advertise link attributes        //使能发布IPv6链路属性相关的TLV
 ipv6 traffic-eng level-2        //使能IPv6 TE
 ipv6 metric-delay advertisement enable level-2      //使能Level-2的IPv6时延信息发布
 ipv6 frr        //使能IPv6 FRR
  loop-free-alternate level-2        //使能IS-IS Auto FRR，利用LFA算法计算无环备份路由
  ti-lfa level-2        //使能IS-IS IPv6 TI-LFA FRR
 #
#
interface LoopBack0 ipv6 enable
 ipv6 address 2022:2023::3:1/128
 isis ipv6 enable 1000
#
interface Eth-Trunk19
 ipv6 enable
 ipv6 address 2022:2023:20::103/127
 ipv6 mtu 9600        //配置IPv6的MTU
 isis ipv6 enable 1000
 isis ipv6 cost 1000
 isis peer hold-max-cost timer 60000        //配置IS-IS邻居重新Up后LSP保持最大Cost值
 //的时间。60 s后开销值恢复到正常值。这样，业务流量在延迟后回切
 te bandwidth max-reservable-bandwidth dynamic 100         //设置接口的最大可预留带宽
 //该值为实际物理带宽的百分比
 te bandwidth dynamic bc0 100         //设置动态BC0带宽占最大可预留带宽的百分比
 #
interface Eth-Trunk16
```

```
ipv6 enable
ipv6 address 2022:2023:20::120/127
ipv6 mtu 9600
isis ipv6 enable 1000
isis ipv6 cost 1000
isis peer hold-max-cost timer 60000
te bandwidth max-reservable-bandwidth dynamic 100
te bandwidth dynamic bc0 100
#
```

RR、ASBR的IS-IS实际配置如下。其中接口配置与上面相同，不再赘述。

```
#
isis 1000
 set-overload on-startup 360 route-delay-distribute 240 send-sa-bit 120 allow
 external
 #
 ipv6 enable topology ipv6
 ipv6 bfd all-interfaces enable
 ipv6 bfd all-interfaces min-tx-interval 30 min-rx-interval 30 frr-binding
 ipv6 advertise link attributes
 ipv6 traffic-eng level-2
 ipv6 metric-delay advertisement enable level-2
 ipv6 bgp-ls enable level-2          //使能IGP向BGP-LS发布拓扑信息
 bgp-ls identifier 1000              //配置IS-IS中BGP-LS的标识。主备转发器的值必须相同
 ipv6 frr
  loop-free-alternate level-2
  ti-lfa level-2
 #
#
```

4. 检查IS-IS信息

执行display isis peer命令查看设备的IS-IS邻居信息。邻居能够正常建立时，可以看到本设备的邻居信息。

```
<ACC1> display isis peer
Peer information for ISIS(1)

System Id     Interface      Circuit Id       State HoldTime Type     PRI
-------------------------------------------------------------------------------
AGG1*         GE1/0/0        AGG1.02          Up    6s       L2       64
ACC2*         GE1/0/1        ACC2.02          Up    23s      L2       64

Total Peer(s): 2
```

执行display isis peer verbose命令，查看设备的IS-IS邻居详细信息。

```
<ACC1> display isis peer verbose
```

```
Peer Verbose information for ISIS(1)

System Id    Interface        Circuit Id        State HoldTime Type      PRI
----------------------------------------------------------------------------
AGG1*        GE1/0/0          AGG1.02           Up    30s      L2        --

  MT IDs supported    : 0(DOWN)  2(UP)        //对端接口支持的拓扑实例ID和邻居状态，
//0为IPv4基本拓扑的实例ID，2为IPv6基本拓扑的实例ID
  Local MT IDs        : 2
  Area Address(es)    : 49.0001
  Peer IPv6 Address(es): FE80::A12:3EFF:FE09:B122      //对端接口的IPv6链路本地地址
  Peer IPv6 GlbAddr(es): 2022:2023::1:2       //对端接口的IPv6全局单播地址
  Uptime              : 95h00m19s
  Peer Up Time        : 2019-08-22 15:49:54
  Adj Protocol        : IPv6
  Restart Capable     : YES
  Suppressed Adj      : NO
  Peer System Id      : 0001.0000.0001
  End.X Sid           : 2022:2023:10:10F:0:1000:115:0/128  no-psp
  End.X Sid           : 2022:2023:10:10F:0:1000:116:0/128  psp
```

执行display isis interface命令，查看使能了IS-IS的接口信息。

```
<ACC1> display isis interface
                    Interface information for ISIS(1)
                    --------------------------------

Interface     Id  IPv4.State          IPv6.State     MTU  Type  DIS
GE1/0/0       003 Mtu:Up/Lnk:Dn/IP:Dn  Up            1497 L1/L2 --
GE1/0/1       002 Mtu:Up/Lnk:Dn/IP:Dn  Up            1497 L1/L2 --
Loop0         045 Mtu:Up/Lnk:Dn/IP:Dn  Up            1500 L1/L2 --
```

执行display isis route ipv6 *ip-address* verbose命令，查看设备上的IS-IS路由信息，有备路径时可以看到TI-LFA FRR的形成。

```
<ACC1> display isis route ipv6 2022:2023::2:1 verbose
                      Route information for ISIS(1)
                      -----------------------------


                    ISIS(1) Level-2 Forwarding Table
                    --------------------------------


IPv6 Dest : 2022:2023::2:1/128          Cost : 1000         Flags: A/-/-/-
Admin Tag : 100                         Src Count : 2        Priority: Low
NextHop   :                             Interface :          ExitIndex :
FE80::223D:B2FF:FE7A:BF77               GE1/0/0              0x00000005
SRv6 TI-LFA:
  Interface : GE1/0/1                   ProtectType: N
```

```
NextHop    : FE80::A12:3EFF:FE09:B122        IID   : 0x01000078
Backup Sid Stack(Top->Bottom): {2022:2023:10:101:0:2000:1:0}
//TI-LFA FRR的备路径的下一跳节点SID
Flags: D-Direct, A-Added to URT, L-Advertised in LSPs, S-IGP Shortcut,
    U-Up/Down Bit Set, LP-Local Prefix-Sid
Protect Type: L-Link Protect, N-Node Protect
```

6.2.6　BGP 部署

1. 目标网络BGP的设计

为了业务平滑演进，需要保持现网BGP VPNv4平面不变，再部署一个新的SRv6 EVPN的Overlay平面，确保部署和演进过程中不影响现网业务。目标网络BGP的设计如图6-52所示。

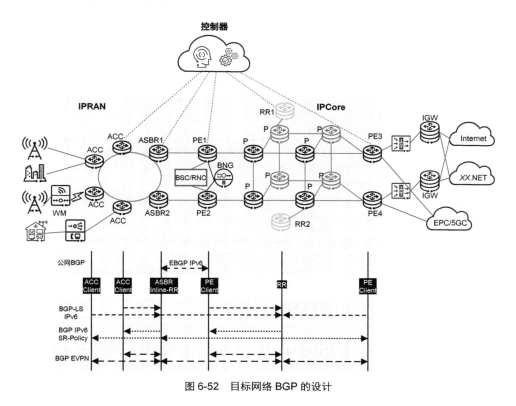

图 6-52　目标网络 BGP 的设计

目标网络BGP的设计原则如下。

● 保持现网BGP配置不变，新增部署BGP-LS地址族、BGP IPv6 SR-Policy地址族和BGP EVPN地址族。

- 在RR和控制器之间、RR和PE之间、RR和ASBR之间、ACC和ASBR之间建立BGP-LS IPv6对等体，用于上报IGP收集的拓扑信息和SRv6 Policy状态信息。控制器根据上报的拓扑信息计算出SRv6 Policy路径。
- 在RR和控制器之间、RR和PE之间、RR和ASBR之间、ACC和ASBR之间建立BGP IPv6 SR-Policy对等体，用于下发SRv6 Policy路径信息。
- 在RR和PE之间、RR和ASBR设备之间、ACC和ASBR之间建立BGP EVPN对等体，用于接收和发布EVPN私网路由。

2. BGP基本功能的设计

在现网BGP IPv4对等体的基础上，新增部署IPv6对等体，BGP相关参数继承现网配置。BGP基本功能的规划如表6-29所示。

表 6-29　BGP 基本功能的规划

功能项	设计规划
BGP AS 号	继承现网 AS 号
Router ID	同 LoopBack0 接口 IPv4 地址
BGP Connect-interface	所有的 BGP 连接都使用 LoopBack0 接口
BGP route-select delay	路由选路延迟功能。当主路径恢复后，选路延迟可以保证在主路径设备上的转发表项刷新稳定后再选路，避免回切造成流量丢失。推荐配置，建议配置大于 180 s
BGP Peer Tracking	通过快速感知对等体发生故障来实现网络的快速收敛，IBGP 对等体需配置大于 IGP 路由收敛时间的 delay-time，防止网络频繁中断引起 BGP 对等体关系的频繁中断。 在本案例中，BGP 对等体跟踪时间设置为 30 s，也就是说，BGP 发现对等体不可达时间超过 30 s 后，断开对等体连接
Authentication	BGP 使用 TCP（Transmission Control Protocol，传输控制协议）作为传输协议，如果报文的源地址、目的地址、源端口、目的端口和 TCP 序列号正确，则认为报文有效。但是，数据包中的大多数参数都很容易被攻击者访问。为了防止 BGP 受到攻击，需要配置 BGP 对等体之间建立的 TCP 连接的 Keychain/MD5 认证

大规模的BGP网络中有大量的对等体，其中许多对等体具有相同的路由策略。要配置这些对等体，必须重复使用一些命令。在这种情况下，配置对等体组（peer group）就可以简化配置。如果要在多个对等体上执行相同的配置，需要创建并配置对等体。然后，将对等体添加到对等体组中。对等体将继承对等体组的配置。在本案例中，我们将配置PE、RR、ASBR等设备的对等体组，以简化配置。

以下是RR设备上对等体组的实际配置。

```
#
bgp 64986
 router-id 10.203.4.1
 group SPE_IPv6 internal                             //创建名为SPE_IPv6的IBGP对等体组
 peer SPE_IPv6 connect-interface LoopBack0
 peer SPE_IPv6 tracking delay 30
 peer SPE_IPv6 password cipher xxx
 group NCE_IPv6 internal                             //创建名为NCE_IPv6的IBGP对等体组
 peer NCE_IPv6 connect-interface LoopBack0
 peer NCE_IPv6 tracking delay 30
 peer NCE_IPv6 password cipher xxx
 group ASBR_IPv6 external                            //创建名为ASBR_IPv6的EBGP对等体组
 peer ASBR_IPv6 as-number 64596
 peer ASBR_IPv6 ebgp-max-hop 255
 peer ASBR_IPv6 connect-interface LoopBack0
 peer ASBR_IPv6 tracking delay 30
 peer ASBR_IPv6 password cipher xxx
 peer 2022:2023::5:1 as-number 64986
 peer 2022:2023::5:1 description SPE_IPv6
 peer 2022:2023::5:1 group SPE_IPv6                  //PE加入SPE_IPv6对等体组
 peer 2022:2023:400::8 as-number 64986
 peer 2022:2023:400::8 description NCE_IPv6
 peer 2022:2023:400::8 group NCE_IPv6                //控制器加入NCE_IPv6对等体组
 peer 2022:2023::2:1 as-number 64596
 peer 2022:2023::2:1 description ASBR_IPv6
 peer 2022:2023::2:1 group ASBR_IPv6                 //ASBR设备加入ASBR_IPv6对等体组
#
```

3. BGP EPE IPv6的设计

在跨AS场景中，需要在AS边界设备ASBR和PE之间部署BGP EPE IPv6。BGP EPE IPv6可基于AS间的对等体分配Peer-Node SID，为AS间链路分配Peer-Adj SID，并可以通过BGP-LS IPv6扩展直接传递给控制器，用于SRv6 Policy算路。配置BGP EPE IPv6时需要同时使能BGP-LS地址族对等体，否则BGP EPE IPv6无法生效。

ASBR的BGP EPE IPv6的实际配置如下。

```
#
bgp 64596
 router-id 10.203.2.1
 peer 2022:2023:20:300::C as-number 200
 peer 2022:2023:20:300::C ebgp-max-hop 255            //设置EBGP最大跳数
 peer 2022:2023:20:300::C connect-interface GigabitEthernet1/0/0
 peer 2022:2023:20:300::C tracking delay 30
//配置BGP快速感知对等体的不可达状态和检测时长
```

```
segment-routing ipv6 egress-engineering locator srv6_locator1
//配置BGP EPE IPv6使用的SRv6 Locator
peer 2022:2023:20:300::C egress-engineering srv6        //使能BGP EPE IPv6分配
Peer-Node SID和Peer-Adj SID
#
link-state-family unicast               //使能BGP-LS地址族对等体关系，使BGP EPE IPv6生效
#
interface GigabitEthernet1/0/0          //指定与SPE1连接的接口
 te bandwidth max-reservable-bandwidth dynamic 100
 //指定最大可预留带宽占实际物理带宽的百分比
 te bandwidth dynamic bc0 100           //设置BC0动态带宽占最大可预留带宽的百分比
#
```

PE的BGP EPE IPv6的实际配置如下。

```
#
bgp 64986
 router-id 10.203.5.1
 peer 2022:2023:20:300::D as-number 100
 peer 2022:2023:20:300::D ebgp-max-hop 255
 peer 2022:2023:20:300::D connect-interface GigabitEthernet1/0/0
 peer 2022:2023:20:300::D tracking delay 30
 segment-routing ipv6 egress-engineering locator srv6_locator1
 peer 2022:2023:20:300::D egress-engineering srv6
 #
 link-state-family unicast
 #
#
interface GigabitEthernet1/0/0          //指定与ASBR相连的接口
 te bandwidth max-reservable-bandwidth dynamic 100
 te bandwidth dynamic bc0 100
#
```

4. BGP-LS IPv6的设计

BGP-LS IPv6的作用是将IGP收集的IPv6拓扑信息上报给控制器。一个IGP进程只能收集本进程的拓扑信息，所以控制器需要与IGP域的边界点建立BGP-LS IPv6连接。为了减少控制器与网络设备之间的BGP-LS IPv6对等体数量，推荐控制器与RR建立BGP-LS IPv6对等体，并且在业务头节点、IGP域边界节点和RR之间建立BGP-LS IPv6对等体来传递拓扑信息，如图6-53所示。

BGP-LS IPv6的设计原则如下。

- ACC和ASBR（Inline-RR）之间、RR和PE之间、RR和ASBR之间、控制器与RR之间建立BGP-LS IPv6对等体。
- 网络设备收集IGP拓扑、带宽、链路时延等信息在IS-IS域内洪泛，通过

BGP-LS IPv6发布给独立RR或Inline-RR，Inline-RR发布给独立RR，独立RR
向控制器发布这些信息。

- 业务头节点ACC和PE上使能SRv6 Policy状态上报给BGP-LS功能，PE把SRv6
  Policy状态信息通过BGP-LS IPv6对等体发布给RR，RR再发布给控制器。
  ACC把SRv6 Policy状态信息通过BGP-LS IPv6对等体发布给ASBR（Inline-
  RR），RR再发布给控制器。
- RR上配置路由策略过滤掉发布到PE、ASBR方向的BGP-LS IPv6路由，允许
  发布到控制器方向的BGP-LS IPv6路由。ASBR上配置路由策略过滤掉发布
  到ACC方向的BGP-LS IPv6路由，允许发布到RR方向的BGP-LS IPv6路由。
  这样可以减少网络设备上多余的BGP-LS IPv6路由。

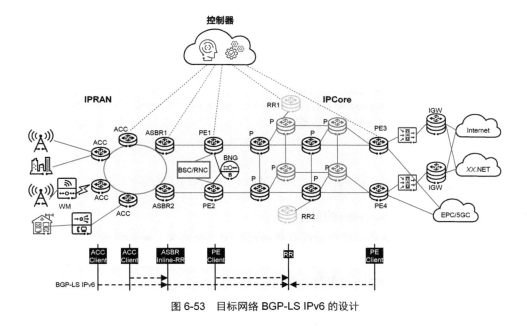

图 6-53　目标网络 BGP-LS IPv6 的设计

RR的BGP-LS IPv6实际配置如下。

```
#
route-policy deny-all deny node 10   //配置路由策略，过滤掉发布给客户机的所有BGP-LS路由
#
bgp 64986
 #
 link-state-family unicast
  reflector cluster-id 10.203.4.1         //配置RR的集群ID，两台独立RR部署一样的值，如果
//是非独立RR场景（涉及相互反射路由），则部署不同的值
```

```
domain identifier 10.203.4.1              //配置BGP-LS的区域标识符，用于控制器识别L3拓扑
peer SPE_IPv6 enable                      //与PE建立BGP-LS IPv6对等体
peer SPE_IPv6 reflect-client              //PE作为RR的客户机
peer SPE_IPv6 route-policy deny-all export
//RR收到的BGP-LS路由只需要上报给控制器，过滤掉发布给PE的BGP-LS路由
peer 2022:2023::5:1 enable
peer 2022:2023::5:1 group SPE_IPv6
peer NCE_IPv6 enable                      //与控制器建立BGP-LS IPv6对等体
peer 2022:2023:400::8 enable
peer 2022:2023:400::8 group NCE_IPv6
#
```

PE的BGP-LS IPv6实际配置如下。

```
#
bgp 64986
 #
 link-state-family unicast
  peer SRR_IPv6 enable                     //与RR建立BGP-LS IPv6对等体
  peer 2022:2023::4:1 enable
  peer 2022:2023::4:1 group SRR_IPv6
  peer 2022:2023::4:2 enable
  peer 2022:2023::4:2 group SRR_IPv6
 #
#
segment-routing ipv6
 srv6-te-policy bgp-ls enable              //使能SRv6 Policy状态上报BGP-LS IPv6
```

5. BGP IPv6 SR–Policy的设计

SRv6 Policy通过控制器计算出路径信息后下发到设备。控制器需要与RR建立BGP IPv6 SR-Policy对等体，并在RR与PE之间、RR与ASBR之间、ACC与ASBR之间建立BGP IPv6 SR-Policy对等体，如图6-54所示。

BGP IPv6 SR-Policy设计原则如下。

- 在ACC与ASBR（Inline-RR）之间建立BGP IPv6 SR-Policy对等体，在ASBR与RR之间、PE与RR之间建立BGP IPv6 SR-Policy对等体，在控制器与RR之间建立BGP IPv6 SR-Policy对等体。
- 控制器通过BGP IPv6 SR-Policy对等体关系将路径信息通告给RR，由RR反射给网络设备。
- RR使能GR（Graceful Restart，优雅重启），并配置GR恢复的最大等待时间，用于控制器发生故障的场景中，设备不删除SRv6 Policy路由，不影响业务。
- RR和Inline-RR不基于Router ID过滤SRv6 Policy路由，业务头节点ACC和PE基于Router ID过滤掉不属于自己的SRv6 Policy路由。

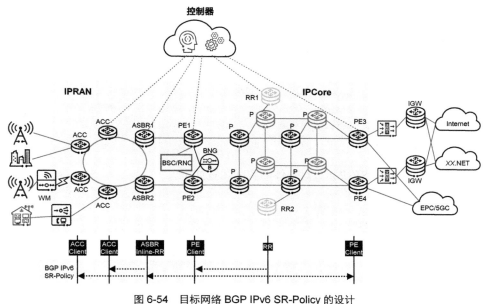

图 6-54　目标网络 BGP IPv6 SR-Policy 的设计

ACC的BGP IPv6 SR-Policy对等体的实际配置如下。

```
#
bgp 64596
 router-id 10.203.1.1
 #
 ipv6-family sr-policy
  undo bestroute nexthop-resolved ip        //配置设备不检查下一跳路由是否可达。如果控
  //制器发生故障，则SRv6 Policy路由的下一跳无效。为了进入GR状态，确保SRv6 Policy路由不被删
  //除，设备不检查下一跳路由是否可达
  router-id filter        //匹配SRv6 Policy路由中扩展团体属性的IP地址。只接收扩展团体属性
  //中IP地址为本地Router-ID的路由。此命令为默认配置
  peer 2022:2023::2:1 enable
  peer 2022:2023::2:2 enable
 #
#
```

ASBR的BGP IPv6 SR-Policy对等体的实际配置如下。

```
#
bgp 64596
 router-id 10.203.2.1
 #
 ipv6-family sr-policy
  undo bestroute nexthop-resolved ip
  undo router-id filter
  //ASBR需要将控制器下发的SRv6 Policy路由反射给ACC，因此不能进行路由过滤
```

```
 peer 2022:2023::1:1 enable          //与ACC建立BGP IPv6 SR-Policy对等体关系
 peer 2022:2023::1:1 advertise-ext-community
 //将扩展团体属性发布给ACC，以便ACC根据扩展团体属性过滤路由
 peer 2022:2023::1:1 reflect-client
 peer 2022:2023::4:1 enable          //与RR1建立BGP IPv6 SR-Policy对等体关系
 peer 2022:2023::4:1 advertise-ext-community
 peer 2022:2023::4:2 enable          //与RR2建立BGP IPv6 SR-Policy对等体关系
 peer 2022:2023::4:2 advertise-ext-community
#
#
```

RR的BGP IPv6 SR-Policy对等体的实际配置如下。

```
#
bgp 64986
 router-id 10.203.4.1
 graceful-restart          //使能GR
 graceful-restart peer-reset          //配置以GR方式复位BGP连接的功能
#
 ipv6-family sr-policy
 undo bestroute nexthop-resolved ip
 undo router-id filter          //RR需要将控制器下发的SRv6 Policy路由反射给业务头节点和
 //Inline-RR，因此不能进行路由过滤
 peer 2022:2023::2:1 enable          //与ASBR建立BGP IPv6 SR-Policy对等体关系
 peer 2022:2023::2:1 advertise-ext-community
 peer 2022:2023::2:1 reflect-client
 peer 2022:2023::2:2 enable
 peer 2022:2023::2:2 advertise-ext-community
 peer 2022:2023::2:2 reflect-client
 peer 2022:2023::5:1 enable          //与PE建立BGP IPv6 SR-Policy对等体关系
 peer 2022:2023::5:1 advertise-ext-community
 peer 2022:2023::5:1 reflect-client
 peer 2022:2023::5:2 enable
 peer 2022:2023::5:2 advertise-ext-community
 peer 2022:2023::5:2 reflect-client
 peer 2022:2023:400::8 enable          //与控制器建立BGP IPv6 SR-Policy对等体关系
 peer 2022:2023:400::8 graceful-restart static-timer 259200
 //配置GR时间为259 200 s（72 h）。控制器发生故障后72 h内，BGP IPv6 SR-Policy路由不删除
#
#
```

6. BGP EVPN的设计

BGP EVPN可以同时承载二层业务和三层业务。为了简化业务承载协议，许多IP承载网络将向EVPN演进。例如，G国M运营商的L3VPN over MPLS业务将演进到EVPN L3VPN over SRv6，如图6-55所示。

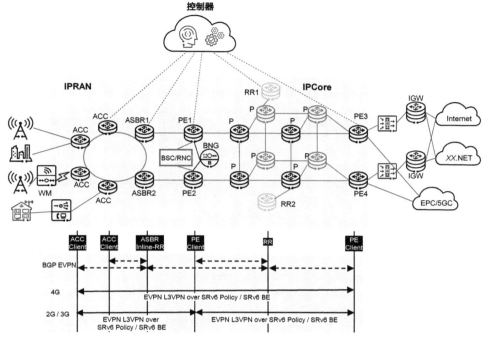

图 6-55　目标网络 BGP EVPN 的设计

IPCore中RR作为独立的路由反射器，须在RR和PE节点之间部署BGP EVPN对等体。IPRAN中ASBR作为Inline-RR，须在ACC和ASBR节点之间部署BGP EVPN对等体，在ASBR和RR之间部署EBGP EVPN对等体。

BGP EVPN的RR的设计原则介绍如下。

- ASBR作为Inline-RR，ACC配置为其客户机，ASBR向其他对等体（包括客户机）发布EVPN路由时不修改下一跳。
- PE作为RR的客户机。RR向其他对等体（包括客户机）发布EVPN路由时不修改下一跳。
- 为了防止环路，RR对的Cluster ID相同，ASBR对的Cluster ID则不同。

EVPN路由发布的过程如下。

- ACC侧私网路由发布到PE方向：ACC发布无线基站侧的私网路由给ASBR，ASBR将该路由发布给核心侧RR；核心侧RR收到该路由后，发布给PE。端到端全程不修改下一跳。
- PE侧私网路由发布到ACC方向：PE发布EPC侧的私网路由给RR，RR将该路由发布给IPRAN侧ASBR；IPRAN侧ASBR收到该路由后，发布给ACC。端到端全程不修改下一跳。

ACC的BGP EVPN地址族的实际配置如下。

```
#
ip community-filter basic SPE3 index 10 permit 1000:1
//配置基本团体属性过滤器SPE3，用于区分主平面
ip community-filter basic SPE4 index 10 permit 2000:1
//配置基本团体属性过滤器SPE4，用于区分备平面
#
route-policy L3VPN_from_PE permit node 10          //配置路由策略匹配主平面的团体属性过滤器
 if-match community-filter SPE3
 apply local-preference 200          //修改本地优先级
#
route-policy L3VPN_from_PE permit node 20          //配置路由策略匹配备平面的团体属性过滤器
 if-match community-filter SPE4
 apply local-preference 100          //修改本地优先级
#
bgp 64596
 router-id 10.203.1.1
 group ASBR_IPv6 internal          //建立ASBR_IPv6对等体组
 peer ASBR_IPv6 connect-interface LoopBack0
 peer ASBR_IPv6 password cipher xxxxxxxx
 peer ASBR_IPv6 tracking delay 30          //配置BGP快速感知对等体不可达状态和检测时长
 peer 2022:2023::2:1 as-number 100
 peer 2022:2023::2:1 group ASBR_IPv6
 peer 2022:2023::2:2 as-number 100
 peer 2022:2023::2:2 group ASBR_IPv6
 graceful-restart          //使能GR
 graceful-restart peer-reset          //目前BGP不支持动态能力协商。因此，每次BGP能力发生
//变化时，BGP对等体关系都会重新建立。可以提前执行此命令，允许设备上的BGP连接在GR模式下复位
#
 l2vpn-family evpn
  policy vpn-target
  route-select delay 300          //配置路由选路延迟时间为300 s。当主路径恢复后，选路延迟
//可以保证在主路径设备上的转发表项刷新稳定后再进行选路，避免回切造成流量丢失
  nexthop recursive-lookup default-route          //使能BGP路由迭代到默认路由。当ASBR上
//的接入环IGP进程需要向ACC发送默认路由时，需要配置此配置
  peer ASBR_IPv6 enable
  peer ASBR_IPv6  route-policy L3VPN_from_PE import          //匹配来自远端PE的路由
  peer ASBR_IPv6 advertise-community          //配置向指定对等体发布团体属性
  peer ASBR_IPv6 advertise encap-type srv6 advertise-srv6-locator
//配置向对等体发布的EVPN路由携带SRv6封装属性和locator长度信息
  peer 2022:2023::2:1 enable
  peer 2022:2023::2:1 group ASBR_IPv6
  peer 2022:2023::2:2 enable
  peer 2022:2023::2:2 group ASBR_IPv6
#
```

```
#
```

ASBR的BGP EVPN地址族的实际配置如下。

```
#
bgp 64596
 router-id 10.203.2.1
 group ACC_IPv6 internal          //创建名为ACC_IPv6的IBGP对等体组
 peer ACC_IPv6 connect-interface LoopBack0
 peer ACC_IPv6 password cipher xxxxxxxx
 group RR external                //创建名为RR的EBGP对等体组
 peer RR as-number 64986
 peer RR ebgp-max-hop 255
 peer RR connect-interface LoopBack0
 peer RR password cipher xxxxxxxx
 peer 2022:2023:10::11 as-number 100
 peer 2022:2023:10::11 group ACC_IPv6      //将指定的对等体加入对等体组ACC_IPv6
 peer 2022:2023:10::12 as-number 100
 peer 2022:2023:10::12 group ACC_IPv6      //将指定的对等体加入对等体组ACC_IPv6
 peer 2022:2023::4:1 as-number 100
 peer 2022:2023::4:1 group RR              //将指定的对等体加入对等体组RR
 peer 2022:2023::4:2 as-number 100
 peer 2022:2023::4:2 group RR              //将指定的对等体加入对等体组RR
 graceful-restart
 graceful-restart peer-reset
 #
 l2vpn-family evpn
  reflect change-path-attribute            //使能RR通过出口策略修改BGP路由的路径属性
  undo policy vpn-target          //取消对VPN路由的VPN Target过滤，即接收所有VPN路由
  route-select delay 300          //配置路由选路延迟时间为300 s。当主路径恢复后，选路延迟
  //可以保证在主路径设备上的转发表项刷新稳定后再进行选路，避免回切造成流量丢失
  peer ACC_IPv6 enable
  peer ACC_IPv6 reflect-client
  peer ACC_IPv6 next-hop-invariable        //从EBGP学到的路由IBGP发布路由不修改下一跳
  peer ACC_IPv6 advertise-community        //配置将团体属性发布给对等体
  peer ACC_IPv6 advertise encap-type srv6 advertise-srv6-locator
  //配置向对等体发布的EVPN路由携带SRv6封装属性和locator长度信息
  peer RR enable
  peer RR next-hop-invariable              //配置向EBGP发布路由不修改下一跳
  peer RR advertise-community
  peer RR advertise encap-type srv6 advertise-srv6-locator
  peer 2022:2023:10::11 enable
  peer 2022:2023:10::11 group ACC_IPv6
  peer 2022:2023:10::12 enable
  peer 2022:2023:10::12 group ACC_IPv6
  peer 2022:2023::4:1 enable
```

```
 peer 2022:2023::4:1 group RR
 peer 2022:2023::4:2 enable
 peer 2022:2023::4:2 group RR
 #
#
```

RR的BGP EVPN地址族的实际配置如下。

```
#
bgp 64986
 router-id 10.203.4.1
 group ASBR external                    //创建名为ASBR的EBGP对等体组
 peer ASBR as-number 64596
 peer ASBR ebgp-max-hop 255
 peer ASBR connect-interface LoopBack0
 peer ASBR password cipher xxxxxxxx
 peer ASBR tracking delay 30
 group SPE_IPv6 internal                //创建名为SPE_IPv6的IBGP对等体组
 peer SPE_IPv6 connect-interface LoopBack0
 peer SPE_IPv6 password cipher xxxxxxxx
 peer SPE_IPv6 tracking delay 30
 peer 2022:2023::2:1 as-number 100
 peer 2022:2023::2:1 group ASBR
 peer 2022:2023::5:1 as-number 200
 peer 2022:2023::5:1 group SPE_IPv6
 peer 2022:2023::5:2 as-number 200
 peer 2022:2023::5:2 group SPE_IPv6
 graceful-restart
 graceful-restart peer-reset
 #
 l2vpn-family evpn
  reflector cluster-id 200              //配置RR的集群ID
  reflect change-path-attribute         //使能RR通过出口策略修改BGP路由的路径属性
  undo policy vpn-target                //取消对VPN路由的VPN Target过滤,即接收所有VPN路由
  route-select delay 300
  peer ASBR enable
  peer ASBR reflect-client
  peer ASBR next-hop-invariable   //配置向ASBR发布路由时不改变下一跳
  peer ASBR advertise-community
  peer ASBR advertise encap-type srv6 advertise-srv6-locator
  peer SPE_IPv6 enable
  peer SPE_IPv6 reflect-client
  peer SPE_IPv6 next-hop-invariable          //配置向PE发布路由时不改变下一跳
  peer SPE_IPv6 advertise-community
  peer SPE_IPv6 advertise encap-type srv6 advertise-srv6-locator
  peer 2022:2023::2:1 enable
  peer 2022:2023::2:1 group ASBR
```

```
  peer 2022:2023::5:1 enable
  peer 2022:2023::5:1 group SPE_IPv6
  peer 2022:2023::5:2 enable
  peer 2022:2023::5:2 group SPE_IPv6
 #
#
```

PE的BGP EVPN地址族的实际配置如下。

```
#
route-policy L3VPN_to_ACC permit node 10      //配置路由策略添加团体属性，用于区分主备平面
 apply community 1000:1                       //设置BGP团体属性
#
bgp 64986
 router-id 10.203.5.1
 group SRR_IPv6 internal                      //创建名为SRR_IPv6的IBGP对等体组
 peer SRR_IPv6 connect-interface LoopBack0
 peer SRR_IPv6 tracking delay 30
 peer 2022:2023::4:1 as-number 64986
 peer 2022:2023::4:1 group SRR_IPv6
 peer 2022:2023::4:2 as-number 64986
 peer 2022:2023::4:2 group SRR_IPv6
 graceful-restart
 graceful-restart peer-reset
 #
 l2vpn-family evpn
  policy vpn-target
  peer SRR_IPv6 enable
  peer SRR_IPv6 route-policy L3VPN_to_ACC export           //配置路由发布策略
  peer SRR_IPv6 advertise-community
  peer SRR_IPv6 advertise encap-type srv6 advertise-srv6-locator
  //配置向对等体发布的EVPN路由携带SRv6封装属性和locator长度信息
  route-select delay 300
  peer 2022:2023::4:1 enable
  peer 2022:2023::4:1 group SRR_IPv6
  peer 2022:2023::4:2 enable
  peer 2022:2023::4:2 group SRR_IPv6
 #
#
```

7. 查询BGP信息

执行display bgp ipv6 peer命令，查询BGP的对等体信息，包括BGP对等体的数量、连接状态、接收的路由前缀数量等。

```
<ASBR1> display bgp ipv6 peer

BGP local router ID : 10.203.2.1
```

```
Local AS number : 64596
Total number of peers : 1                  Peers in established state : 1

Peer              V    AS   MsgRcvd  MsgSent  OutQ Up/Down      State PrefRcv
2022:2023:10::11  4    200      261      251     0 03:32:47 Established     15
```

执行display bgp ipv6 routing-table *ipv6-address*命令，查询BGP IPv6的路由信息，包括IP迭代下一跳、IP迭代出接口、原始下一跳、AS-path、路由发布的对等体等。

```
<ASBR1> display bgp ipv6 routing-table 2022:2023:10:10F::10

BGP local router ID : 10.203.2.1
Local AS number : 64596
Paths:   1 available, 1 best, 1 select, 0 best-external, 0 add-path
BGP routing table entry information of 2022:2023:10:10F::10/128:
From: 2022:2023:10::11 (10.203.1.1)
Route Duration: 0d03h37m14s
Relay IP Nexthop: 2022:2023:10::11
Relay IP Out-Interface: GigabitEthernet1/0/1
Original nexthop: 2022:2023:10::11
Qos information : 0x0
AS-path 200, origin incomplete, MED 0, pref-val 1000, valid, external, best,
select, pre 2
Advertised to such 1 peers:
   2022:2023::4:1
```

查询BGP-LS路由、BGP SRv6 Policy路由、BGP EVPN路由、私网路由等路由信息将在后文详细描述。

6.2.7 SRv6 部署

SRv6的部署分别针对SRv6 BE和SRv6 Policy进行介绍。

1. SRv6基本数据的规划

SRv6的基本数据主要包括SRv6 Locator名称、SRv6 Locator前缀、SRv6封装源地址、路径MTU等，各数据的规划如表6-30所示。

表 6-30 SRv6 基本数据的规划

规划参数	规划值	规划建议
SRv6 Locator 名称	配置 SRv6 Locator 名称，例如 srv6be	Locator 名称只在本设备有效，可以基于设备名称或网络切片进行命名，也可以是全网统一规划的 Locator 名称
SRv6 Locator 前缀	SRv6 Locator 地址段	参见 6.2.4 节的"SRv6 Locator 地址的设计"

规划参数	规划值	规划建议
SRv6 封装源地址	使用 LoopBack0 接口的地址作为源地址	必须设置，否则导致转发不通
路径 MTU	9000	Path MTU 需要小于接口 MTU，预留空间用于在 Binding SID 或 TI-LFA 场景中封装报文头

2. SRv6 Locator网段的规划

表6-31列出了G国M运营商网络的主要设备角色规划的SRv6 Locator名称、IPv6前缀和各网段的空间长度。SRv6 Locator的规划原则详见6.2.4节。

表 6-31　SRv6 Locator 网段的规划

网元名称（NE name）	SRv6 Locator 名称	IPv6 前缀	前缀长度 / bit	静态 SID 段长度 /bit	Args 长度 / bit
RR1	RR1_locator1	2022:2023:10:1::	64	12	16
RR2	RR2_locator1	2022:2023:10:2::	64	12	16
PE1	PE1_locator1	2022:2023:10:3::	64	12	16
PE2	PE2_locator1	2022:2023:10:4::	64	12	16
PE3	PE3_locator1	2022:2023:10:5::	64	12	16
PE4	PE4_locator1	2022:2023:10:6::	64	12	16
ASBR1	ASBR1_locator1	2022:2023:10:100::	64	12	16
ASBR2	ASBR2_locator1	2022:2023:10:101::	64	12	16
ACC1	ACC1_locator1	2022:2023:10:10F::	64	12	16
ACC2	ACC2_locator1	2022:2023:10:110::	64	12	16

以ACC1为例，以下是SRv6 Locator的实际配置。

```
#
te ipv6-router-id 2022:2023:10::11                    //配置全局TE IPv6 Router ID
te attribute enable                                   //使能TE属性
#
segment-routing ipv6
 path-mtu 9000              //设置SRv6 Policy和SRv6 BE的全局路径MTU。默认值为9600 Byte
 reduce-srh enable          //设置Reduced模式，第一个SRv6 SID不封装在SRH中，缩短SRH长度
 encapsulation source-address 2022:2023:10::11        //配置SRv6封装源地址
 locator ACC1_locator1 ipv6-prefix 2022:2023:10:10F: 64 static 12 args 16
  //配置SRv6 Locator
 srv6-te-policy locator ACC1_locator1                 //SRv6 Policy关联SRv6 Locator,
```

```
                                //粘连场景中在关联SRv6 Locator范围内分配SRv6 Policy的Binding SID
srv6-te-policy bgp-ls enable              //使能SRv6 Policy状态上报BGP-LS IPv6
srv6-te-policy traffic-statistics enable      //全局使能SRv6 Policy流量统计
#
```

3. SRv6 BE的设计

SRv6 BE是部署SRv6 Policy的前提条件。在SRv6 BE场景中，SRv6 EVPN L3VPN在头节点封装IPv6报文头之后，中间节点查找普通的IPv6路由就可以转发；同时SRv6 BE可以作为SRv6 Policy发生故障后的逃生途径，在SRv6 Policy发生故障后快速逃生到SRv6 BE路径继续查找路由转发。SRv6 BE依赖IGP能力，IGP使能SRv6，指定在Locator范围内动态分配SID，并部署TI-LFA FRR特性、正切防微环、回切防微环等实现路径快速切换。部署VPN over SRv6 BE时，需要在VPN实例地址族下使能VPN实例发布EVPN前缀路由、私网路由携带SID属性和使能EVPN业务迭代SRv6隧道。在PE之间部署BFD for SRv6 Locator，以触发VPN FRR快速倒换。

以下是SRv6 BE的实际配置，这些配置也使能BFD for SRv6 Locator。IS-IS SRv6的实际配置参见6.2.5节。

```
#
bfd to_spe1 bind peer-ipv6 2022:2023:1:1101:: source-ipv6 2022:2023:1:1001:: auto
//与远端主PE创建BFD会话。2022:2023:1:1101::表示远端主PE的SRv6 Locator前缀，
//2022:2023:1:1001::表示本地SRv6 Locator前缀
 min-tx-interval 50
 min-rx-interval 50
#
bfd to_spe2 bind peer-ipv6 2022:2023:1:1102:: source-ipv6 2022:2023:1:1001:: auto
//与远端备PE创建BFD会话。2022:2023:1:1102::表示远端备PE的SRv6 Locator前缀，
//2022:2023:1:1001::表示本地SRv6 Locator前缀
 min-tx-interval 50
 min-rx-interval 50
#
bgp 64596
 #
 ipv4-family vpn-instance 4G_RAN
  import-route direct
  import-route static
  auto-frr                    //配置VPN FRR
  advertise l2vpn evpn          //配置设备发布EVPN IP Prefix路由
  segment-routing ipv6 locator ACC1_locator1 evpn
  //使能VPN路由添加SID属性，并动态分配SID给VPN实例
  segment-routing ipv6 best-effort evpn
  //配置根据VPN路由携带的SID属性进行路由迭代
```

4. SRv6 Policy的设计

控制器下发SRv6 Policy到头节点，业务路由根据路由的Color属性值和目的端地址迭代到SRv6 Policy。每个业务报文封装SRv6报文头（IPv6报文头+SRH），并将SRv6 Segment List封装到SRH中。

SRv6 Policy由控制器计算并下发给网络设备，需要在控制器和网络设备之间建立BGP SRv6 Policy对等体。BGP SRv6 SR-Policy的部署参见6.2.6节，下面重点介绍SRv6 Policy自身的设计。SRv6 Policy除了需要通过控制器计算生成，还需要部署SBFD for Segment List检测，以实现SRv6 Policy的Candidate Path快速切换和VPN FRR快速切换。

控制器部署SRv6 Policy的参数规划包括基本信息（Basic Information）、网元列表（NE List）和SRv6 Policy信息3个部分。

其中，基本信息说明如表6-32所示。

表 6-32　控制器部署 SRv6 Policy 的基本信息说明

参数	规划值	说明
参数模板 （Parameter Template）	SRv6_TE_Policy	选择参数模板
业务名称 （Service Name）	SRv6_Policy1	业务名称用户自己定义
方向（Direction）	Bidirectional	双向隧道
双向共路 （Co-routed）	推荐使用 Yes	双向共路功能使正向和反向路径保持一致。使能双向共路后只能选择多 Candidate Path 单 Segment List 算路方式
路径工作方式 （Path Pattern）	多 Candidate Path 单 Segment List	多 Candidate Path 单 Segment List，即 Candidate Path 保护。 单 Candidate Path 多 Segment List，即负载分担。 根据用户需要自行选择
南向协议 （South Protocol）	推荐使用 NETCONF+BGP	BGP 通道把 SRv6 Policy 路由下发到转发器。NETCONF 协议通道把 SRv6 Policy 的 SBFD、IFIT、统计、热备份、封装模式等配置下发到转发器

参数	规划值	说明
路径计算策略（Path Computation Policy）	最小 IGP 开销（Least IGP Cost）	包含如下 6 个选项。 ● 无（None）：跟随全局配置。 ● 最小 TE 开销（Least TE Metric）：按照端到端累加的链路 TE Metric 最小进行算路。 ● 最小 IGP 开销（Least IGP Cost）：按照端到端累加的 IGP Cost 最小进行算路。 ● 最小时延（Minimum Delay）：按照端到端累加的路径时延最低进行算路。 ● 带宽均衡（Bandwidth Balancing）：按照链路的剩余带宽倒数值之和的最小值进行算路。 ● 最优可用度（Maximum Availability）：按照链路可用度最高进行算路。 一般推荐使用最小 IGP 开销
跨 AS 路径计算（Inter-AS Path Computation）	使能（Enable）	是否启用跨 AS 算路。如果使能，控制器将计算跨 AS 的隧道路径，无论隧道的源宿节点是否在同一个 AS 中

网元列表的信息说明如表6-33所示。

表 6-33 控制器部署 SRv6 Policy 的网元列表的信息说明

参数	规划值	说明
源网元（Source NE）	PE1	SRv6 Policy 源网元（Source NE）
目的网元（Sink NE）	PE3	SRv6 Policy 目的网元（Sink NE）

SRv6 Policy的参数规划说明如表6-34所示。

表 6-34 控制器部署 SRv6 Policy 的参数规划说明

参数	规划值	说明
颜色（Color）	Color ID：1000	支持通过名称和 ID 两种方式配置 Color。 ● 名称：选择已创建的颜色模板。颜色模板可以设置颜色 ID 及时延属性。 ● ID：通过直接设置颜色 ID 完成 Color 属性配置；对于最小时延算路的 Color，还需要设置时延属性（隧道路径的最大和最小时延约束）

参数	规划值	说明
带宽（Bandwidth）	—	（可选）默认不配置，如需使用，则用户自行规划定义。单位是 kbit/s
SBFD	使能（Enable）	共有 3 个值：使能（Enable）、不使能（Disable）、默认（Default）。其中 Default 指跟随转发器 SRv6 视图下的全局配置
BFD 本地保护（BFD Local Protection）	不走本地保护（Cancel Local Protection）	取值有两个：一个是 SBFD 走本地保护路径，一个是不走本地保护路径。推荐不走本地保护路径
管理状态（Admin Status）	Up	Up 和 Down，一般填 Up
热备份（Hot Standby）	使能（Enable）	共有 3 个值：使能（Enable）、不使能（Disable）、默认（Default）。其中 Default 指跟随转发器 SRv6 视图下的全局配置
流量统计（Statistics Collection）	使能（Enable）	推荐使能
实时带宽（Real-time Bandwidth）	使能（Enable）	推荐使能。使能后控制器可以根据实际使用带宽值进行隧道带宽调整
路径锁定模式（Path Pinning Mode）	软锁定（Soft Pinning）	有不锁定和软锁定两种模式；软锁定模式下，路径故障恢复后隧道会回切，推荐软锁定模式
带宽模式（Bandwidth Mode）	动态带宽模式	多候选路径下，备路径的带宽占用策略有如下模式。 ● 原始带宽模式：备路径与主路径占用相同的带宽，并且该带宽不与其他隧道共享。 ● 动态带宽模式：备路径与主路径占用相同的带宽，但允许低优先级隧道与备路径共享带宽。 ● 无限制带宽模式：备路径不占用带宽
候选路径优先级（Candidate Path Preference）	主 Candidate Path 优先级为 200，备 Candidate Path 优先级为 100	多 Candidate Path、单 Segment List 方式下可配置多条优先级不同的 Candidate Path。本案例中采用两个 Candidate Path，优先级分别是 200 和 100

图6-56中规划了3种SRv6 Policy，这些SRv6 Policy参数规划的详细介绍如表6-35所示。

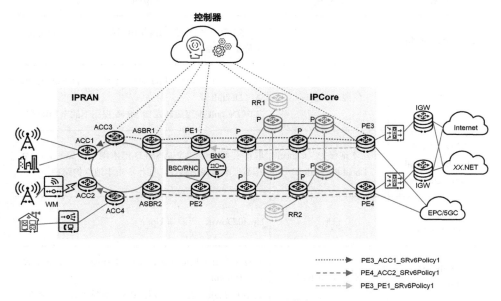

图 6-56　SRv6 Policy 参数规划

表 6-35　3 种 SRv6 Policy 参数规划

业务名称 （Service name）	路径工作方式 （Path pattern）	路径计算策略（Path Computation Policy）	源网元 （Source NE）	目的网元 （Sink NE）	颜色 （Color）
PE3_ACC1_ SRv6Policy1	多 Candidate Path 单 Segment List	Least IGP cost	PE3	ACC1	1000
PE4_ACC2_ SRv6Policy1	多 Candidate Path 单 Segment List	Least IGP cost	PE4	ACC2	1000
PE3_PE1_ SRv6Policy1	多 Candidate Path 单 Segment List	Least IGP cost	PE3	PE1	1000

SBFD for Segment List在SRv6 Policy的头节点和尾节点上配置。使能SBFD，SBFD for Segment List的相关配置由控制器下发SRv6 Policy的时候同步下发。

以下是SBFD for Segment List的发射端PE3的配置实例。

```
#
sbfd
 reflector discriminator 10.203.5.1          //配置SBFD反射端描述符，该IP地址为控制器上
 //网元的管理地址
```

```
#
segment-routing ipv6
 srv6-te-policy bfd min-tx-interval 50 detect-multiplier 3
 //配置SRv6 Policy主路径的BFD参数
 srv6-te-policy bfd min-tx-interval 50 detect-multiplier 6 backup-path
 //配置SRv6 Policy备路径的BFD参数。推荐备路径的检测倍数大于主路径的检测倍数
#
```

　　控制器动态下发SRv6 Policy时会自动下发SBFD的具体配置，以下以头节点ACC1为发射端、尾节点为PE3为反射端举例。

```
#
sbfd
 destination ipv6 2022:2023::5:1 remote-discriminator 10.203.5.1    //发射端指定
 //隧道尾节点的公网LoopBack地址，remote-discriminator与对端配置的discriminator保持一致
#
```

　　下面以华为网络控制器iMaster NCE-IP为例，介绍SRv6 Policy的部署。

　　① 通过iMaster NCE-IP创建SRv6 Policy，配置基本信息，如图6-57所示。参考表6-34的规划，完善SRv6 Policy的配置。

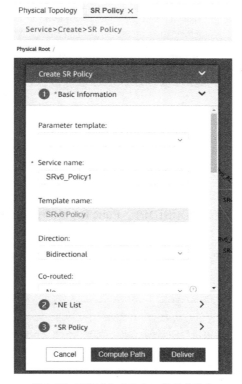

图 6-57　配置 SRv6 Policy 的基本信息

② 在控制器上计算路径成功后，部署SRv6 Policy到转发器，如图6-58所示。

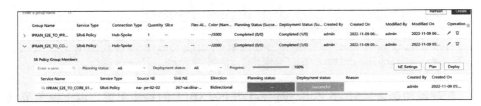

图 6-58　部署 SRv6 Policy

③ SRv6 Policy部署成功后，部署SRv6 Policy监控实例进行隧道的流量统计，如图6-59所示。

图 6-59　部署 SRv6 Policy 监控实例

5. 查询SRv6信息

执行display segment-routing ipv6 local-sid end forwarding命令，查看IS-IS为设备分配的End SID，结果显示SID值、FuncType（Function Type）、Flavor、LocatorName等信息。

```
<ACC1> display segment-routing ipv6 local-sid end forwarding

             My Local-SID End Forwarding Table
             ---------------------------------

SID          : 2022:2023:10:10F:0:1000:3:0/128      FuncType      : End
Flavor       : NO-FLAVOR                            SidCompress   : NO
LocatorName  : ACC1_locator1                        LocatorID     : 1
ProtocolType : ISIS                                 ProcessID     : 1
UpdateTime   : 2021-02-26 10:42:24.217              NextHopCount  : 1
```

```
SID        : 2022:2023:10:10F:0:1000:1:0/128      FuncType    : End
Flavor     : PSP                                  SidCompress : NO
LocatorName : ACC1_locator1                       LocatorID   : 1
ProtocolType: ISIS                                ProcessID   : 1
UpdateTime : 2021-02-26 10:42:24.217              NextHopCount: 1


Total SID(s): 2
```

执行display segment-routing ipv6 local-sid end-x forwarding命令，查看IS-IS为接口分配的End.X SID，结果显示SID值、FuncType（Function Type）、Flavor、LocatorName、NextHop、Interface等信息。

```
<ACC1> display segment-routing ipv6 local-sid end-x forwarding

              My Local-SID End.X Forwarding Table
              -----------------------------------

SID        : 2022:2023:10:10F:0:1000:115:0/128    FuncType    : End.X
Flavor     : NO-FLAVOR                            SidCompress : NO
LocatorName : ACC1_locator1                       LocatorID   : 1
ProtocolType: ISIS                                ProcessID   : 1
UpdateTime : 2021-02-26 10:42:24.216              NextHopCount: 1

NextHop    :                   Interface :              ExitIndex:
FE80::663E:8CFF:FE8D:FEFA       GE1/0/0                  0x00000013
TeFrrFlags : --                           DelayTimerRemain: -

SID        : 2022:2023:10:10F:0:1000:116:0/128    FuncType    : End.X
Flavor     : PSP                                  SidCompress : NO
LocatorName : ACC1_locator1                       LocatorID   : 1
ProtocolType: ISIS                                ProcessID   : 1
UpdateTime : 2021-02-26 10:42:24.216              NextHopCount: 1

NextHop    :                   Interface :              ExitIndex:
FE80::663E:8CFF:FE8D:FEFA       GE1/0/0                  0x00000013
TeFrrFlags : --                           DelayTimerRemain: -

SID        : 2022:2023:10:10F:0:1000:119:0/128    FuncType    : End.X
Flavor     : NO-FLAVOR                            SidCompress : NO
LocatorName : ACC1_locator1                       LocatorID   : 1
ProtocolType: ISIS                                ProcessID   : 1
UpdateTime : 2021-02-26 10:42:24.216              NextHopCount: 1

NextHop    :                   Interface :              ExitIndex:
FE80::223D:B2FF:FE7A:BF77       GE1/0/1                  0x00000015
```

```
TeFrrFlags  : --                                 DelayTimerRemain: -

SID         : 2022:2023:10:10F:0:1000:11A:0/128   FuncType   : End.X
Flavor      : PSP                                 SidCompress : NO
LocatorName : ACC1_locator1                       LocatorID  : 1
ProtocolType: ISIS                                ProcessID  : 1
UpdateTime  : 2021-02-26 10:42:24.216             NextHopCount: 1

NextHop     :                    Interface :              ExitIndex:
FE80::223D:B2FF:FE7A:BF77        GE1/0/1                  0x00000015
TeFrrFlags  : --                                 DelayTimerRemain: -

Total SID(s): 4
```

执行ping ipv6-sid *ipv6-address*命令，检测SRv6 BE的连通性，查看丢包率、时延等信息。操作步骤如下。

首先查看远端End.DT4 SID，根据VPN Name查看对应的End.DT4 SID。

```
<PE3> display segment-routing ipv6 local-sid end-dt4 forwarding

            My Local-SID End.DT4 Forwarding Table
            -------------------------------------

SID         : 2022:2023:10:5:0013:0:2:0/128       FuncType    : End.DT4
VPN Name    : vpn1                                VPN ID      : 67
LocatorName : PE3_locator1                        LocatorID   : 7
Flavor      : NO-FLAVOR                           SidCompress : NO
UpdateTime  : 2022-12-27 08:06:30.228
```

然后利用远端End.DT4 SID进行Ping操作，查看丢包率、时延等信息。

```
<ACC1> ping ipv6-sid 2022:2023:10:5:0013:0:2:0
PING ipv6-sid 2022:2023:10:5:0013:0:2:0 : 56  data bytes, press CTRL_C to break
  Reply from 2022:2023:10:5:0013:0:2:0
  bytes=56 Sequence=1 hop limit=64 time=5 ms
  Reply from 2022:2023:10:5:0013:0:2:0
  bytes=56 Sequence=2 hop limit=64 time=2 ms
  Reply from 2022:2023:10:5:0013:0:2:0
  bytes=56 Sequence=3 hop limit=64 time=2 ms
  Reply from 2022:2023:10:5:0013:0:2:0
  bytes=56 Sequence=4 hop limit=64 time=2 ms
  Reply from 2022:2023:10:5:0013:0:2:0
  bytes=56 Sequence=5 hop limit=64 time=2 ms

--- ipv6-sid ping statistics---
  5 packet(s) transmitted
  5 packet(s) received
  0.00% packet loss
```

```
round-trip min/avg/max=2/2/5 ms
```

执行tracert ipv6-sid *ipv6-address*命令，检测SRv6 BE转发路径的连通性，查看SRv6 BE路径的每一跳IPv6地址和时延。

```
<ACC1> tracert ipv6-sid 2022:2023:10:5:0013:0:2:0
traceroute ipv6-sid 2022:2023:10:5:0013:0:2:0  30 hops max, 60 bytes packet
1 2022:2023:4:1:192:168:10:1[SRH: 2022:2023:10:5:0013:0:2:0, SL=0]  2 ms  2 ms  2 ms
2 2022:2023:4:1:192:168:20:1[SRH: 2022:2023:10:5:0013:0:2:0, SL=0]  2 ms  2 ms  2 ms
3 2022:2023:10:5:0013:0:2:0[SRH: 2022:2023:10:5:0013:0:2:0, SL=0]  2 ms  2 ms  2 ms
```

执行display bgp link-state unicast peer命令，查看BGP-LS IPv6对等体信息，包括BGP对等体的数量、连接状态、接收的路由前缀数量等。

```
<ACC1> display bgp link-state unicast peer

BGP local router ID : 10.203.1.1
Local AS number : 64596
Total number of peers : 2               Peers in established state : 2

Peer              V    AS   MsgRcvd  MsgSent  OutQ  Up/Down       State   PrefRcv
2022:2023::2:1    4    100  44699    28773    0     0379h53m  Established    143
2022:2023::2:2    4    100  35579    25615    0     0338h44m  Established    126
```

执行display bgp sr-policy ipv6 peer命令，查看BGP IPv6 SR-Policy对等体信息，包括BGP对等体的数量、连接状态、接收的路由前缀数量等。

```
<ACC1> display bgp sr-policy ipv6 peer

BGP local router ID : 10.203.1.1
Local AS number : 64596
Total number of peers : 2               Peers in established state : 2

Peer              V    AS   MsgRcvd  MsgSent  OutQ  Up/Down       State   PrefRcv
2022:2023::2:1    4    200  44702    28776    0     0379h56m  Established      1
2022:2023::2:2    4    200  35582    25618    0     0338h47m  Established      1
```

执行display bgp sr-policy ipv6 routing-table命令，查看BGP IPv6 SR-Policy路由信息，包括Network、NextHop、MED（Multi-Exit Discriminator，多出口鉴别器）、LocPrf（Local-Preference）、PrefVal（Prefer-Value）、Path/Ogn等属性。

```
<ACC1> display bgp sr-policy ipv6 routing-table

BGP Local router ID is 10.203.1.1
Status codes: * - valid, > - best, d - damped, x - best external, a - add path,
h - history,  i - internal, s - suppressed, S - Stale
Origin : i - IGP, e - EGP, ? - incomplete
RPKI validation codes: V - valid, I - invalid, N - not-found
Total Number of Routes: 2
Network            Nexthop         MED       LocPrf     PrefVal Path/Ogn
```

```
*>i   [1][1][2022:2023::5:1]    2022:2023:1:1001::8    4294967293 100   0   300?
* i                            2022:2023:1:1001::8              4294967293 100      0   300?
```

执行display bgp sr-policy ipv6 routing-table *sr-policy-prefix*命令，查看BGP IPv6 SR-Policy路由详细信息，包括IP迭代出接口、原始下一跳、隧道封装属性、隧道类型、段列表（Segment List）、权重（Weight）等信息。

```
<ACC1> display bgp sr-policy ipv6 routing-table [1][1][2022:2023::5:1]
BGP local router ID : 10.203.1.1
Local AS number : 64596
Paths:   2 available, 1 best, 1 select, 0 best-external, 0 add-path
BGP routing table entry information of [1][1][2022:2023::5:1]:
From: 2022:2023::2:1 (10.203.2.1)
Route Duration: 0d05h28m11s
Relay IP Nexthop: ::
Relay IP Out-Interface:GigabitEthernet1/0/7
Original nexthop: 2022:2023:1:1001::8
Qos information : 0x0
Ext-Community: RT <64596 : 1200>, SoO <192.168.33.103 : 0>
AS-path 300, origin incomplete, MED 4294967293, localpref 100, pref-val 0, valid,
internal, best, select, pre 255, IGP cost 900
Originator: 10.203.4.1
Cluster list: 10.203.2.1
Tunnel Encaps Attribute (23):
Tunnel Type: SR Policy (15)
Preference: 1
Segment List
Weight: 1
Segment: type:B, SID: 2022:2023:10:100:0:1000:104:0
Segment: type:B, SID: 2022:2023:10:3:0013:0:106:0
Segment: type:B, SID: 2022:2023:10:5:0100:0:104:0
Template ID: 4294967293
Not advertised to any peer yet

BGP routing table entry information of [1][1][2022:2023::5:1]:
From: 2022:2023::2:2 (10.203.2.2)
Route Duration: 0d05h28m11s
Relay IP Nexthop: ::
Relay IP Out-Interface:GigabitEthernet1/0/7
Original nexthop: 2022:2023:1:1001::8
Qos information : 0x0
Ext-Community: RT <64596 : 1200>, SoO <192.168.33.103 : 0>
AS-path 300, origin incomplete, MED 4294967293, localpref 100, pref-val 0, valid,
internal, pre 255, IGP cost 900, not preferred for peer address
Originator: 10.203.4.2
Cluster list: 10.203.2.2
```

```
Tunnel Encaps Attribute (23):
Tunnel Type: SR Policy (15)
Preference: 1
Segment List
Weight: 1
Segment: type:B, SID: 2022:2023:10:101:0:1000:104:0
Segment: type:B, SID: 2022:2023:10:4:0013:0:106:0
Segment: type:B, SID: 2022:2023:10:6:0100:0:104:0
Template ID: 4294967293
Not advertised to any peer yet
```

　　执行display srv6-te policy命令，查看SRv6 Policy信息，显示Policy State、List State、BFD State、Segment-List ID等信息。

```
<ACC1> display srv6-te policy
PolicyName : -
Color                : 1            Endpoint           : 2022:2023::5:1
TunnelId             : 16385        Binding SID        : -
TunnelType           : SRv6-TE Policy  DelayTimerRemain  : -
Policy State         : Active       State Change Time  : 2020-02-04 10:55:10
Admin State          : UP           Traffic Statistics : Enable
Candidate-path Count : 1

Candidate-path Preference : 1
Path State           : Active       Path Type          : Primary
Protocol-Origin      : BGP(20)      Originator         : 300, 10.203.1.1
Discriminator        : 1            Binding SID        : -
GroupId              : 16385        Policy Name        : -
Template ID          : 4294967293
DelayTimerRemain     : -
Segment-List Count   : 1
Segment-List         : -
Segment-List ID      : 66           XcIndex            : 69
List State           : Up           DelayTimerRemain   : -
Verification State   : -            SuppressTimeRemain : -
PMTU                 : 9000         Active PMTU        : 9000
Weight               : 1            BFD State          : Up
Network Slice ID     : -
SID :
2022:2023:10:100:0:1000:104:0
2022:2023:10:3:0013:0:106:0
2022:2023:10:5:0100:0:104:0
```

　　执行ping srv6-te policy endpoint-ip *endpointIpv6* color *colorId*命令，检测SRv6 Policy的连通性。

```
<ACC1> ping srv6-te policy endpoint-ip 2022:2023::5:1 color 1
PING srv6-te policy : 100  data bytes, press CTRL_C to break
 srv6-te policy's segment list:
 Preference: 1; Path Type: primary; Protocol-Origin: bgp; Originator: 300,
 10.1.10.1; Discriminator: 1; Segment-List ID: 286785; Xcindex: 368770;
 destination 2022:2023::5:1
 Reply from 2022:2023::5:1
 bytes=100 Sequence=1 time=1 ms
 Reply from 2022:2023::5:1
 bytes=100 Sequence=2 time=1 ms
 Reply from 2022:2023::5:1
 bytes=100 Sequence=3 time=1 ms
 Reply from 2022:2023::5:1
 bytes=100 Sequence=4 time=1 ms
 Reply from 2022:2023::5:1
 bytes=100 Sequence=5 time=1 ms

--- srv6-te policy ping statistics ---
 5 packet(s) transmitted
 5 packet(s) received
 0.00% packet loss
 round-trip min/avg/max=1/1/1 ms
```

执行tracert srv6-te policy endpoint-ip *endpointIpv6* color *colorId*命令，检测SRv6 Policy转发路径的连通性，查看SRv6 Policy路径的每一跳IPv6地址和时延。

```
<ACC1> tracert srv6-te policy endpoint-ip 2022:2023::5:1 color 1
Trace Route srv6-te policy : 100  data bytes, press CTRL_C to break
srv6-te policy's segment list:
Preference: 1; Path Type: primary; Protocol-Origin: bgp; Originator: 300,
10.1.5.1; Discriminator: 1; Segment-List ID: 286785; Xcindex: 368770;
destination 2022:2023::5:1
TTL   Replier         Time        Type      SRH
0                                 Ingress
[SRH:2022:2023:10:5:0:1000:104:0,2022:2023:10:3:0013:0:106:0,2022:2023:10:100:0100:
0:104:0,2022:2023::5:1, SL=3]
1     2022:2023::2:1      4 ms       Transit
[SRH:2022:2023:10:5:0013:0:106:0,2022:2023:10:3:0100:0:104:0,2001:DB8:11:1::5, SL=2]
2     2022:2023::3:1      4 ms       Transit
[SRH:2022:2023:10:5:0100:0:104:0,2022:2023::5:1, SL=1]
3     2022:2023::5:1      2 ms       Egress
```

6. 查询BFD信息

执行display bfd session all for-ipv6命令，查看IPv6链路的BFD会话状态，显示本地标识符、远端标识符、远端IPv6、BFD状态、类型、接口名称等信息。

```
<ACC1> display bfd session all for-ipv6
(w): State in WTR
(*): State is invalid
--------------------------------------------------------------------------------
---------
Local      Remote      PeerIpAddr              State    Type      InterfaceName
--------------------------------------------------------------------------------
---------
16389      16391       FE80::A12:3EFF:FE09:B122   Up             D_IP_IF
GigabitEthernet0/1/0
16407      16387       FE80::3E78:43FF:FE91:74D6  Up             D_IP_IF
GigabitEthernet0/1/1
--------------------------------------------------------------------------------
---------
Total UP/DOWN Session Number : 2/0
```

执行display bfd session all命令，查看监控SRv6 Policy的SBFD的状态。类型为
D_SID_LIST表示为SRv6 Policy的SBFD。

```
<ACC1> display bfd session all
(w): State in WTR
(*): State is invalid
--------------------------------------------------------------------------------
Local      Remote       PeerIpAddr       State    Type         InterfaceName
--------------------------------------------------------------------------------
16395      1684275466  2022:2023:5::1    Up      D_SID_LIST     -
16396      1684275467  2022:2023:5::2    Up      D_SID_LIST     -
16397      1684275467  2022:2023:5::1    Up      D_SID_LIST     -
16398      1684275466  2022:2023:5::2    Up      D_SID_LIST     -
--------------------------------------------------------------------------------
```

执行display bfd session srv6-segment-list *list-id*命令，查看某个隧道的SBFD
状态。

该命令中的*list-id*表示Segment List的ID，可以通过命令display srv6-te policy查
询回显并获取Segment List的ID值。

```
<ACC1> display bfd session srv6-segment-list 66
(w): State in WTR
(*): State is invalid
--------------------------------------------------------------------------------
Local      Remote       PeerIpAddr       State    Type         InterfaceName
--------------------------------------------------------------------------------
16397      1684275467  2022:2023:5::1    Up      D_SID_LIST     -
--------------------------------------------------------------------------------
Total UP/DOWN Session Number : 1/0
```

6.2.8　移动承载业务部署

如图6-60所示，2G、3G业务从IPRAN接入，先到BSC/RNC终结，再从BSC/RNC到核心网的SGSN/GGSN。4G业务从IPRAN直接接入核心网EPC。现网2G、3G业务从IPRAN接入IPCore的BSC/RNC、4G业务从IPRAN接入IPCORE的EPC使用相同的L3VPN实例，从BSC/RNC到SGSN/GGSN的2G、3G业务使用不同的L3VPN实例。

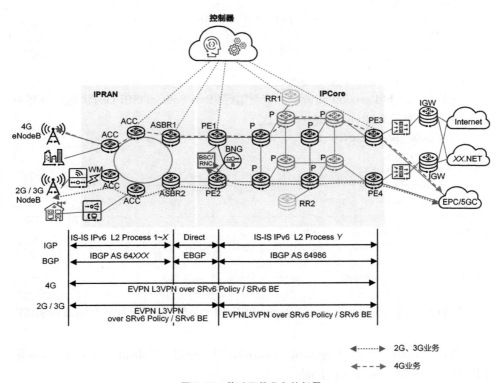

图 6-60　移动承载业务的部署

EVPN L3VPN实例复用现网L3VPN实例，其中实例名称和RD不变，EVPN的RT值继承L3VPN，在现网L3VPN实例的基础上增加部署EVPN的RT、隧道策略、Color。

以下是EVPN L3VPN配置实例。

```
#
tunnel-policy srv6_policy          //创建名为srv6_policy的隧道策略，并选择SRv6 Policy，
//不进行负载分担
 tunnel select-seq ipv6 srv6-te-policy load-balance-number 1
#
```

```
route-policy srv6_color1000 permit node 10          //配置路由策略，给BGP路由指定Color
//扩展团体属性
 apply extcommunity color 0:1000          //指定Color扩展团体属性，取值为染色标记位:Color
//值，其中染色标记位的取值只能为0#
ip vpn-instance IPRAN
 ipv4-family
  route-distinguisher 10.203.1.1:1200
  vpn-target 64596:1200 export-extcommunity
  vpn-target 64596:1200 import-extcommunity
  vpn-target 64596:1200 export-extcommunity evpn          //增加EVPN的RT
  vpn-target 64596:1200 import-extcommunity evpn          //增加EVPN的RT
  export route-policy srv6_color1000 evpn          //配置出方向的路由策略，给发布的私网
//路由指定Color扩展团体属性
  tnl-policy srv6_policy evpn          //给VPN实例配置隧道策略，用于VPN路由迭代SRv6
// Policy
#
```

1. 业务演进SRv6

在网络设备上完成IPv6地址、IS-IS IPv6、SRv6 Locator、BGP EPE IPv6、BGP-LS IPv6、BGP IPv6 SR-Policy、BGP EVPN地址族和EVPN L3VPN实例等基础配置，且在控制器上创建SRv6 Policy和性能监控实例后，就可以进行业务迁移了，迁移步骤如下。

① 在BGP VPN实例视图下，配置设备发布EVPN路由，并为EVPN路由添加SID属性，将接收的EVPN路由迭代到SRv6路径上。

② 配置路由策略调整EVPN路由Local-Preference的优先级高于现网路由的优先级，在BGP EVPN地址族视图下，IPv6对等体配置入方向路由策略，路由优选EVPN路由，确保业务平滑迁移到SRv6路径。

下面是业务迁移的配置实例。

```
#
route-policy EVPN_from_SRR permit node 10          //配置路由策略，修改BGP路由的本地优先级
apply local-preference 110          //设置Local-Preference，取值越大，优先级越高
#
bgp 64596
 #
 ipv4-family vpn-instance IPRAN
  advertise l2vpn evpn          //使能VPN实例发布EVPN的IP前缀路由
  segment-routing ipv6 locator srv6_locator1 evpn          //使能私网路由携带SID属性并
  //动态分配VPN实例的SID
  segment-routing ipv6 traffic-engineer best-effort evpn          //使能EVPN L3VPN业务
  //迭代SRv6 Policy，指定当SRv6 Policy发生故障时业务可以使用SRv6 BE路径作为逃生路径
  #
```

```
l2vpn-family evpn
 peer SRR_IPv6 route-policy EVPN_from_SRR import          //配置入方向路由策略, 提升EVPN
 //路由本地优先级, 路由优选EVPN路由
#
```

2. 查询EVPN L3VPN的信息

执行display bgp evpn peer命令查询BGP EVPN对等体是否建立。

```
<ACC1> display bgp evpn peer

BGP local router ID : 10.203.1.1
Local AS number : 64596
Total number of peers : 2              Peers in established state : 2

Peer            V    AS   MsgRcvd  MsgSent  OutQ  Up/Down     State      PrefRcv
2022:2023::2:1  4    100  4466     347      0  03:44:26 Established          16
2022:2023::2:2  4    100  4560     345      0  03:44:28 Established          15
```

执行display bgp evpn all routing-table prefix-route *prefix-route*命令, 查询EVPN
前缀路由。

```
<ACC1> display bgp evpn all routing-table prefix-route 0:192.168.4.0:24

 BGP local router ID : 10.203.1.1
 Local AS number : 64596
 Total routes of Route Distinguisher(10.203.5.1:1200): 1
 BGP routing table entry information of 0:192.168.4.0:24:
 Label information (Received/Applied): 3/NULL
 From: 2022:2023::5:1 (10.203.5.1)
 Route Duration: 0d00h27m41s
 Relay IP Nexthop: FE80::3A08:7CFF:FE31:307
 Relay IP Out-Interface: GE1/0/1
 Relay Tunnel Out-Interface:
 Original nexthop: 2022:2023::5:1
 Qos information : 0x0
 Ext-Community: RT <64596 : 1200>, Color <0 : 101>
 Prefix-sid: 2022:2023:10:5:300::300
 AS-path 65420, origin igp, MED 0, localpref 100, pref-val 0, valid, internal,
best, select, pre 255, IGP cost 20
 Route Type: 5 (Ip Prefix Route)
 Ethernet Tag ID: 0, IP Prefix/Len: 192.168.4.0/24, ESI: 0000.0000.0000.0000.0000,
GW IP Address: 0.0.0.0
Not advertised to any peer yet
```

执行display ip routing-table vpn-instance *vpn-instance-name*和display ip routing-
table vpn-instance *vpn-instance-name* [*ip-address*] verbose命令, 查询私网路由以及

是否形成VPN FRR。

```
<ACC1> display ip routing-table vpn-instance NR-RAN
Route Flags: R - relay, D - download to fib, T - to vpn-instance, B - black hole
route
------------------------------------------------------------------------------
Routing Table : NR-RAN
Summary Count : 2

Destination/Mask     Proto   Pre  Cost      Flags NextHop            Interface
192.168.2.0/24  IBGP   255  0          RD  2022:2023:1:1:A000:0:14D:0 SRv6 BE
//迭代SRv6 BE。
192.168.4.0/24  IBGP   255  0        RD  2022:2023::5:1           nce-srpolicy-3
//迭代SRv6 Policy
<ACC1> display ip routing-table vpn-instance LTE-RAN 192.168.4.0 verbose
Route Flags: R - relay, D - download to fib, T - to vpn-instance, B - black hole
route
------------------------------------------------------------------------------
Routing Table : NR-RAN
Summary Count : 1

Destination: 192.168.4.0/24
    Protocol: IBGP            Process ID: 0
  Preference: 255                   Cost: 0
     NextHop: 2022:2023:5::1   Neighbour: 2022:2023::2:1
       State: Active Adv Relied       Age: 3d20h33m34s
         Tag: 0                  Priority: low
       Label: 3                   QoSInfo: 0x0
  IndirectID: 0x40005DD        Instance:
 RelayNextHop: ::             Interface: nce-srpolicy-3
    TunnelID: 0x000000003400000003    Flags: RD
```

第7章
运营商 HoVPN 方案的设计与部署

本章围绕HoVPN over SRv6方案，详细介绍BGP路由、SRv6路径、业务VPN、网络切片、可靠性、QoS和安全方面的设计原则。同时，本章以T国A运营商为例，介绍HoVPN over SRv6方案的实际部署与验证过程。

| 7.1 HoVPN over SRv6 方案的设计 |

　　HVPN（Hierarchical VPN，层次化VPN）和E2 EVPN方案均是目前业界选择的主流VPN方案。HVPN相比E2 EVPN，能够降低业务接入PE的处理压力。HVPN方案将接入PE功能拆分成UPE（User-end Provider Edge，用户端PE）和SPE（Superstratum Provider Edge，上层PE），UPE主要负责用户的接入，SPE主要负责VPN路由的管理和发布，这样不仅可以降低接入PE的成本，还能支撑网络向更大规模平滑演进。

　　HoVPN方案相对于普通HVPN方案做了进一步增强和优化。SPE不会将收到的来自NPE（Network-end Provider Edge，网络端PE）的明细/聚合路由发布给UPE，而是发布默认（默认）路由给UPE，并修改原始下一跳为SPE自己；SPE收到来自UPE的明细路由并发布给NPE时，重生成原始下一跳为SPE自己的路由，并在聚合路由后发给NPE。因此，HoVPN方案减少了UPE、NPE处理路由的数量，增强了方案的可扩展能力。

　　HoVPN的典型组网如图7-1所示，分为接入层（Access）和汇聚层（Aggregation），主要包括ACC/UPE、AGG/SPE和MC/NPE角色。

　　HoVPN over SRv6网络承载方案不仅具备很强的扩展能力，还能使接入层、汇聚层分别灵活选择不同的SRv6隧道类型，从而满足了业务差异化的诉求，如接入层部署SRv6 BE实现流量最短路径转发，汇聚层部署SRv6 Policy实现流量路径按需规划和优化。

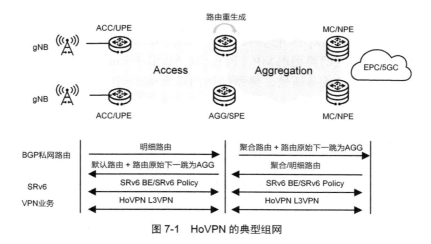

图 7-1　HoVPN 的典型组网

HoVPN over SRv6网络承载的解决方案如图7-2所示。

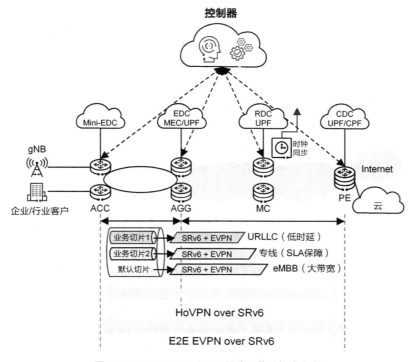

图 7-2　HoVPN over SRv6 网络承载的解决方案

　　HoVPN over SRv6网络承载的解决方案可以满足固移融合业务综合承载的需求。HoVPN和E2E VPN方案各有推荐的业务场景。

- 针对2C移动承载业务（如4G/5G），推荐部署HoVPN over SRv6 BE/SRv6 Policy，以满足任意规模组网业务的部署需求。HoVPN方案可以适应移动承载的典型P2MP（Point to Multi-Point，点到多点）组网特点（如S1/N2业务场景，典型组网的汇聚/骨干节点十几台，接入节点数万台），满足未来网络规模的平滑扩展需求；同时，接入层、汇聚层/骨干网络可以按需各自灵活选择SRv6隧道类型，如接入层主要采用链形、环形网络时，仅需要最短路径转发，可以部署SRv6 BE。汇聚层/骨干网络汇聚各个接入网络的业务，不但需要考虑业务路径按需规划，实现网络负载均衡，而且需要考虑网络故障期间，保证业务始终按照最优的路径转发，可以部署SRv6 Policy。
- 针对2B专线业务（如L3/L2专线），推荐部署E2E L3VPN/E-Line/E-LAN/E-Tree over SRv6 BE/SRv6 Policy。专线典型组网为企业粒度的E-Line/E-LAN/E-Tree形成分支—分支或分支—总部的互通互联，单个企业的网络规模相比移动承载网络规模小很多，因此推荐采用E2E VPN方案。
- 未来针对2H（To Home，面对家庭）的HSI（High Speed Internet，高速上网）等小规模点到点业务，推荐E2E L3VPN/E-Line/E-LAN/E-Tree。

移动承载网络适合新建或演进到HoVPN over SRv6，一些判断原则总结如下（均为与E2E VPN对比）。

- 物理网络包含的节点数量不再受限，如节点规模超过1000个也可以部署HoVPN。
- 业务端到端沿途经过的网络节点数量多，且有业务按需规划路径的诉求。例如，至少50%的业务中，每项业务端到端经过网络节点数量超过20个。
- 网络接入层、汇聚层/核心层的物理网络条件差异大或业务诉求存在差异。例如，接入层部署有大量微波或链路经常闪断等，导致网络不稳定，而核心层一般为光纤互连，且网络质量较好；汇聚层及以上网络由于作为综合业务重载，需要部署SRv6 Policy以完成业务路径按需规划/调整诉求。

本节将对比E2 EVPN over SRv6方案设计，重点介绍HoVPN over SRv6方案的独特设计和差异点。如表7-1所示，在IPv6地址设计、IPv6 IGP路由设计、时钟设计和安全设计方面，HoVPN over SRv6方案的设计原则与E2 EVPN over SRv6方案相同，这里不再赘述，对应设计请参考6.1节。本章将重点介绍HoVPN over SRv6方案的IPv6 BGP路由设计、SRv6路径设计、业务VPN设计、网络切片设计、可靠性设计和QoS设计。

表 7-1　HoVPN over SRv6 方案设计与 E2 EVPN over SRv6 方案设计的主要差异点

设计分类	主要差异点
IPv6 地址设计	无
IPv6 IGP 路由设计	无
IPv6 BGP 路由设计	设计方案基本相同,主要差异在 AGG 对 BGP 私网路由的处理方式上。HoVPN over SRv6 方案的处理方式如下。 ● AGG 对从 ACC 发往 MC 的 EVPN 路由进行路由重生成,并修改路由下一跳为 AGG 自己。 ● AGG 对发往 MC 的路由进行路由汇聚,以此来减少 AGG 以上的网络节点的路由维护和处理压力。 ● AGG 发往 ACC 的路由为默认路由,以此来减少 ACC 节点的路由维护和处理压力
SRv6 路径设计	SRv6 BE 和 SRv6 Policy 设计方案基本相同,主要差异为:HoVPN 方案在 SRv6 隧道类型的选择上更加灵活,如 HoVPN 包含了两段隧道,这两段隧道相互独立,就可以在接入侧这段部署 SRv6 BE,实现基于 IGP cost 值的最短路径转发业务;在汇聚 / 骨干侧部署 SRv6 Policy,实现业务路径的灵活规划和整网带宽利用率均衡
业务 VPN 设计	设计方案有差异,主要差异为:HoVPN over SRv6 方案的 AGG 需要部署 VPN 实例,并规划 RT
网络切片设计	设计方案基本相同,将结合 HoVPN 在切片场景中举例说明
可靠性设计	设计方案基本相同,HoVPN over SRv6 方案的可靠性保护主要差异为:AGG 节点发生故障,不再按照纯转发的 P 角色发生故障来处理,而是作为 VPN PE 角色处理,此时需要使用 VPN FRR 作为保护方案
时钟设计	无
QoS 设计	设计方案基本相同,主要差异为:在 HoVPN over SRv6 方案的 AGG 节点,前一段网络中 IPv6 报文头的 TC 字段优先级需要复制到后一段网络 IPv6 报文头 TC 字段中
安全设计	无

7.1.1　IPv6 BGP 路由设计

在 SRv6 网络中,BGP 路由规划是非常基础且重要的一个环节。IPv6 BGP 路由规划的通用设计原则请参考 6.1.3 节。对于 HoVPN over SRv6 方案,IPv6 BGP 路由设计还需要考虑如下方面。

● HoVPN 的 AGG 对 ACC 发往 MC/PE 的 EVPN 路由进行路由重生成,并修改路由下一跳为 AGG 自己。

● AGG 发往 ACC 的路由为默认路由,以此来减少 ACC 节点的路由维护和处理压力。

- AGG发往MC/PE的路由为聚合路由，以此来减少AGG以上的网络节点的路由维护和处理压力。

下面将分别针对SRv6网络中的单AS、跨AS场景介绍对应的BGP路由设计。

单AS场景中的BGP路由设计，如图7-3所示。

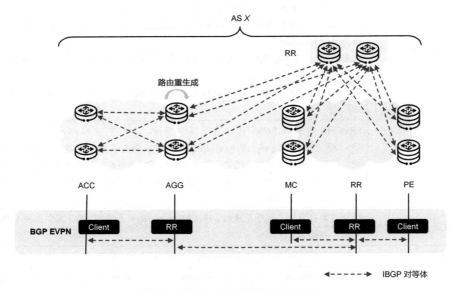

图 7-3　单 AS 场景中的 BGP 路由设计

单AS场景中的BGP路由设计主要包括公网平面和私网平面两方面。

- 公网平面：SRv6 Locator/LoopBack聚合路由在不同IGP域的传递可以通过IGP路由互引来实现，不需要通过BGP路由。因此，BGP IPv6单播地址族对等体在单AS场景中不是必要的。
- 私网平面：以承载5G业务为例，在BGP EVPN地址族中发布业务路由，如发布基站侧以及核心网侧的私网路由。BGP EVPN路由经由ACC到达AGG后，AGG重生成下一跳为自己的EVPN路由，并被优选后发送给核心网侧。因此，AGG上会同时有两份EVPN路由（原始EVPN路由和重生成的EVPN路由）。

为减少BGP对等体的数量，建议部署两级RR架构，核心网络中独立部署一级RR，AGG、MC和PE作为此RR的客户机；AGG作为二级Inline-RR，ACC作为此Inline-RR的客户机。AGG作为HoVPN的域内边界路由器，发布路由时修改下一跳为自己的EVPN路由；RR发布路由时不修改下一跳。

为了防止路由环路，一级独立主备RR的Cluster ID建议配置相同。为了可以兼做业务接入PE节点，作为二级Inline-RR的AGG对的Cluster ID建议配置不同。

EVPN L3VPN/L2VPN支持Add-Path特性，用于形成VPN FRR/ECMP。

SRv6网络中跨AS场景中的BGP路由设计如图7-4所示。

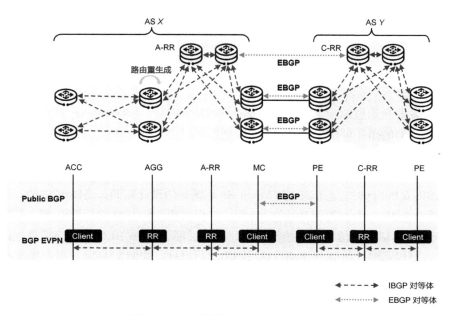

图 7-4　跨 AS 场景中 BGP 的路由设计

跨AS场景中的BGP路由设计也包括公网平面和私网平面两方面。

- 公网平面：在AS内，SRv6 Locator/LoopBack聚合路由在不同IGP域的传递可以通过IGP路由互引来实现，不需要通过公网BGP。在AS之间，跨AS的SRv6 Locator/LoopBack聚合路由需要通过BGP来传递，使得ACC、AGG、MC、RR和PE所有公网BGP IPv6路由可达。因此，MC和PE间需要建立EBGP对等体关系，同时要在MC和PE上配置IGP和BGP路由互引。

- 私网平面：以承载5G业务为例，在BGP EVPN地址族中发布业务路由，如发布基站侧以及核心网侧的私网路由。基站侧的私网路由到达AGG，在AGG通过EVPN路由重生成为本地路由优选后，发送给核心侧。因此，AGG上会同时存在两份EVPN路由。

为减少BGP对等体的数量，建议部署两级RR架构，核心网络中独立部署一级RR（如A-RR和C-RR），AGG、MC作为A-RR的客户机，PE作为C-RR的客户机；AGG作为二级Inline-RR，ACC作为此Inline-RR的客户机。AGG作为HoVPN的域内边界路由器，发布路由时修改下一跳为自己的EVPN路由，RR发布路由时不修改下一跳。

为了防止路由环路，一级独立A-RR、C-RR的Cluster ID建议配置相同。为了可以兼做业务接入PE节点，作为二级Inline-RR的AGG，其Cluster ID建议配置不同。

EVPN L3VPN/L2VPN支持Add-Path特性，用于形成VPN FRR/ECMP。

以下介绍BGP-LS IPv6和BGP IPv6 SR-Policy的设计。在SRv6 Policy网络中，BGP除了传统的路由发布功能，还需要作为转发器和控制器之间信息交互的桥梁。在控制器的帮助下，SRv6 Policy路径可以很容易地实现可管、可控、可视。

转发器会通过BGP-LS IPv6上报网络拓扑、时延、SRv6 Policy状态等信息，用于控制器的拓扑可视和路径计算；控制器可以通过BGP IPv6 SR-Policy协议下发SRv6 Policy路径信息到业务头节点，指导头节点进行业务数据转发。

对于BGP-LS IPv6和BGP IPv6 SR-Policy对等体的设计，当HoVPN的两段隧道均为SRv6 Policy时，与E2E VPN over SRv6场景的设计相同；当HoVPN的一段隧道为SRv6 BE、另一段为SRv6 Policy时，如仅需要在HoVPN的汇聚层/核心层部署SRv6 Policy以实现流量路径按需优化，接入层部署SRv6 BE以实现流量最短路径转发，则仅需要针对SRv6 Policy这段网络进行设计。如图7-5所示，以ACC与AGG之间部署SRv6 BE、AGG和PE2之间部署SRv6 Policy为例，对BGP-LS IPv6和BGP IPv6 SR-Policy设计做简要的说明。

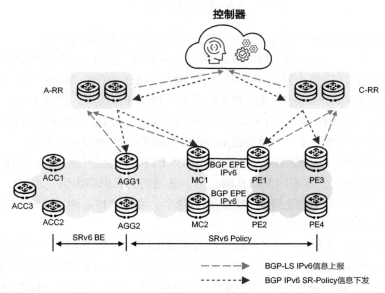

图 7-5　BGP-LS IPv6 和 BGP IPv6 SR-Policy 的设计

BGP-LS IPv6的设计原则如下。

- 在AGG/MC与A-RR之间、PE与C-RR之间、控制器与A-RR/C-RR之间建立BGP-LS IPv6对等体。
- AGG、MC和PE收集IGP拓扑、带宽、链路时延等信息，通过BGP-LS IPv6对等体关系上报给RR。之后RR向网络控制器上报这些信息。
- AGG、PE2设备将SRv6 Policy状态分别通过A-RR、C-RR反射给网络控制器。

📖 **说明**

BGP-LS路由包含3种类型：Node、Link和Prefix。SRv6 Policy的算路和调优场景暂时不涉及Prefix类型路由，因此在AGG到A-RR的出方向、PE到C-RR的出方向，推荐过滤掉Prefix类型路由，以降低设备的处理压力。

对于如上跨AS的场景，需要在MC和PE上部署BGP EPE IPv6，具体请参考第6章。

BGP IPv6 SR-Policy的设计原则如下。

- 在AGG/MC与A-RR之间、PE与C-RR之间、网络控制器与A-RR/C-RR之间建立BGP IPv6 SR-Policy对等体。
- 通过网络控制器计算SRv6 Policy，使用<HeadEnd、Color、EndPoint>唯一标识SRv6 Policy。
- 网络控制器通过BGP IPv6 SR-Policy对等体关系将SRv6 Policy路径信息通告给A-RR和C-RR，之后由A-RR反射给AGG1和AGG2，由C-RR反射给业务头节点PE3和PE4。

📖 **说明**

默认情况下，控制器仅需要把SRv6 Policy路径信息通告给SRv6 Policy的头节点（如AGG1和AGG2）和尾节点（如PE3和PE4）。在跨AS场景中，通常推荐在跨AS的边界节点（如MC1/MC2、PE1/PE2）和RR之间建立BGP IPv6 SR-Policy对等体关系。如果控制器识别到跨AS的SRv6 Policy路径信息超过设备的最大栈深，则不仅需要通告SRv6 Policy路径信息给头节点和尾节点，还需要通告SRv6 Policy路径粘连信息给跨AS的边界节点，确保能够跨AS建立一条完整的SRv6 Policy路径。

7.1.2 SRv6 路径设计

HoVPN方案与E2E VPN方案在SRv6路径的适用场景和方案设计方面是基本相同的，详细内容可以参考6.1.4节。相比E2E VPN方案，HoVPN方案在SRv6隧道类型的选择和适用场景方面更加灵活，如HoVPN包含两段隧道，这两段隧道相互独立，从而可以在接入侧这段部署SRv6 BE，基于IGP cost值的最短路径转发业务；在汇聚/骨干侧部署SRv6 Policy，实现业务路径的灵活规划和整网带宽利用率均衡。

7.1.3 业务 VPN 设计

HoVPN主要用来承载移动业务，下面将以单AS内承载5G业务为例，简要说明HoVPN over SRv6的设计，如图7-6所示。网络中通常需要在汇聚层/核心层部署独立RR，为简化描述，图7-6中省去了独立RR。独立RR具体设计请参考7.1.1节。

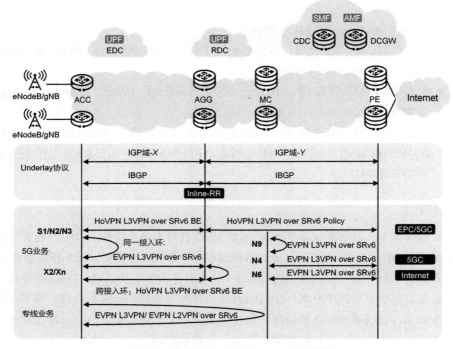

图 7-6　5G 业务的 HoVPN over SRv6 设计

HoVPN over SRv6方案主要承载如下5G移动业务。

- 基站和核心网之间的5G业务：例如5G SA模式的N2/N3业务、5G NSA模式的S1业务。
- 基站和基站之间的5G业务：涉及通过不同ACC节点接入网络，并且需要互通的gNB间业务，例如5G SA模式的Xn业务、5G NSA模式的X2业务。

无论是5G NSA建网，还是5G SA建网，S1/N2/N3/X2/Xn业务均可以统一采用HoVPN over SRv6方案承载。其余业务推荐采用E2E VPN over SRv6方案承载，例如5G核心网元之间互通的N4/N9业务，从5G核心网元去往Internet的N6业务，以及更适合部署E2E VPN来实现端到端路径按需规划的高价值专线业务。

以下分别以5G S1/N2/N3和X2/Xn业务为例介绍HoVPN over SRv6方案的VPN设计。

1. 5G S1/N2/N3业务的VPN设计

4G/5G NSA S1业务、5G SA N2/N3业务的VPN设计如图7-7所示。

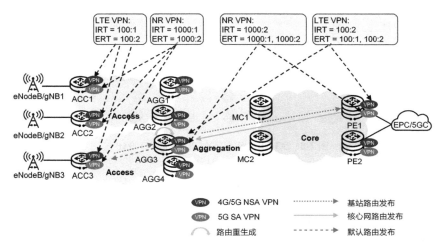

图 7-7　4G/5G NSA S1 业务、5G SA N2/N3 业务的 VPN 设计

对于4G/5G NSA、5G SA场景的VPN设计，HoVPN over SRv6与E2E VPN over SRv6总体上相同，下面介绍HoVPN场景差异的部分。

- HoVPN组网时，除了ACC、PE节点要部署VPN实例，中间的路由重生成节点（如AGG）也需要部署VPN实例，此VPN实例不需要绑定具体物理接口。5G SA场景中，在新部署HoVPN时同步考虑AGG节点部署VPN实例；5G NSA场景中，5G业务直接复用已部署的4G HoVPN。
- AGG节点VPN实例下的RT规划包括IRT和ERT，与ACC、PE节点下相应VPN实例的RT规划相同。
- AGG在收到ACC侧的EVPN路由后，重生成下一跳为自己的EVPN路由，并发给远端PE。另外，AGG仅向ACC发布默认路由，不发布收到的来自PE侧的明细/聚合EVPN路由。

2. 5G X2/Xn业务的VPN设计

5G NSA模式下X2业务的VPN设计如图7-8所示。

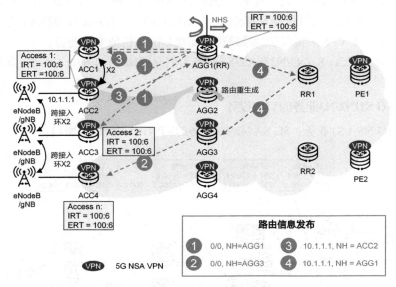

图 7-8　5G NSA 模式下 X2 业务的 VPN 设计

5G NSA模式下X2业务的VPN设计建议如下。

- 一般X2业务和S1业务采用同一个HoVPN实例来承载。
- 需要为gNB与eNodeB的X2业务单独规划一套相同的RT标识，如100:6。规划IRT和ERT相同，采用全互联模型的RT规划，允许gNB与eNodeB的X2流量能够互访。
- AGG发布一条默认路由给下挂的所有ACC，以减少ACC学习的路由数量。
- 同一AGG对下挂的同一接入环ACC节点间的X2流量就近转发。默认情况下，由于AGG使能了路由重生成，且重生成路由优先级高，X2流量会优先从AGG绕行。如果希望ACC节点间能直接转发流量，需要ACC节点能够收到对方的明细路由，那么可以部署Community及对应的路由策略。控制AGG节点转发同接入环ACC节点间路由时，不修改路由的下一跳。
- 对于跨AGG对的X2流量互通，AGG收到接入环ACC发布的明细私网路由时，需要给汇聚/骨干网络发布重生成的路由，并设置下一跳为自己的路由。

5G SA模式下Xn业务的VPN设计如图7-9所示。

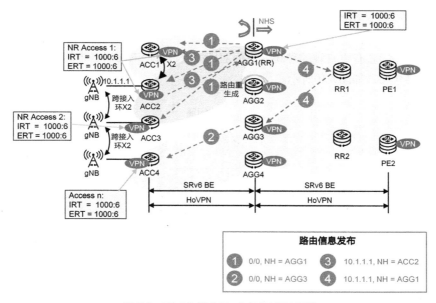

图 7-9 5G SA 模式 Xn 业务的 VPN 设计

5G SA模式下Xn业务的VPN设计建议如下。

- 通常5G业务和4G业务采用相互独立的HoVPN实例来承载。
- 对于5G业务而言，Xn和N2/N3业务推荐部署在同一个VPN中，Xn业务的RT采用独立规划且设计为相同值（如1000:6），以简化对Xn流量的规划/维护。
- AGG发布一条默认路由给下挂的所有ACC，减少ACC学习的路由数量。
- 同一AGG对下挂的同一接入环ACC节点间的Xn流量就近转发。默认情况下，由于AGG使能了路由重生成，且重生成路由优先级高，Xn流量会优先从AGG绕行。如果希望ACC节点间能直接转发流量，需要ACC节点能够收到对方的明细路由，那么可以部署Community及对应的路由策略。控制AGG节点转发同一接入环ACC节点间路由时，不修改路由的下一跳。
- 对于跨AGG对的Xn流量互通，AGG收到接入环ACC发布的明细私网路由时，需要给汇聚/骨干网络发布重生成的路由，并设置下一跳为自己的路由。

7.1.4 网络切片设计

与E2E VPN over SRv6方案相比，HoVPN over SRv6方案需要考虑在不同域内分段部署切片来承载HoVPN业务。HoVPN over SRv6在不同域内分段的网络切片方案与E2E VPN over SRv6方案的网络切片方案并无本质的差异。网络切片方案的设计原则请参考6.1.7节。

为了让读者有更直观的理解，下面对HoVPN over SRv6场景中的网络切片设计进行简要介绍，如图7-10所示。

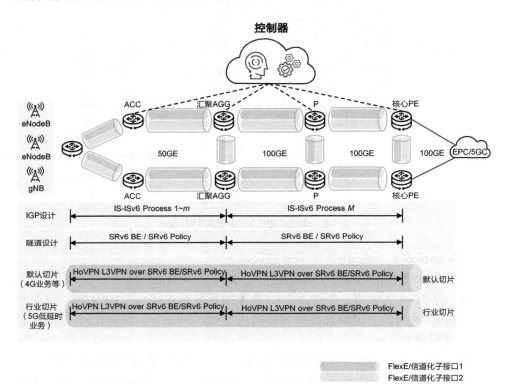

图 7-10 HoVPN over SRv6 场景中的网络切片设计

通常推荐默认切片承载普通业务，如传统的2G、3G、4G业务等。按照业务特定的SLA诉求，可以规划一个或多个行业切片来分别承载，比如承载5G低时延业务的切片、承载高确定性SLA诉求的专线业务的切片。

HoVPN over SRv6方案的网络切片业务承载总体可以参考如下方式。

- 行业切片以Slice ID来区分：为不同的行业切片分配不同的Slice ID，行业切片内的SRv6 BE及SRv6 Policy数据平面携带此切片的Slice ID进行转发。
- 共享一个IGP进程：网络中如果部署多个行业切片，这些行业切片与默认切片共享同一个IGP进程。因此随着行业切片部署量的增加，设备处理IGP进程的报文数量并没有增加。
- 各切片内的VPN独立：各切片内可以任意选择部署1个或多个EVPN

L2VPN、EVPN L3VPN、HoVPN实例，不同切片之间相互独立。为简化规划、部署、运维，通常建议一个VPN实例业务仅在一个切片内承载，即VPN业务不跨切片承载。

- 各切片内的SRv6独立：默认切片及行业切片均可以部署SRv6 BE或SRv6 Policy，并且相互隔离，互不影响；同一个默认切片或行业切片中，接入层、汇聚层依据业务诉求不同，可以分别部署SRv6 BE或SRv6 Policy。
- 各切片内的QoS独立：每个行业切片或默认切片内，都有自己独立的一套QoS调度队列；不同切片内的QoS调度队列相互解耦、相互隔离。
- 默认切片部署公共配置：默认切片接口上配置公共的IP地址、IGP能力、IGP Cost值等。各行业切片共享默认切片的IP地址及IGP算路结果，从而简化运维。

7.1.5　可靠性设计

在可靠性保护的通用设计原则方面，HoVPN over SRv6方案与E2E VPN over SRv6方案基本相同，详细内容请参考6.1.8节。本节主要基于HoVPN场景介绍网络各个层级的可靠性设计示例，并结合5G业务举例说明可靠性设计的方案。

1. S1/N2/N3业务的保护

下面以跨AS的业务组网场景为例，简要说明基站与核心网之间无线业务的可靠性保护方案。在不同的VPN业务场景中，MC和PE承担不同的角色，如作为业务的中间P节点、业务头/尾PE节点，需要有不同的可靠性设计方案。跨AS场景的S1/N2/N3业务保护如图7-11所示。

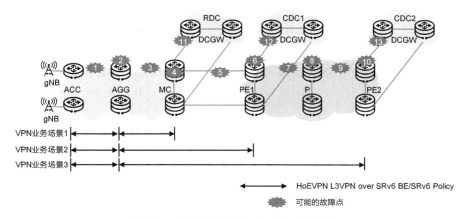

图 7-11　跨 AS 场景的 S1/N2/N3 业务保护

跨AS场景的S1/N2/N3业务的可靠性检测方案和保护方案规划如表7-2所示。

表 7-2　跨 AS 场景的 S1/N2/N3 业务的可靠性检测方案和保护方案规划

业务	故障点	检测方案	保护方案
S1/N2/N3（SRv6 BE）	1/3/7/8/9	U/D：BFD for IGP（30 ms×3）	U/D：TI-LFA
	2	U/D：BFD for SRv6 Locator（50 ms×3）	U/D：VPN FRR
	4	MC 不终结业务如下。 • U：BFD for IGP（30 ms×3）。 • D：BFD for Interface（30 ms×3）。 MC 终结业务如下。 • U：BFD for SRv6 Locator（50 ms×3）。 • D：BFD for IP（50 ms×3）	MC 不终结业务如下。 • U：TI-LFA。 • D：IP FRR（跨 AS）。 MC 终结业务如下。 • U：VPN FRR。 • D：IP FRR
	5	U/D：BFD for Interface（30 ms×3）	U/D：IP FRR
	6	PE1 不终结业务如下。 • U：BFD for Interface（30 ms×3）。 • D：BFD for IGP（30 ms×3）。 PE1 终结业务如下。 • U：BFD for SRv6 Locator（50 ms×3）。 • D：BFD for IP（50 ms×3）	PE1 不终结业务如下。 • U：IP FRR。 • D：TI-LFA。 PE1 终结业务如下。 • U：VPN FRR。 • D：IP FRR
	10	U：BFD for SRv6 Locator（50 ms×3）。 D：BFD for IP（50 ms×3）	U：VPN FRR。 D：IP FRR
	11/12/13	U/D：BFD for Interface（30 ms×3）	U：VPN Mixed FRR（IP 路由和 VPN 路由混合的 FRR）。 D：IP FRR

续表

业务	故障点	检测方案	保护方案
S1/N2/N3（SRv6 Policy）	1/3/7/8/9	U/D：BFD for IGP（30 ms×3）。 U/D：SBFD for Segment List（50 ms×3，部署 SBFD 回程入隧道）	U/D：Midpoint 保护。 U/D：主备 Candidate Path 保护
	2	U/D：SBFD for Segment List（50 ms×3，部署 SBFD 回程入隧道）	U/D：VPN FRR
	4	节点不终结业务如下。 ● U：BFD for IGP（30 ms×3）。 ● D：BFD for Interface（30 ms×3）。 节点终结业务如下。 ● U：SBFD for Segment List（50 ms×3，部署 SBFD 回程入隧道）。 ● D：BFD for IP（50 ms×3）	节点不终结业务如下。 ● U：Midpoint 保护。 ● D：IP FRR。 节点终结业务如下。 ● U：VPN FRR。 ● D：IP FRR
	5	U/D：BFD for Interface（30 ms×3）	U/D：IP FRR
	6	节点不终结业务如下。 ● U：BFD for Interface（30 ms×3）。 ● D：BFD for IGP（30 ms×3）。 节点终结业务如下。 ● U：SBFD for Segment List（50 ms×3，部署 SBFD 回程入隧道）。 ● D：BFD for IP（50 ms×3）	节点不终结业务如下。 ● U：IP FRR。 ● D：Midpoint 保护。 节点终结业务如下。 ● U：VPN FRR。 ● D：IP FRR
	10	U：SBFD for Segment List（50 ms×3，部署 SBFD 回程入隧道）。 D：BFD for IP（50 ms×3）	U：VPN FRR。 D：IP FRR
	11/12/13	U/D：BFD for Interface（30 ms×3）	U：VPN Mixed FRR。 D：IP FRR

2. X2/Xn业务的保护

基站之间的X2/Xn业务数据使用全互联模式，由于经常变化，因此一般采用SRv6 BE承载，从而实现业务的灵活最短路径转发。

X2/Xn业务的保护如图7-12所示。

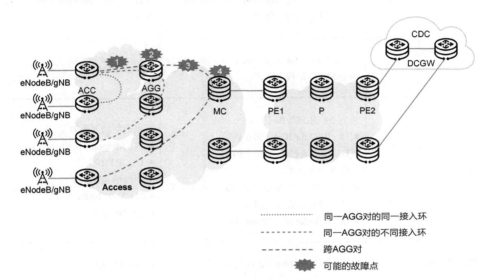

图 7-12   X2/Xn 业务的保护

X2/Xn业务的检测方案和保护方案规划如表7-3所示。

表 7-3   X2/Xn 业务的检测方案和保护方案规划

业务	故障点	检测方案	保护方案
X2/Xn（同一 AGG 对的同一接入环）	1/2	U/D：BFD for IGP（30 ms×3）	U/D：TI-LFA
X2/Xn（同一 AGG 对的不同接入环）	1/2	U/D：BFD for IGP（30 ms×3）	U/D：TI-LFA
X2/Xn（跨 AGG 对）	1/3/4	U/D：BFD for IGP（30 ms×3）	U/D：TI-LFA
X2/Xn（跨 AGG 对）	2	U/D：BFD for SRv6 Locator（50 ms×3）	U/D：VPN FRR

7.1.6　QoS 设计

在移动承载网络中QoS设计的总体原则方面，HoVPN over SRv6方案与E2E
VPN over SRv6方案相同，详细内容请参考6.1.10节。需要注意的是，对于HoVPN
over SRv6方案，在AGG节点，基站去往核心网方向的业务流量，需要把ACC—
AGG网络中IPv6报文头的TC字段映射到AGG—MC网络中IPv6报文头相应的TC字
段，如图7-13所示。此外，对于核心网去往基站方向的业务流量，在AGG节点上
执行相似的操作。

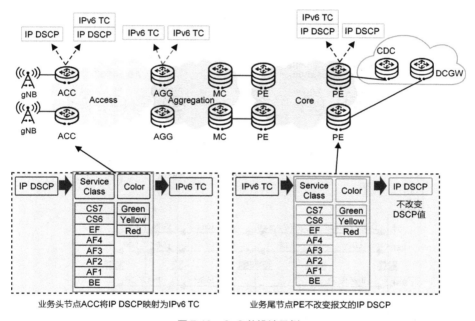

图 7-13　QoS 的设计示例

|7.2　HoVPN over SRv6 部署案例 |

7.2.1　用户网络简介

如图7-14所示，T国A运营商IP承载网络是一个多业务的综合性网络，包括

移动2G业务、3G业务、4G LTE业务、5G NR业务、BNG家庭宽带业务和企业业务等，在引入SRv6之前整体为Seamless MPLS方案，IPRAN和IPCore属于相同的AS。网络结构主要分为IPRAN和IPCore两个部分。

- IPRAN区域的网元主要是ACC、AGG和MC，2G/3G基站控制器（BSC/RNC）和BNG都是直挂在MC上。
- EPC/5GC放在IPCore内。

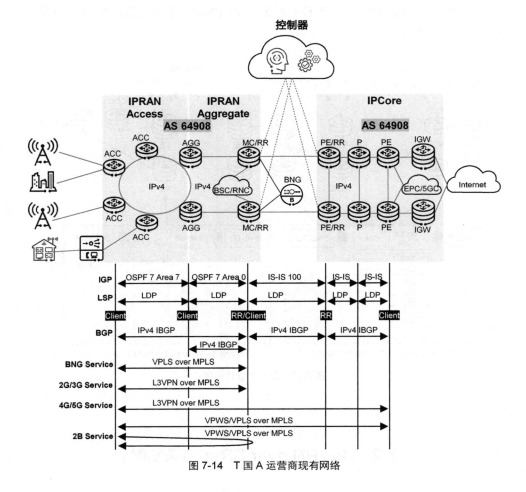

图 7-14　T国A运营商现有网络

协议配置和业务部分方面介绍如下。

- IGP方面，IPRAN区域的IGP使用OSPF，为同一个进程（process）不同区域（area），IPCore区域的IGP使用IS-IS。
- BGP方面，所有设备都使能了BGP单播标签，从ACC到PE端到端贯通主机路由，在ACC/AGG和MC之间建立BGP VPNv4对等体，MC兼做ACC/AGG

的RR，IPCore中连接IPRAN的一对PE兼做RR，其他PE和该对PE建立BGP VPNv4对等体。

- 隧道方面，IPRAN区域内使用的隧道为LDP LSP，IPCore区域内使用的隧道也为LDP LSP，跨IPRAN区域互通业务（穿越IPCore）使用的隧道为BGP LSP。
- 业务模型方面，2G业务、3G业务、4G LTE业务、5G NR业务采用E2E L3VPN承载，BNG业务使用L2VPN（VPLS）承载，2B业务使用L2VPN（VPWS/VPLS）承载。

7.2.2　业务需求

随着网络业务的不断发展和网络规模的不断扩大，IP/MPLS的组合遇到了如下问题和挑战。

- 网络体验差。缺乏网络的全局视角，也缺乏流量可视化功能，无法基于全局视角做出全局最优的网络决策，且网络拥塞时无法自动优化。
- 跨AS业务部署的网络可扩展性差。采用Seamless MPLS这一复杂技术实现跨AS互连，在交界的节点上需要生成大量的MPLS表项，这给控制平面和数据平面造成了极大的压力，影响了网络的可扩展性。
- 新业务上线困难。MPLS标签空间有限，封装格式固化且不能灵活扩展，这导致网络创新和上线新业务存在挑战，无法满足新业务的多样化需求。

用户亟须选择一种新的技术方案来应对这些挑战。SRv6作为新一代IP承载协议，可以简化并统一传统的复杂网络协议，是5G和云时代构建智能IP网络的基础。SRv6丰富的网络编程能力能够更好地满足新的网络业务的需求，而其兼容IPv6的特性也使得网络业务部署更为简便。同时，SRv6还可以帮助运营商快速发展创新型业务，例如智能云网业务，实现应用级的SLA保障，使千行百业广泛受益。

基于上述实际业务诉求，以及SRv6的技术优势，T国A运营商IP承载网络采用HoVPN over SRv6技术方案，网络侧部署IPv4/IPv6双栈，新增EVPN+SRv6网络平面，同时，借助控制器实现网络路径可视、路径自动优化、业务快速下发、智能运维等。

7.2.3　整体方案设计

如图7-15所示，IPRAN区域规划部署HoVPN over SRv6，以及层次化IGP，构建分段的SRv6路径承载L3VPN业务。因为4G/5G业务需要跨越IPcore（不支持SRv6），在MC和5GC之间新增了直连光纤，并在MC和5GC之间使用IP直连，从而实现了协议简化，降低了A运营商的投资和运维成本。方案还提供可靠性技术，保证网络的可靠和高效运行。

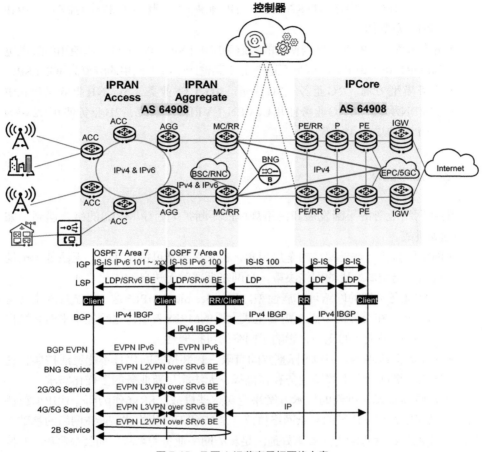

图 7-15　T 国 A 运营商目标网络方案

- IGP方面，新增IS-IS IPv6进程，整个汇聚环设计为同一个IS-IS IPv6进程，不同接入区域（环）设计为不同的IS-IS IPv6进程，网络层接口和LoopBack0配置IPv4/IPv6双栈并使能IS-IS IPv6，通过IS-IS IPv6来传递SRv6 Locator路由。接入环新增的IS-IS IPv6与现网已有的OSPFv2进程相互无影响，可以很好地共存，不需要对已有的OSPFv2进程进行任何修改。汇聚环IS-IS进程增加IPv6标准拓扑，不影响原来的IS-IS IPv4业务。

- BGP方面，新增BGP EVPN对等体，使能EVPN路由迭代SRv6，在ACC和AGG之间建立对等体，AGG兼做RR；在AGG和MC之间建立对等体，MC兼做RR。新增BGP EVPN路由方式，实现BGP EVPN路由与BGP VPN路由双BGP平面，更利于业务平滑演进；其间对现有的BGP VPN没有做修改。

- 隧道方面，接入环设计为SRv6 BE；汇聚环设计为SRv6 BE/SRv6 Policy，且

SRv6 Policy使能自动调优。

- 业务模型方面，L3VPN over MPLS演进到EVPN L3VPN over SRv6，VPLS over MPLS演进到EVPN E-LAN over SRv6。
- 可靠性方面，使能BFD for IGP，并联动TI-LFA快速切换。SRv6 BE场景使能BFD for SRv6 Locator，SRv6 Policy场景使能SBFD for SRv6 Policy，均联动VPN FRR实现快速切换，保障业务的可靠性。

7.2.4　IPv6 地址设计

1. IPv6地址设计概述

合理规划IP地址是网络设计的重要一步。IP地址的规划是为了提高网络的路由协议算法的效率，从而提高网络性能、可扩展性，简化进一步的开发工作。T国A运营商需要新设计3种IPv6地址，如表7-4和表7-5所示。

表 7-4　接口 IPv6 地址的设计

接口类型	接口名称	IP 地址规划	说明
逻辑接口	LoopBack0	IPv6：128 bit 掩码全局地址	IGP 域内路由发布和 BGP 对等体关系建立
物理接口	设备互连接口（Link）	IPv6：127 bit 掩码全局地址	IGP 路由可达性

表 7-5　SRv6 Locator 地址的设计

类型	名称	IP 地址规划	说明
Locator	locator_srv6	IPv6：80 bit 掩码全局地址	IGP 路由可达性

图7-16展示了IPv6地址各字段的设计原则。

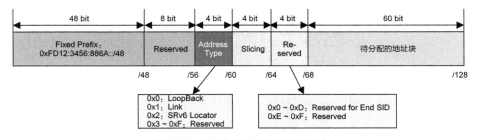

图 7-16　IPv6地址各字段的设计原则

IPv6地址各字段的含义如表7-6所示。

表 7-6　IPv6 地址各字段的含义

字段名	长度	含义
Fixed Prefix	48 bit	运营商从地址机构申请到的 IPv6 地址块固定前缀，长度不变。本案例为 0x FD12:3456:886A::/48
Reserved	8 bit	bit 49 ～ 56，预留用来做扩展
Address Type	4 bit	bit 57 ～ 60 用于标识不同的地址类型。 ● 0x0：LoopBack 接口地址。 ● 0x1：Link（设备互连）接口地址。 ● 0x2：SRv6 Locator 地址。 ● 0x3 ～ 0xF：预留值
Slicing	4 bit	bit 61 ～ 64，用于识别网络切片。当网络要划分为多个拓扑且每个拓扑需要规划不同 SRv6 Locator 时使用此字段
Reserved	4 bit	bit 65 ～ 68，预留用来做扩展

下面将对3种IPv6地址的设计进行简单介绍。

2. LoopBack接口的IPv6地址设计

LoopBack接口配置的IPv6地址可以作为SRv6的源地址。当业务流量进入SRv6隧道时，会封装SRv6报文头，报文头的源地址可以采用LoopBack接口地址。

LoopBack接口的IPv6地址设计原则如图7-17所示。其中，Role字段占据bit 69 ～ 72，长度是4 bit，用于识别网元角色。"0x0"为PE，"0x1"为MC，"0x2"为AGG，"0x3"为ACC，其他为预留值。

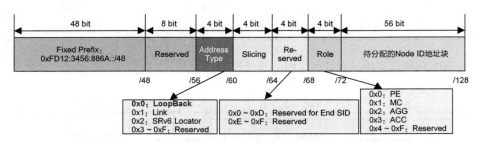

图 7-17　LoopBack 接口的 IPv6 地址设计原则

LoopBack接口的IPv6地址设计结果如表7-7所示。

表 7-7　**LoopBack 接口的 IPv6 地址设计结果**

网元角色	LoopBack 接口的 IPv6 地址
MC	FD12:3456:886A:0:0100::1/128

续表

网元角色	LoopBack 接口的 IPv6 地址
AGG	FD12:3456:886A:0:0200::1/128
ACC	FD12:3456:886A:0:0300::1/128

3. 互连接口的IPv6地址设计

设备互连接口的IPv6地址掩码为127 bit。如图7-18所示，设备互连接口的IPv6地址设计的主要原则如下。

Network Layer字段占据bit 69 ~ 72，长度是4 bit，用于识别网络层次。其中，"0x0"为核心汇聚（Aggregation & Core），"0x1"为接入（Access），其他为预留值。

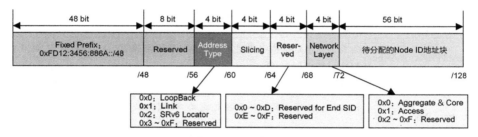

图 7-18　设备 IPv6 互连接口地址设计原则

设备互连接口的IPv6地址设计结果如表7-8所示。

表 7-8　设备互连接口的 IPv6 地址设计结果

网络层次（Network Layer）	本端网元	对端网元	本端地址	对端地址
Aggregation & Core	MC	MC	FD12:3456:886A:0010::0/127	FD12:3456:886A:0010::1/127
	MC	AGG	FD12:3456:886A:0010::2/127	FD12:3456:886A:0010::3/127
Access	ACC	AGG	FD12:3456:886A:0010:0100::0/127	FD12:3456:886A:0010:0100::1/127
	ACC	ACC	FD12:3456:886A:0010:0100::2/127	FD12:3456:886A:0010:0100::3/127

4. SRv6 Locator的设计

SRv6 Locator的规划既要兼容SRv6报文头传输效率提升能力，又要兼容32 bit和16 bit SID的传输效率提升方案，建议的具体规划原则如图7-19所示。

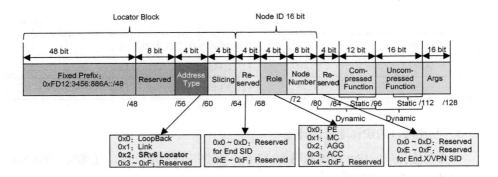

图 7-19　SRv6 Locator 兼容 32 bit 和 16 bit SID 传输效率提升方案的建议规划原则

SRv6 Locator设计各字段的含义如表7-9所示。

表 7-9　SRv6 Locator 设计各字段的含义

字段名	长度	含义
Fixed Prefix	48 bit	运营商从地址机构申请到的 IPv6 地址块固定前缀，长度不变。本案例为 FD12:3456:886A::/48
Reserved	8 bit	bit 49 ~ 56 预留用来做扩展
Address Type	4 bit	bit 57 ~ 60 用于标识不同的地址类型。取值为 0x2 时表示 SRv6 Locator 地址
Slicing	4 bit	bit 61 ~ 64，预留用于识别网络切片。当网络要划分为多个拓扑且每个拓扑需要规划不同 SRv6 Locator 时，使用此字段。 Fixed Prefix+Reserved+Add Type+Slicing 这些字段构成了 SRv6 的 Locator Block 字段。Locator Block 字段要尽量设计为 16 的倍数，便于后续支持 16 bit 传输效率提升方案
Reserved	4 bit	此 4 bit 表示 16 个 4K（K=1024）空间的地址块，这 16 个地址块由节点的 End SID、End.X SID 和 VPN SID 共用
Role	4 bit	bit 69 ~ 72，用于识别网元角色。 ● 0x0（0b0000）：PE。 ● 0x1（0b0001）：MC。 ● 0x2（0b0010）：AGG。 ● 0x3（0b0011）：ACC。 ● 0x4 ~ 0xF：预留值
Node Number	8 bit	bit 73 ~ 80，用于识别网元序号。在某个子网下对网络设备进行编号，以标识每个独立的设备。 整体 Node ID（Reserved+Role+Node Number）的长度要求是 16 bit，以支持 16 bit C-SID 传输效率提升方案

字段名	长度	含义
Compressed Function	12 bit	SRv6 Locator 的可压缩 Function 部分，由 Static 和 Dynamic 组成，其中 Static 长度可配置。 Node ID 与可压缩 Function 的长度之和为 32 bit，以支持 32 bit C-SID 传输效率提升方案。 在 16 bit C-SID 传输效率提升方案中，该字段长度必须为 16 bit，其和 Node ID 共享 16 bit 资源空间。为了区分 Node ID 和可压缩的 Function，Node ID 的前 4 bit 不能与 Compressed Function 的前 4 bit 重叠
Uncompressed Function	16 bit	SRv6 Locator 的不可压缩 Function 部分，由 Static 和 Dynamic 组成，其中 Static 长度可配置。 当网络设备上 VPN 实例太多，采用可压缩 Function 空间；实例不足时，可以采用不可压缩 Function 空间
Args	16 bit	用于标识非压缩 Function 生成的 SID 的参数。Args 长度可根据情况灵活调整

SRv6 Locator设计的结果如表7-10所示。

表 7-10　SRv6 Locator 设计的结果

网元角色	SRv6 Locator
ACC	FD12:3456:886A:0020:0300::/80
AGG	FD12:3456:886A:0020:0200::/80
MC	FD12:3456:886A:0020:0100::/80

7.2.5　IGP 部署

接入层、汇聚层的IGP设计采用IS-IS多进程。多进程设计可以有效控制路由规模和路由震荡对网络的影响。IGP的规划原则如图7-20所示。

- 汇聚层（AGG）采用核心层（MC）的IS-IS进程ID，用于实现汇聚层和核心层在一个IS-IS进程中，并实现SRv6 Locator路由高效发布。具体来说，汇聚层和核心层的IS-IS进程ID为100。接入层（ACC）采用和汇聚层/核心层不同的IS-IS进程ID，并且不同的接入环之间的IS-IS进程ID不同，这样可以减少接入环的路由数量，具有更高的可扩展性。具体来说，接入层IS-IS进程ID的范围为101 ～ 130。
- 根据链路所属的区域将接口加入对应的IS-IS进程。
- 对于AGG对之间的互连接口，主接口加入汇聚侧IS-IS 100的Level-2，子接口加入接入层IS-IS。如果有多个接入环，则配置多个子接口，并分别加入不同的IS-IS进程。

- 将AGG的LoopBack0接口的IP地址添加到汇聚环的IGP进程中。
- 接入环和汇聚环的路由通过不同的进程分离。AGG将接入环进程的路由引入汇聚环进程，并向接入环进程发布默认路由，减少接入环设备的路由量。
- 部署BFD for IS-IS检测以加快IS-IS进程收敛，BFD配置为30 ms×3，即检测周期为30 ms，检测倍数为3。

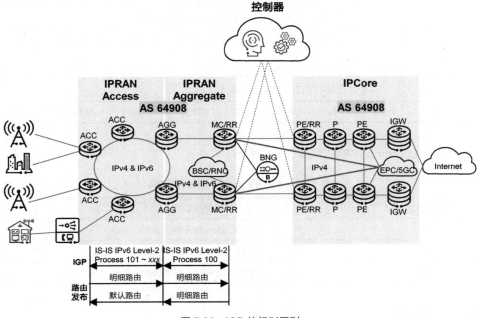

图 7-20　IGP 的规划原则

1. IS–IS NET的设计

IS-IS NET（网络实体）用于唯一标识IS-IS域内的每台网络设备，因为老网络的IGP为OSPF，所以IS-IS NET需要重新设计，格式为：区域地址.系统ID.SEL。

- 区域地址：全网一致，规划为49.0100，由A运营商提供。
- 系统ID（SYSTEM ID）：系统ID在全网范围内必须唯一，规划为现网LoopBack接口的IPv4地址转换而来。例如，如果IP地址为192.168.244.67，由4个十进制数组成。每个十进制数扩展为3 bit数字，如果小于3 bit，则在前面补零，这样得到号码192.168.244.067。这个号码再分为3段，每段由4 bit数字组成，变为1921.6824.4067，用来表示系统ID。
- SEL：固定为00。

IS-IS NET的设计结果如表7-11所示。

表 7-11　IS-IS NET 的设计结果

Area ID			SYSTEM ID						SEL
49	01	00	19	21	68	24	40	67	00

2. IS–IS Cost的设计

为了防止流量从低带宽链路绕行，需要分层配置开销，确保上层链路的IGP Cost值之和小于下层链路的IGP Cost值之和。

如表7-12所示，根据链路带宽规划不同的IPv6 Cost值。在设计时充分考虑了未来网络的扩容和演进，接入层最大带宽100 Gbit/s，汇聚层最大带宽400 Gbit/s，核心层最大带宽1000 Gbit/s。总体原则是链路带宽越大，Cost值越小；接入层/汇聚层/核心层之间相同带宽的链路Cost值保持一定倍数关系，比如，接入层带宽为100 Gbit/s，链路Cost值配置为40 000；汇聚层带宽为100 Gbit/s，链路Cost值配置为4000；核心层带宽为100 Gbit/s，链路Cost值配置为400。

表 7-12　IS-IS Cost 的设计结果

网络层次	带宽 /Gbit·s^{-1}	IPv6 Cost
接入层物理链路 /Eth-Trunk，涉及图 7-20 中如下链路。 • ACC—ACC。 • ACC—AGG	100	40 000
	50	80 000
	20	150 000
	10	300 000
	2	1 500 000
	1	3 000 000
	0 ~ 1（微波）	5 000 000
汇聚层物理链路 /Eth-Trunk，涉及图 7-20 中如下链路。 • AGG—AGG。 • AGG—MC。 • MC—MC	400	1000
	100	4000
	50	8000
	20	15 000
	10	30 000
	2	150 000
	1	300 000
	0 ~ 1（微波）	500 000

3. IS–IS参数的设计

IS-IS主要参数的设计如表7-13所示。

表 7-13　IS-IS 主要参数的设计

项目	参数
IS-IS Level（IS-IS Level）	Level-2
网络实体名称（NET）	参见本节的"IS-IS NET 的设计"
开销类型（Cost Style）	Wide
生成 LSP 的间隔时间（lsp-generation）	1 s、50 ms、50 ms，分别表示生成 LSP 的最大间隔、初始间隔和递增时间
防微环（Avoid-microloop）	使能
认证（Authentication）	HMAC-SHA256
快速收敛（Fast Convergence）	使能
链路类型（Link Type）	P2P
IS-IS 主机名称（IS-name）	与设备主机名相同
过载状态（Set-overload）	On startup，设备重启或者出现故障时，过载标志位在配置的时间内将保持被置位状态。默认值是 600 s
双向转发检测（BFD）	所有接口使能，定时器为 30 ms×3
拓扑（Topology）	启用 IPv6，并隔离 IPv4 和 IPv6 拓扑

4. IS–IS的配置结果

以AGG（LoopBack0的IPv6地址为FD12:3456:886A:0:200::19）为例，其IS-IS的实际配置如下。

IS-IS的全局配置如下。

```
#
isis 101                //配置接入环IS-IS进程号，不同接入环配置为不同的进程号
 is-level level-2       //配置IS-IS Level为level-2
 cost-style wide        //配置IS-IS接收和发送路由的开销类型配置为wide
 timer lsp-generation 1 50 50 level-2        //配置产生LSP的延迟时间
 bfd all-interfaces enable                   //配置BFD for IS-IS检测
 bfd all-interfaces min-tx-interval 30 min-rx-interval 30 frr-binding
 //配置BFD会话检测周期并与IS-IS Auto FRR进行绑定
 network-entity 49.0100.1921.6823.4032.00
 //配置IS-IS NET，由LoopBack接口的IPv4地址转换而来
 avoid-microloop frr-protected        //使能正切防微环
 avoid-microloop frr-protected rib-update-delay 5000        //正切防微环路由延迟5 s生效
 is-name 1024-xxxx-yyyy-AGG-1         //为IS-IS进程配置动态主机名
```

```
 timer spf 1 50 50                    //配置SPF路由计算的延迟时间
 set-overload on-startup              //配置IS-IS进程在启动或重启时候进入Overload状态
 #
 ipv6 enable topology ipv6       //配置使用IPv6拓扑进行独立的IPv6路由计算
 ipv6 bfd all-interfaces enable          //配置BFD for IS-IS IPv6检测
 ipv6 bfd all-interfaces min-tx-interval 30 min-rx-interval 30 frr-binding
 //配置BFD会话检测周期，并与IS-IS IPv6 Auto FRR进行绑定
#
isis 100                        //配置汇聚区域IS-IS进程号
 is-level level-2               //配置IS-IS Level为level-2
 cost-style wide                //配置IS-IS接收和发送路由的开销类型配置为wide
 timer lsp-generation 1 50 50 level-2    //配置产生LSP的延迟时间
 bfd all-interfaces enable               //配置BFD for IS-IS检测
 bfd all-interfaces min-tx-interval 30 min-rx-interval 30 frr-binding
 //配置BFD会话检测周期，并与IS-IS Auto FRR进行绑定
 network-entity 49.0100.1921.6823.4032.00
 //配置IS-IS NET，由LoopBack接口的IPv4地址转换而来
 avoid-microloop frr-protected        //使能正切防微环
 avoid-microloop frr-protected rib-update-delay 5000      //正切防微环路由延迟5 s生效
 is-name 1024-xxxx-yyyy-AGG-1      //为IS-IS进程配置动态主机名
 timer spf 1 50 50                //配置SPF路由计算的延迟时间
 set-overload on-startup          //配置IS-IS进程在启动或重启时候进入Overload状态
 #
 ipv6 enable topology ipv6           //配置使用IPv6拓扑进行独立的IPv6路由计算
 ipv6 bfd all-interfaces enable      //配置BFD for IS-IS IPv6检测
  ipv6 bfd all-interfaces min-tx-interval 30 min-rx-interval 30 frr-binding
//配置BFD会话检测周期，并与IS-IS IPv6 Auto FRR进行绑定
 #
```

　IGP互引配置如下。

```
 #
ip ipv6-prefix acc_agg index 10 permit :: 0 greater-equal 128 less-equal 128
//匹配接入环LoopBack0的IPv6地址
ip ipv6-prefix acc_agg index 15 permit :: 0 greater-equal 80 less-equal 80
//匹配接入环SRv6 Locator前缀路由
 #
route-policy acc_agg permit node 10
//允许引入LoopBack0的IPv6地址和SRv6 Locator前缀路由
 if-match ipv6 address prefix-list acc_agg
 #
isis 100
 ipv6 import-route isis 101 inherit-cost route-policy acc_agg
 //接入环路由引入汇聚环
 #
isis 101
 ipv6 default-route-advertise always learning-avoid-loop
```

```
//AGG向接入环下发默认路由,并为默认路由配置learning-avoid-loop参数,以生成防环的备路径
#
```

接口(网络侧接口和LoopBack0)下的配置如下。

```
#
interface 100GE0/8/0
 ipv6 enable          //使能IPv6
 ipv6 address FD12:3456:886A:0010:0000::0/127
 //配置接口IPv6地址,采用127 bit子网掩码
 isis authentication-mode hmac-sha256 key-id 1 cipher xxxxx
 //配置接口HMAC-SHA 256认证
 ipv6 mtu 9600                    //配置接口IPv6 MTU值为9600 Byte
 isis ipv6 enable 100             //使能接口的IS-IS IPv6能力并关联IS-IS IPv6进程
 isis circuit-type p2p            //配置IS-IS Link Type为P2P
 isis circuit-level level-2       //配置IS-IS Level为level-2
 isis ipv6 cost 4000          //配置IS-IS IPv6 Cost,100GE的光纤链路Cost值为4000
 isis peer hold-max-cost timer 60000
 //配置IS-IS在Link State PDU中保持最大开销值的时间
#
interface LoopBack0
 ipv6 enable
 ipv6 address FD12:3456:886A:0:200::19/128
 isis ipv6 enable 100
#
```

7.2.6 BGP 部署

BGP IPv6的设计原则如图7-21所示,AS号与现网相同,使用64908。规划使用IPv6地址建立BGP对等体,并规划了两级RR,MC作为第一级RR,AGG作为第二级RR。为了实现VPN FRR/ECMP,在AGG和MC上启用BGP Add-Path能力,以提高可靠性。

1. 部署BGP的基本功能

部署BGP的基本功能包括如下几个部分。

- 使能BGP GR。在GR模式下,对等体关系的重建、路由计算等,不影响数据平面,这样就可以避免路由震荡导致的业务中断,提高网络的可靠性。
- 使能BGP认证。BGP使用TCP作为传输层协议。为了增强BGP的安全性,在创建TCP连接时使用Keychain/MD5身份验证。
- 配置BGP对等体组。一个BGP对等体组是具有相同的更新策略和配置要求的一系列BGP对等体,使用对等体组进行批量配置,可以简化管理的难度。
- 配置BGP RR。MC作为第一级RR,AGG作为第二级RR。

- 配置BGP对等体跟踪时间。默认情况下，如果出现故障，BGP对等体将在180 s的保持定时器超时后变为Down状态。对等体跟踪功能使BGP能够更快地检测对等体的不可达状态。在本案例中，BGP对等体跟踪时间设置为30 s，也就是说，BGP发现对等体不可达时间超过30 s后，断开对等体连接。
- 配置BGP Add-Path。BGP Add-Path功能为通告同一前缀的多条路径提供了一种方法，使得RR能够反射多个相同前缀的路由，从而形成路由的ECMP保护。

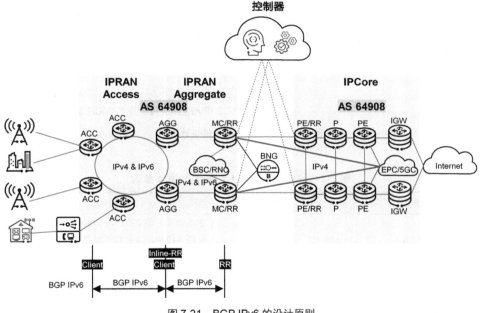

图 7-21　BGP IPv6 的设计原则

2. 部署BGP-LS IPv6的对等体

BGP-LS IPv6的设计原则如图7-22所示。因为本案例只在汇聚环中使用SRv6 Policy，所以接入层不需要部署BGP-LS IPv6对等体。BGP-LS IPv6主要有两个功能：一是在控制器与MC/RR之间建立BGP-LS IPv6连接，传递拓扑信息；二是汇聚环设备通过BGP-LS IPv6向MC/RR上报隧道状态信息，再由MC/RR上报给控制器。

MC的BGP-LS IPv6对等体参数如表7-14所示，其他网元的BGP-LS IPv6对等体参数与此类似。

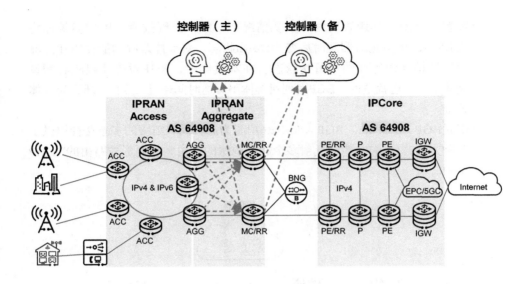

BGP-LS IPv6收集上报拓扑信息和隧道状态信息

图 7-22　BGP-LS IPv6 的设计原则

表 7-14　MC 的 BGP-LS IPv6 对等体参数

参数	取值	说明
控制器 BGP AS 号	64900	本案例中，设备的 AS 号是 64908，控制器使用 64900，设备和控制器推荐使用 EBGP 对等体
控制器对等体建立地址	FD12:3456:886A:30:100::F	由用户安装控制器时自行规划，为控制器的控制服务南向网络浮动 IPv6 地址
MC 与控制器 EBGP 跳数	255	非直连建立 EBGP 对等体的最大跳数
需要与 MC 建立 BGP-LS IPv6 对等体的网元	AGG 和控制器	① MC 直接和控制器建立 BGP-LS IPv6 邻居，上报汇聚环的拓扑信息。 ② AGG 和 MC 之间建立 BGP IPv6 邻居，MC 兼做 RR，反射上送 SRv6 Policy 状态

BGP-LS IPv6对等体的主要配置如下。

- 在AGG和MC之间建立BGP-LS IPv6对等体，MC作为RR，MC和控制器建立
  BGP-LS IPv6对等体。
- 在MC上通过路由策略，过滤从MC发往AGG方向的无效BGP-LS IPv6路由。

本节仅介绍新增的BGP-LS IPv6对等体配置。

AGG（LoopBack0的IPv6地址为FD12:3456:886A:0:200::19）上的配置如下。

```
#
bgp 64908
 graceful-restart                          //使能BGP GR
 graceful-restart peer-reset
 group MC internal                         //配置MC的BGP对等体组
 peer MC connect-interface LoopBack0
 peer MC tracking delay 30
 //使能BGP对等体跟踪，并配置BGP发现对等体不可达到连接中断的时间间隔为30s
 peer MC password cipher xxxxx             //配置BGP认证
 peer FD12:3456:886A:0:100::1 as-number 64908
 peer FD12:3456:886A:0:100::1 description to_1276-xxxx-yyyy-MC-1
 peer FD12:3456:886A:0:100::1 group MC
 peer FD12:3456:886A:0:100::2 as-number 64908
 peer FD12:3456:886A:0:100::2 description to_1277-xxxx-yyyy-MC-2
 peer FD12:3456:886A:0:100::2 group MC
 #
 link-state-family unicast
  domain identifier 192.168.244.67         //配置为主MC设备的Router-ID
  peer MC enable
  peer FD12:3456:886A:0:100::1 enable
  peer FD12:3456:886A:0:100::1 group  MC
  peer FD12:3456:886A:0:100::2 enable
  peer FD12:3456:886A:0:100::2 group MC
#
```

MC（LoopBack0的IPv6地址为FD12:3456:886A:0:100::1）上的配置如下。

```
#
route-policy deny-all deny node 10
//通过路由策略过滤从控制器发往设备方向的BGP-LS IPv6无效路由
#
bgp 64908
 graceful-restart
 graceful-restart peer-reset
 group AGG internal                            //配置AGG的BGP对等体组
 peer AGG connect-interface LoopBack0
 peer AGG tracking delay 30
 peer FD12:3456:886A:0:200::19 as-number 64908
 peer FD12:3456:886A:0:200::19 description to_1024-xxxx-yyyy-AGG-1
 peer FD12:3456:886A:0:200::19 group AGG
 peer NCE as-number 64900
 peer NCE ebgp-max-hop 255
 peer NCE connect-interface LoopBack0
 peer NCE password cipher xxxxx
 peer FD12:3456:886A:30:100::F as-number 64900
 peer FD12:3456:886A:30:100::F description to_NCE
 peer FD12:3456:886A:30:100::F group NCE
```

```
#
link-state-family unicast
 domain identifier 192.168.244.67                    //配置为主MC设备的Router-ID
 peer NCE enable
 peer AGG enable
 peer AGG reflect-client                             //配置MC为AGG的RR
 peer AGG route-policy deny-all export
 //通过路由策略过滤从MC发往AGG方向的BGP-LS IPv6无效路由
 peer FD12:3456:886A:0:200::19 enable
 peer FD12:3456:886A:0:200::19 group AGG
 peer FD12:3456:886A:30:100::F enable
 peer FD12:3456:886A:30:100::F group NCE
#
```

IPv6拓扑发布的参数如表7-15所示。

表 7-15　IPv6 拓扑发布的参数

参数	取值	说明
te ipv6-router-id	使用 LoopBack0 接口的 IPv6 地址作为 TE IPv6 Router-ID	在设备全局中配置，配置 TE IPv6 Router-ID 是使能 SRv6 Policy 算路的基础
ipv6 bgp-ls enable	IGP 使能 BGP-LS IPv6 拓扑信息发布功能	在 IS-IS 中配置，配置该命令后，IS-IS IPv6 拓扑信息才能通过 BGP-LS IPv6 对等体发布，注意只需在与控制器建立 BGP-LS IPv6 对等体的节点以及需要上报状态的隧道的头尾节点设置此参数
bgp-ls identifier	100	在 IS-IS 中配置，是 IS-IS 中 BGP-LS 的标识
ipv6 advertise link attributes	—	没有参数，在 IS-IS 中配置，使能后，IS-IS 发布的 LSP 中会包含 IPv6 链路属性的相关 TLV
ipv6 traffic-eng	level-2	在 IS-IS 中配置，使能 IS-IS 的 IPv6 TE 特性

以MC（LoopBack0的IPv6地址为FD12:3456:886A:0:100::1）为例，全局配置IPv6 Router-ID、TE属性，同时，在接口下配置带宽，具体的配置如下。

```
#
te ipv6-router-id FD12:3456:886A:0000:100::1
//配置全局TE IPv6 Router ID，使用LoopBack0的IPv6地址
te attribute enable                              //使能TE特性
#
segment-routing ipv6
 sr-te frr enable                                //使能TE FRR保护
 path-mtu 9000                                   //设置SRv6 Policy的全局Path MTU值为9000
 reduce-srh enable                               //SRH中不封装第一个SID，可以减小SRH的长度
 srv6-te-policy locator locator_srv6             //配置为SRv6 policy分配Binding SID使用的
//Locator，Binding SID需要在该SRv6 Locator网段范围内配置，其中locator_srv6为SRv6
//Locator的名称
```

```
srv6-te-policy bgp-ls enable              //使能BGP-LS IPv6上报SRv6 Policy状态
#
isis 100
 bgp-ls identifier 100                     //配置BGP-LS ID
 ipv6 enable topology ipv6
 ipv6 bgp-ls enable level-2               //IGP使能拓扑信息发布
 ipv6 advertise link attributes          //使能发布IPv6链路属性的相关TLV
 ipv6 traffic-eng level-2                 //使能IPv6 TE特性
 ipv6 metric-delay advertisement enable level-2      //使能发布链路IPv6时延
#
interface 50|100GE0/5/0           //光纤链路最大预留带宽和BC0按照百分比配置
 te bandwidth max-reservable-bandwidth dynamic 100
 te bandwidth dynamic bc0 100
#
interface GigabitEthernet0/2/0
//微波链路最大预留带宽和BC0按照实际带宽配置，比如该链路带宽是728 Mbit/s
 te bandwidth max-reservable-bandwidth 728000
 te bandwidth bc0 728000
//微波链路建议按照实际Shaping值配置TE预留带宽，而不是按照百分比配置
#
```

3. 部署BGP IPv6 SR–Policy的对等体

控制器通过BGP IPv6 SR-Policy向设备下发SRv6 Policy，在控制器和MC之间建立EBGP对等体，AGG和MC之间建立IBGP对等体；MC作为RR，MC和控制器、MC和AGG之间的BGP对等体都使能BGP IPv6 SR-Policy，如图7-23所示。因为本案例只在汇聚环中使用SRv6 Policy，所以接入层不部署BGP IPv6 SR-Policy对等体。

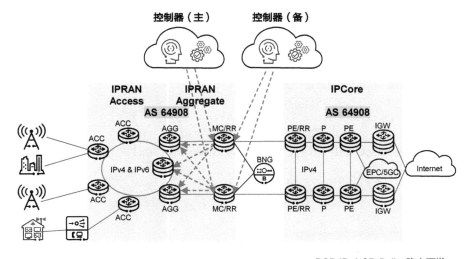

图 7-23　BGP IPv6 SR-Policy 的对等体设计

MC的BGP IPv6 SR-Policy对等体参数如表7-16所示，其他网元的BGP IPv6 SR-Policy对等体参数与此类似。

表 7-16　MC 的 BGP IPv6 SR-Policy 对等体参数

参数	取值	说明
GR 时间	259 200	配置为 259 200 s（72 h），控制器发生故障后的 72 h 内保持 BGP SRv6 Policy 路由不删除
undo bestroute nexthop-resolved ip	—	配置该命令后，不检查下一跳路由是否可达。当控制器发生故障时，SRv6 Policy 路由下一跳失效，此时为了进入 GR 状态，保持 SRv6 Policy 路由不删除，不检查下一跳路由是否可达
undo router-id filter	—	配置该命令后，设备不对 SRv6 Policy 路由进行 Router-ID 匹配过滤

本节仅介绍新增的BGP IPv6 SR-Policy对等体配置。

AGG（LoopBack0的IPv6地址为FD12:3456:886A:0:200::19）上的配置如下。

```
#
bgp 64908
 #
 ipv6-family sr-policy
  undo bestroute nexthop-resolved ip          //所有设备都要配置,不检查下一跳路由是否可
  //达。当控制器发生故障时,SRv6 Policy路由下一跳失效,此时为了进入GR状态,保持SRv6 Policy
  //路由不删除,不检查下一跳路由是否可达
  router-id filter                            //不需要反射SRv6 Policy路由,对SRv6 Policy路由
  //进行Router-ID匹配过滤,只有跟本设备Router-ID匹配的
  //SRv6 Policy路由才会被接收
  peer MC enable
  peer MC advertise-ext-community
  peer FD12:3456:886A:0:100::1 enable
  peer FD12:3456:886A:0:100::1 group MC
  peer FD12:3456:886A:0:100::2 enable
  peer FD12:3456:886A:0:100::2 group MC
#
```

MC（LoopBack0的IPv6地址为FD12:3456:886A:0:100::1）上的配置如下。

```
#
bgp 64908
 #
 ipv6-family sr-policy
  undo bestroute nexthop-resolved ip
  undo router-id filter
  //需要反射SRv6 Policy路由,不对SRv6 Policy路由进行Router-ID匹配过滤
  peer NCE enable
```

```
   peer AGG enable
   peer AGG reflect-client
   peer AGG advertise-ext-community
   peer FD12:3456:886A:0:200::19 enable
   peer FD12:3456:886A:0:200::19 group AGG
   peer FD12:3456:886A:30:100::F enable
   peer FD12:3456:886A:30:100::F group NCE
   peer NCE-ipv6 address graceful-restart static-timer 259200         //使能GR时间
//259 200 s (72 h)，控制器发生故障后，BGP在72 h内保持SRv6 Policy路由不删除
#
```

4. 部署BGP EVPN的对等体

EVPN可以同时承载二层业务和三层业务。为了简化业务承载协议，许多IP承载网络都将向EVPN演进。

部署BGP EVPN时，需要在BGP EVPN地址族视图下配置对等体关系。在ACC和AGG之间建立EVPN对等体关系，将ACC配置为作为Inline RR的AGG的客户端，并在AGG和MC之间建立EVPN对等体关系，将AGG配置为作为RR的MC的客户端。

本小节仅介绍新增的BGP EVPN对等体配置。

ACC（LoopBack0的IPv6地址为FD12:3456:886A:0:300::2C）上的配置如下。

```
#
bgp 64908
 #
 l2vpn-family evpn
  policy vpn-target          //使能EVPN路由的VPN-Target过滤
  route-select delay 180
  //配置路由回切时间为180 s，用于防止AGG故障恢复后，AGG路由没收敛而导致回切断流
  nexthop recursive-lookup default-route          //配置BGP路由可以迭代到默认路由
  peer AGG enable
  peer FD12:3456:886A:0:200::19 enable
  peer FD12:3456:886A:0:200::19 group AGG
  peer FD12:3456:886A:0:200::20 enable
  peer FD12:3456:886A:0:200::20 group AGG
 #
#
```

AGG（LoopBack0的IPv6地址为FD12:3456:886A:0:200::19）上的配置如下。

```
#
bgp 64908
 #
 l2vpn-family evpn
  reflect change-path-attribute
//使能路由反射器通过出口策略修改BGP路由的路径属性
```

```
route-select delay 180
//配置路由回切时间为180 s，用于防止MC故障恢复后，MC路由没收敛而导致回切断流
undo policy vpn-target
//因为AGG兼做RR，需关闭EVPN路由的VPN-Target过滤功能
peer ACC enable
peer ACC reflect-client                              //把ACC配置为AGG（RR）的客户端
peer MC enable
peer FD12:3456:886A:0:100::1 enable
peer FD12:3456:886A:0:100::1 group MC
peer FD12:3456:886A:0:100::2 enable
peer FD12:3456:886A:0:100::2 group MC
peer FD12:3456:886A:0:300::2C enable
peer FD12:3456:886A:0:300::2C group ACC
#
#
```

MC（LoopBack0的IPv6地址为FD12:3456:886A:0:100::1）上的配置如下。

```
#
bgp 64908
 #
l2vpn-family evpn
 reflect change-path-attribute
 undo policy vpn-target
 route-select delay 180
 peer AGG enable
 peer AGG reflect-client                             //把AGG配置为MC（RR）的客户端
 peer FD12:3456:886A:0:200::19 enable
 peer FD12:3456:886A:0:200::19 group AGG
 peer FD12:3456:886A:0:200::20 enable
 peer FD12:3456:886A:0:200::20 group AGG
 #
#
```

5. 部署路由重生成

如图7-24所示，在AGG上，需要在VPN实例中向ACC发布默认路由，并将从ACC收到路由的NH修改为自己，因此需要在AGG上配置路由本地重生成，再重新发送。AGG向MC发送路由时将使用拒绝向MC发布默认路由的路由策略，AGG向ACC发送路由时将使用仅允许向ACC发布默认路由的路由策略。此外，所有设备使能EVPN的SRv6封装属性，默认情况下，本端设备向对等体组发布的EVPN路由携带MPLS封装属性，需将其配置为SRv6封装属性。

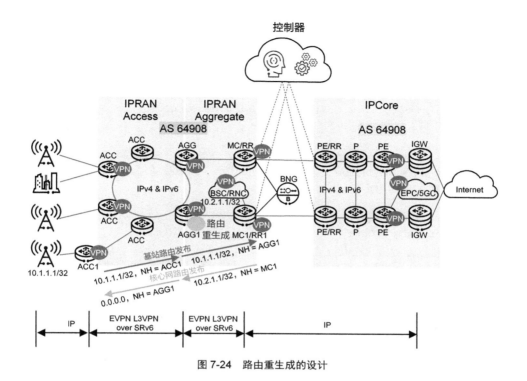

图 7-24 路由重生成的设计

ACC（LoopBack0的IPv6地址为FD12:3456:886A:0:300::2C）上的配置如下。

```
#
bgp 64908
 #
 l2vpn-family evpn
  bestroute add-path path-number 2
  //EVPN地址族使能BGP Add-Path特性，并指定优选出的路由的数量为2
  peer AGG advertise encap-type srv6 advertise-srv6-locator
  //配置向对等体发布的EVPN路由携带SRv6封装属性和SRv6 Locator长度信息
  peer AGG advertise-community
  peer AGG capability-advertise add-path both    //同时使能BGP Add-Path路由发布和接收
  peer AGG advertise add-path path-number 2      //向指定对等体发布优选路由的数量为2
  peer FD12:3456:886A:0:200::19 enable
  peer FD12:3456:886A:0:200::19 group AGG
  peer FD12:3456:886A:0:200::20 enable
  peer FD12:3456:886A:0:200::20 group AGG
 #
#
```

AGG（LoopBack0的IPv6地址为FD12:3456:886A:0:200::19）上的配置如下，包括路由策略和BGP配置。

```
#
ip ip-prefix default index 10 permit 0.0.0.0 0
//配置IPv4前缀列表，允许发布IPv4默认路由0.0.0.0，用于向ACC发送IPv4默认路由
ip ip-prefix nodefault index 10 deny 0.0.0.0 0
//配置IPv4前缀列表，过滤IPv4默认路由，不往MC/RR方向发送默认路由
ip ip-prefix nodefault index 20 permit 0.0.0.0 0 less-equal 32
//配置IP前缀列表，允许发布除默认路由以外的路由
#
route-policy from-ACC-evpn permit node 10                    //设置从ACC学习路由时的
//preferred-value值，为了提高路由优先级，便于路由优选，本例中设置为20
 apply preferred-value 20
#
route-policy to-ACC-evpn permit node 10          //设置AGG向ACC发送路由的策略
 if-match ip-prefix default                       //匹配IPv4默认路由
#
route-policy to-MC-evpn permit node 10           //设置AGG向MC发送路由的策略
 if-match ip-prefix nodefault                     //匹配IPv4默认路由以外的路由
#
bgp 64908
 #
 l2vpn-family evpn
  bestroute add-path path-number 2
  //EVPN地址族使能BGP Add-Path特性，并指定优选出的路由的数量为2
  peer MC route-policy to-MC-evpn export     //向MC发布非默认路由
  peer MC advertise encap-type srv6 advertise-srv6-locator
  //配置向对等体发布的EVPN路由携带SRv6封装属性和SRv6 Locator长度信息
  peer MC advertise-community
  peer MC capability-advertise add-path both
  //同时使能BGP Add-Path路由发布和接收
  peer MC advertise add-path path-number 2          //向MC发布优选路由的数量为2
  peer MC advertise route-reoriginated evpn ip
  //向MC对等体发送BGP EVPN地址族中重生成的IPv4路由
  peer ACC route-policy to-ACC-evpn export          //向ACC只发布默认路由
  peer ACC route-policy from-ACC-evpn import        //接收ACC路由并提高优先级
  peer ACC advertise encap-type srv6 advertise-srv6-locator
  //配置向对等体发布的EVPN路由携带SRv6封装属性和SRv6 Locator长度信息
  peer ACC advertise-community
  peer ACC capability-advertise add-path both   //同时使能BGP Add-Path路由发布和接收
  peer ACC advertise add-path path-number 2     //向ACC发布优选路由的数量为2
  peer ACC import reoriginate                   //对从ACC学到的路由进行重生成
  peer FD12:3456:886A:0:300::2C enable
  peer FD12:3456:886A:0:300::2C group ACC
  peer FD12:3456:886A:0:100::1 enable
  peer FD12:3456:886A:0:100::1 group MC
  peer FD12:3456:886A:0:100::2 enable
```

```
  peer FD12:3456:886A:0:100::2 group MC
 #
 #
```

MC（LoopBack0的IPv6地址为FD12:3456:886A:0:100::1）上的配置如下。

```
#
bgp 64908
 #
 l2vpn-family evpn
  bestroute add-path path-number 2
  //EVPN地址族使能BGP Add-Path特性，并指定优选出的路由的数量为2
  peer AGG advertise encap-type srv6 advertise-srv6-locator
  //配置向对等体发布的EVPN路由携带SRv6封装属性和SRv6 Locator长度信息
  peer AGG advertise-community
  peer AGG capability-advertise add-path both
  //同时使能BGP Add-Path路由发布和接收
  peer AGG advertise add-path path-number 2        //向AGG发布优选路由的数量为2
  peer FD12:3456:886A:0:200::19 enable
  peer FD12:3456:886A:0:200::19 group MC
 #
 #
```

7.2.7　SRv6 部署

SRv6的整体部署如图7-25所示，接入区域采用SRv6 BE，汇聚区域AGG和MC之间部署SRv6 Policy，且部署SRv6 BE作为SRv6 Policy的逃生路径。

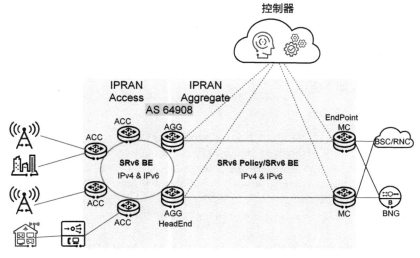

图 7-25　SRv6 的整体部署

1. 部署SRv6 BE

SRv6 BE是部署SRv6 Policy的前提条件。配置LoopBack0的IPv6地址作为SRv6路径的源地址，在流量转发过程中，LoopBack0的IPv6地址作为源IPv6地址封装在IPv6报文头中，SRv6 Locator用于为VPN路由分配特定的SRv6 SID，VPN SID用作SRv6 BE路径的目的地址。SRv6 BE依赖IGP的能力，IGP使能SRv6，指定在Locator范围内动态分配SID，并部署TI-LFA FRR特性、正切防微环、回切防微环等，实现路径快速切换。

本节仅介绍SRv6 BE新增的配置，IS-IS SRv6的实际配置参见7.2.5节。

以MC（LoopBack0的IPv6地址为FD12:3456:886A:0:100::1）为例。SRv6 BE的配置如下所示。

```
#
segment-routing ipv6
 encapsulation source-address FD12:3456:886A:0:100::1
 //配置SRv6的报文源地址，一般是LoopBack0的地址
 locator locator_srv6 ipv6-prefix FD12:3456:886A:20:103:: 80 static 8 args 16
 //配置SRv6 Locator，指定SID静态段长度，动态SID分配会在去除静态段的SID范围内申请，确保SID
 //不会冲突
#
isis 101
 #
 ipv6 enable topology ipv6
 segment-routing ipv6 locator locator_srv6
 //使能SRv6能力并发布SRv6 Locator，其中locator_srv6为SRv6 Locator的名称
#
```

2. 部署SRv6 Policy

SRv6 Policy需要通过控制器下发，以实现网络的自动化部署。在使用控制器部署SRv6 Policy前，需要进行一些全局配置。

以MC（LoopBack0的IPv6地址为FD12:3456:886A:0:100::1）为例，SRv6 Policy的全局配置如下所示。

```
#
segment-routing ipv6
 sr-te frr enable            //使能SRv6 Policy的Midpoint保护
 path-mtu 9000               //设置SRv6 Policy的全局路径MTU值为9000，默认值为9600 Byte
 reduce-srh enable           //设置Reduced模式，第一个SRv6 SID不封装在SRH中，减少SRH长度
 srv6-te-policy locator locator_srv6        //配置SRv6 Policy关联的Locator
 srv6-te-policy bgp-ls enable               //使能SRv6 Policy状态上报BGP-LS IPv6
 srv6-te-policy traffic-statistics enable   //全局使能SRv6 Policy流量统计
#
```

本小节以华为网络控制器iMaster NCE-IP为例，给出创建SRv6 Policy的GUI（Graphical User Interface，图形用户界面）指导。

控制器部署SRv6 Policy需要规划基本信息（Basic Information）、网元信息和数据3个部分。

控制器部署SRv6 Policy范例的基本信息规划说明如表7-17所示。

表 7-17 控制器部署 SRv6 Policy 范例的基本信息规划说明

参数	规划值	说明
参数模板（Parameter Template）	SRv6_TE_Policy	选择参数模板
业务名称（Service Name）	SRv6_Policy1	业务名称由用户自定义
方向（Direction）	双向	双向隧道
路径工作方式（Path Pattern）	多 Candidate Path 单 Segment List	路径工作方式包括如下两种。 ● 多 Candidate Path 单 Segment List，即 Candidate Path 保护。 ● 单 Candidate Path 多 Segment List，即负载分担。 用户可根据需要自行选择

控制器部署SRv6 Policy范例的网元信息规划说明如表7-18所示。

表 7-18 控制器部署 SRv6 Policy 范例的网元信息规划说明

参数	规划值	说明
源网元（Source NE）	AGG	SRv6 Policy 的源网元
目的网元（Sink NE）	MC	SRv6 Policy 的目的网元

控制器部署SRv6 Policy范例的数据规划说明如表7-19所示。

表 7-19 控制器部署 SRv6 Policy 范例的数据规划说明

参数	规划值	说明
颜色（Color）	Color100	两种方式，选择创建好的 Color 模板（名称：Color100,Color ID:100），或直接填写 Color ID:100。 本案例中选择使用创建好的 Color 模板
带宽（Bandwidth）	—	（选配）默认不配置，如需使用，则用户自行规划定义，单位是 kbit/s
优先级（Priority）	7	优先级数值越小，抢占优先级越高。高优先级隧道资源不足时，可以抢占低优先级隧道的资源。默认为 7，优先级最低

续表

参数	规划值	说明
最大传输单元（MTU）	9000 Byte	—
SBFD	使能	—
流量统计（Traffic Statistics）	使能	—
候选路径优先级（Candidate Path Preference）	主 Candidate Path 优先级为100，备 Candidate Path 优先级为50	"多 Candidate Path 单 Segment List"方式下可配置多条优先级不同的 Candidate Path。本案例中采用两个 Candidate Path，优先级分别是 100 和 50

下面以Least IGP Cost的算路原则为例，介绍如何在AGG和MC之间创建双向SRv6 Policy。

① 创建SRv6 Policy的Color profile（模板）。

首先登录"Network Management（网络管理）"App首页，选择"Configuration→Common→Profile Management"，如图7-26所示。

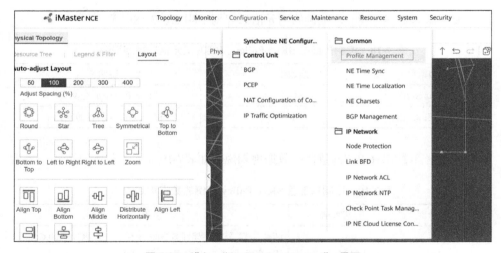

图 7-26　进入"Profile Management"界面

然后打开"SR Policy Color Profile"选项，创建"Color Profile"。之后设置"Create Color"的参数，如图7-27所示。

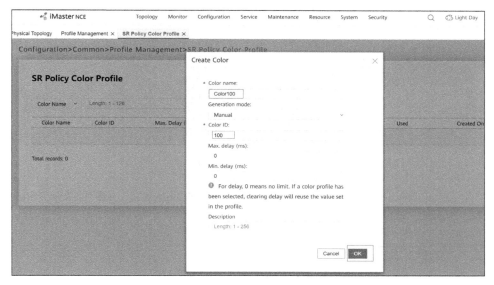

图 7-27　设置 "Create Color" 的参数

② 选择 "SRv6 Policy" 作为业务模板。

首先登录 "网络管理" App首页，选择 "Service→Create→SR Policy"，如图7-28和图7-29所示。

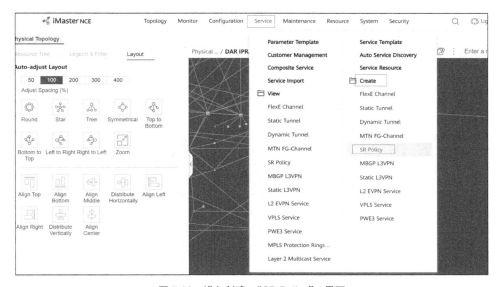

图 7-28　进入创建 "SR Policy" 界面

图 7-29 选择业务模板

③ Parameter template（参数模板）选择 "SRv6_Policy"，并配置SRv6 Policy 的业务名称，如图7-30和图7-31所示。

图 7-30 选择参数模板

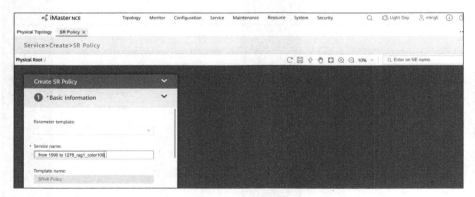

图 7-31 配置 SRv6 Policy 的业务名称

④ 选择 "Bidirectional" 作为方向，并将 "Co-routed" 设置为 "Yes"，如 图7-32所示。

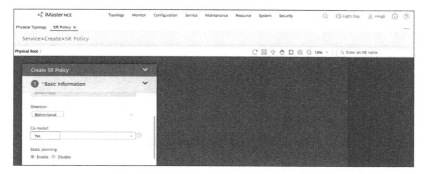

图 7-32　配置 SRv6 Policy 为双向共路模式

⑤ 选择Path computation policy（路径计算策略）为"Least IGP cost"，如图7-33所示。

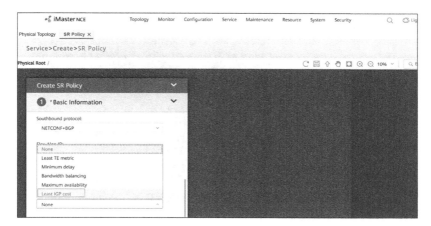

图 7-33　选择路径计算策略为 "Least IGP cost"

⑥ 选择Source NE（源网元）和Sink NE（目的网元），如图7-34所示。

图 7-34　选择源网元和目的网元

⑦ 为SRv6 Policy配置Color，如图7-35所示。

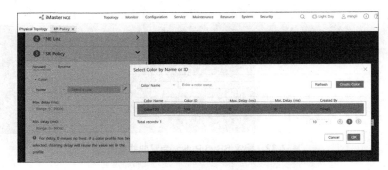

图 7-35　为 SRv6 Policy 配置 Color

⑧ 将SBFD开关状态设置为"Enable"，如图7-36所示。

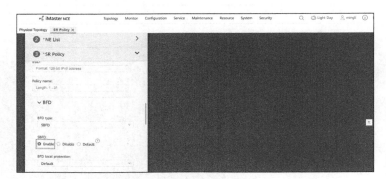

图 7-36　设置 SRv6 Policy 的 SBFD 开关状态为 "Enable"

⑨ 打开SRv6 Policy的HSB保护（即Candidate Path保护）和流量统计（Traffic statistics）功能，如图7-37所示。

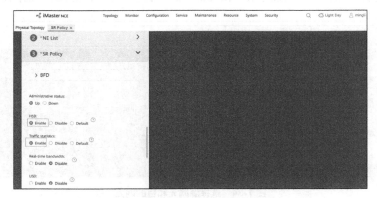

图 7-37　打开 SRv6 Policy 的 HSB 保护和流量统计功能

⑩ 为SRv6 Policy设置Candidate Path，如图7-38所示。

图 7-38　为 SRv6 Policy 设置 Candidate Path

⑪ 单击"Compute path"，检查结果，即计算出的最小开销路径，如图7-39～图7-41所示。

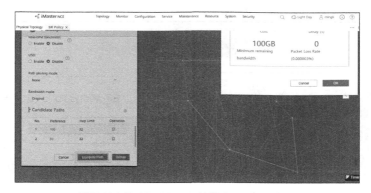

图 7-39　为 SRv6 Policy 计算 Candidate Path

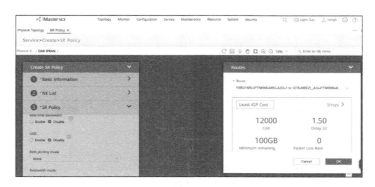

图 7-40　SRv6 Policy 路径计算策略选择"Least IGP Cost"

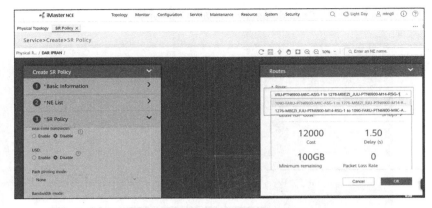

图 7-41　SRv6 Policy 的路径计算成功

⑫ 单击 "Deliver" 按钮，将SRv6 Policy下发到转发设备，如图7-42所示。

图 7-42　将 SRv6 Policy 下发到转发设备

⑬ 最后查看SRv6 Policy的运行状态，如图7-43所示。

图 7-43　查看 SRv6 Policy 的运行状态

7.2.8 移动承载业务部署

在本案例中，2G、3G移动承载业务使用不同的L3VPN实例，4G、5G移动承载业务使用相同的L3VPN实例。

HoVPN的部署与E2E VPN的不同，在AGG上也需要部署VPN，即ACC、AGG、MC需要分配VPN，形成HVPN关系，同时，需要在AGG上部署向ACC仅发布默认路由，从而形成HoVPN关系。

本案例以3G的L3VPN实例为例，说明VPN业务的配置过程，其他移动承载VPN配置过程与此类似，主要的配置点如下。

- EVPN L3VPN实例复用原有L3VPN实例，实例名称和RD不变；EVPN的RT值继承L3VPN，在原有L3VPN实例基础上增加部署EVPN的RT、隧道策略和Color。
- 配置AGG发布私网默认路由给ACC，AGG上私网默认路由要联动远端MC上LoopBack100地址的路由，即当该LoopBack100地址的私网路由撤销时，AGG上私网默认路由也会撤销，防止在AGG上形成路由黑洞。
- 为了实现接入环就近转发，即与接入环直接通信而不需要绕行到AGG，需要配置AGG反射ACC原始路由。
- AGG发往MC的路由需要增加过滤，保证ACC原始路由不会发送给MC，只发送重生成后的路由。

本小节仅介绍新增配置。

ACC（LoopBack0的IPv6地址为FD12:3456:886A:0:300::2C）上的配置如下。

```
#
ip vpn-instance RAN_xxx
 ipv4-family
  route-distinguisher 64908:21
  vpn frr          //配置vpn frr
  apply-label per-instance          //使能私网路由标签按照每VPN分配1个标签模式分发
  vpn-target 1:2221 export-extcommunity
  vpn-target 1:2221 import-extcommunity
  vpn-target 1:2221 export-extcommunity evpn          //增加EVPN的RT
  vpn-target 1:2221 import-extcommunity evpn          //增加EVPN的RT
#
bgp 64908
 ipv4-family vpn-instance RAN_xxx
  import-route direct
  import-route static
  advertise l2vpn evpn          //配置发布IP前缀类型的路由
  segment-routing ipv6 locator locator_srv6 evpn
  //使能私网路由携带SID属性，并动态分配VPN实例的SID
```

```
    segment-routing ipv6 best-effort evpn        //使能根据路由携带的SID属性进行私网路由迭代
#
```

AGG（LoopBack0的IPv6地址为FD12:3456:886A:0:200::19）上的配置如下。注意路由策略部分，此处仅介绍在原有路由策略基础上的新增配置，对应的路由策略调用关系参见7.2.6节的"部署路由重生成"，此处不再赘述。

```
#
tunnel-policy IPRAN-srv6
 tunnel select-seq ipv6 srv6-te-policy load-balance-number 1
 //配置隧道策略，迭代SRv6 Policy
#
ip vpn-instance RAN_xxx
 ipv4-family
  route-distinguisher 64908:21
  tnl-policy IPRAN-srv6 evpn          //VPN实例绑定隧道策略
  apply-label per-instance
  vpn-target 1:2221 export-extcommunity
  vpn-target 1:2221 import-extcommunity
  vpn-target 1:2221 export-extcommunity evpn
  vpn-target 1:2221 import-extcommunity evpn
  default-color 100 evpn
  //配置EVPN L3VPN业务迭代SRv6 Policy隧道时所使用的默认Color值为100
#
bgp 64908
 ipv4-family vpn-instance RAN_xxx_PABIS
  network 0.0.0.0          //发布私网默认路由
  import-route direct
  import-route static
  advertise l2vpn evpn
  segment-routing ipv6 locator locator_srv6 evpn
  segment-routing ipv6 traffic-engineer best-effort evpn
  //使能EVPN L3VPN业务迭代SRv6 Policy，同时配置SRv6 BE作为逃生通道
#
ip route-static recursive-lookup inherit-label-route segment-routing-ipv6
//使能静态路由迭代SRv6隧道
ip route-static vpn-instance RAN_xxx 0.0.0.0 0.0.0.0 193.168.0.7
//默认路由下一跳为MC上配置的LoopBack100接口的地址
#
ip extcommunity-filter basic acc_original_route index 10 permit rt 1:2221
//标识ACC上3G基站的原始路由
ip extcommunity-filter basic from-acc index 10 permit rt 200:1
//标识由ACC原始路由重生成的路由，允许重生成路由的原始路由使用RT 200:1
#
route-policy from-ACC-evpn permit node 10
//在原有路由策略node基础上增加如下配置，用于区分ACC原始路由和重生成的路由
```

```
 if-match extcommunity-filter acc_original_route
 apply extcommunity rt 200:1 additive
#
route-policy to-MC-evpn deny node 5
//在原有路由策略基础上新增一个node，过滤ACC的原始路由，只发送重生成的路由
 if-match extcommunity-filter from-acc          //过滤ACC原始路由，只发送重生成的路由
#
route-policy to-ACC-evpn permit node 20
//在原有路由策略基础上新增一个node，AGG反射ACC原始路由
 if-match extcommunity-filter from-acc          //匹配ACC原始路由，用于同一接入环形成就近转发
#
```

MC（LoopBack0的IPv6地址为FD12:3456:886A:0:100::1）上的配置如下。

```
#
tunnel-policy IPRAN-srv6
 tunnel select-seq ipv6 srv6-te-policy load-balance-number 1
 //配置隧道策略，迭代SRv6 Policy
#
ip vpn-instance RAN_xxx
 ipv4-family
  route-distinguisher 64908:21
  vpn frr                        //配置vpn frr
  tnl-policy IPRAN-srv6 evpn         //VPN实例绑定隧道策略
  apply-label per-instance
  vpn-target 1:2221 export-extcommunity
  vpn-target 1:2221 import-extcommunity
  vpn-target 1:2221 export-extcommunity evpn
  vpn-target 1:2221 import-extcommunity evpn
  default-color 100 evpn
  //配置EVPN L3VPN业务迭代SRv6 Policy时所使用的默认Color值为100
#
bgp 64908
 ipv4-family vpn-instance RAN_xxx
  import-route direct
  import-route static
  advertise l2vpn evpn
  segment-routing ipv6 locator locator_srv6 evpn
  segment-routing ipv6 traffic-engineer best-effort evpn
  //使能EVPN L3VPN业务迭代SRv6 Policy，同时配置SRv6 BE作为逃生通道
#
interface LoopBack100            //该私网路由通告给AGG，用于AGG生成静态默认路由的下一跳
 ip binding vpn-instance RAN_xxx
 ip address 193.168.0.78 255.255.255.255
#
```

7.2.9　可靠性部署

可靠性的部署主要包括如下配置。

- 所有网元使能BFD for IGP。
- SRv6配置TI-LFA FRR和防微环。
- 使能BFD for SRv6 Locator。
- 使能SBFD for SRv6 Policy。

要为所有IS-IS接口创建动态BFD会话，需要执行ipv6 bfd all-interfaces frr-binding命令，将BFD会话状态与IS-IS Auto FRR关联。如果BFD检测到接口链路发生故障，BFD会话会Down，并触发接口上的FRR，使流量切换到备路径上，实现流量保护。具体配置如下。

```
#
isis 100
 ipv6 bfd all-interfaces enable
 ipv6 bfd all-interfaces min-tx-interval 30 min-rx-interval 30 frr-binding
#
```

IS-IS需要部署TI-LFA，保证故障发生时可以实现快速链路倒换，以满足网络服务的可靠性要求。同时，需要同步部署防微环和回切防微环特性，进一步提升可靠性。具体配置如下。

```
#
isis 100
 #
 ipv6 avoid-microloop segment-routing
//回切防微环，默认路由下发延迟5 s
 ipv6 avoid-microloop segment-routing rib-update-delay 10000
//配置SRv6 IS-IS路由延迟下发时间，单位是ms
 ipv6 frr
  loop-free-alternate level-2
//使能IS-IS Auto FRR，利用LFA算法计算无环备份路由
  ti-lfa level-2          //使能SRv6 TI-LFA FRR
#
```

VPN FRR用于实现业务快速切换。如果部署SRv6 BE，则当BFD与VPN FRR联动进行业务倒换时，需要配置BFD for SRv6 Locator。在ACC与AGG之间、AGG与MC之间建立BFD会话。当AGG1发生故障时，ACC上配置的BFD for SRv6 Locator会检测到，并通过VPN FRR触发快速切换。

BFD for SRv6 Locator的配置如下。

```
#
bfd to_AGG_192.168.244.188 bind peer-ipv6 FD12:3456:886A:20:209:: source-ipv6
FD12:3456:886A:20:467:: auto
 min-tx-interval 50
 min-rx-interval 50
#
```

SRv6 Policy的快速保护倒换需要采用SBFD。SBFD for SRv6 Policy是一种端到端快速检测机制，可以快速检测SRv6 Policy经过的链路是否正常，配合Candidate Path保护和VPN FRR保护，可以保证业务的可靠性，如图7-44和图7-45所示。

SBFD for SRv6 Policy回程报文走IP路由，Policy的主Candidate Path和备Candidate Path分别创建一个SBFD会话，主备Candidate Path的SBFD会话回程报文可能走相同路由。当主备Candidate Path回程共路时，如果回程IP路由发生故障，会导致检测主备Candidate Path的SBFD会话一起Down，但是此时可能备Candidate Path链路正常。为了解决这个问题，本案例中主备Candidate Path的SBFD配置不同的检测周期，主Candidate Path配置50 ms×3，备Candidate Path配置50 ms×6，以避免备Candidate Path的SBFD误报Down。

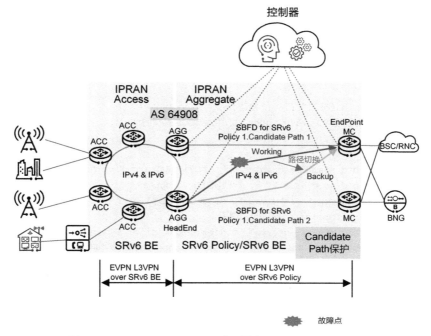

图 7-44　SBFD for SRv6 Policy 检测配合 Candidate Path 保护

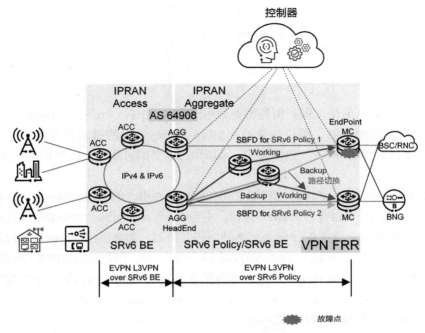

图 7-45 SBFD for SRv6 Policy 检测配合 VPN FRR 保护

以MC（LoopBack0的IPv6地址为FD12:3456:886A:0:100::1）为例，SBFD for SRv6 Policy的配置如下。

```
#
sbfd
 reflector discriminator 192.168.245.242
 //配置作为反射端时使用的Discriminator为管理LoopBack接口的IPv4地址
#
segment-routing ipv6
 srv6-te-policy bfd seamless enable        //使能SBFD for SRv6 Policy
 srv6-te-policy bfd no-bypass        //使能BFD No-bypass
 srv6-te-policy bfd min-tx-interval 50 detect-multiplier 3
 //配置SRv6 Policy主Candidate Path检测周期
 srv6-te-policy bfd min-tx-interval 50 detect-multiplier 6 backup-path        //配置
 //SRv6 Policy备Candidate Path检测周期，主备Candidate Path配置不同的检测周期，避免SBFD
 //报文回程共路时，SBFD报Down，导致主备Candidate Path同时Down
#
```

第 8 章
企业金融骨干网络的设计与部署

本章以金融骨干网络为例，详细介绍SRv6在大型企业场景中的方案设计与部署方案，内容包括网络总体架构简介，物理组网、IPv6地址、承载方案、可靠性和网络安全方面的设计与部署。

| 8.1　网络总体架构 |

随着银行和互联网之间的不断跨行业深化融合，承载业务的银行数据中心的规模也在不断扩张。SDN作为未来网络的发展趋势，成为企业普遍关注和重点研究的方向，并且在逐步地推向生产。同时，基于IPv6的下一代互联网在金融行业实现规模部署，促进了互联网的演进升级与金融领域的融合创新，骨干网络需满足IPv6业务承载的需求。

新一代金融骨干网络采用高端路由器组成的双环骨干网络的平面网络架构，这个核心骨干网络连接主数据中心、同城数据中心、异地数据中心，以及同城机构、一级分行等，用来承载多地数据中心互联，以及数据中心访问业务。这个网络能提升网络的运维效率，实现端到端网络和业务的可视化，精细化监测各类业务的流量和变化趋势。

1. 网络现状

当前，典型的金融骨干网络采用两地三中心的双平面架构，包括两个主数据中心和一个灾备中心，各分行通过多条广域链路上联到总行。骨干网络采用MPLS VPN组网，实现不同业务的逻辑隔离。骨干网络的接入和服务对象包括数据中心、总行机构、一级分行、海外分行、业务中心、子公司等。

- 互连线路：同城之间的线路采用DWDM（Dense Wavelength Division Multiplexing，密集波分复用）线路裸光纤互连。异地数据中心之间租用运营商MSTP链路互连。一级分行等采用多条广域链路上联到骨干网络，广域链路为了提升可靠性，一般会租用不同运营商的MSTP线路。

● 路由协议：每个数据中心、骨干网络、各分行划分到单独的AS。AS内部署独立的IS-IS协议。在数据中心与骨干网络之间，分行与骨干网络AS之间建立EBGP对等体，通过BGP控制路由的发布。

2. 改造需求

当前的网络架构面临多个方面的挑战。

● 当前要求网络能够快速融合承载相关业务，实现统一接入，并通过"削峰填谷"提升骨干网络的使用效率。

● 基于传统路由的流量管理和调度策略的灵活性不足，无法动态调优。

● 应用策略变更、新应用上线的配置和调整工作量庞大。

● 骨干网络链路上承载的流量无法直观地和业务关联，缺少流量精细化监控手段，也缺乏应用感知能力，管理运维困难。

为了应对当前网络面临的挑战，将骨干网络建设目标的总体需求概括如下。

● 标准弹性。骨干网络架构、业务接入模型实现标准化、模块化。骨干网络节点、链路可弹性扩缩，支持新中心/业务快速上线。

● 按需灵活。网络虚拟化，构建多个虚拟网络，满足不同类型的用户/业务灵活承载。实现业务快速发放，网络路径集中算路，按需统一调度。

● 全景可视。网络多维可视，全面呈现设备及网络状态，快速发现网络瓶颈和隐患。实现网络质量智能分析、故障快速定界和恢复。

| 8.2　物理组网设计 |

8.2.1　概述

根据银行网络的长远规划建设，骨干网络是承载网络的核心，将分布在多地的不同规模和不同类型的数据中心、分支机构等资源进行统一互联、互通，是"东西向"流量和"南北向"流量的"高速公路"，实现各类业务的高速融合承载、灵活调度，并保障各类业务的服务质量，为集团提供服务。

网络基础架构是新一代金融骨干网络的基石，要求稳定、可靠，弹性、易扩展。新一代金融骨干网络采用层次化、模块化的架构来构建，抽象模型如图8-1所示，骨干网络由核心层、汇聚层、接入层组成。

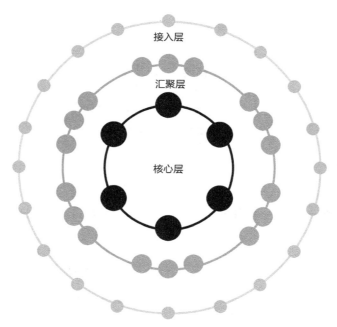

图 8-1　金融骨干网络的抽象模型

根据金融骨干网络的设计思想及应用需求，对网络设计如下。

- 新建核心骨干网络：新建骨干网络，包括核心层和汇聚层。核心层由6台 DC-P设备构建双平面环网，每个数据中心的出口部署2台DC-PE作为连接到核心层的汇聚层节点。可以在数据中心出口部署独立RR，也可选用核心层的DC-P设备兼做RR。
- 核心骨干网络采用IS-IS+BGP，独立AS号，保证网络的开放性和扩展性。
- 核心骨干网络通过VPN技术实现网络虚拟化，一个物理网络被切分成多个逻辑网络，实现多种业务的隔离以及链路带宽的复用。
- 网络采用SRv6技术，部署SRv6隧道，并结合网络控制器实现流量的灵活调度。

8.2.2　网络拓扑

典型的金融骨干网络拓扑如图8-2所示。

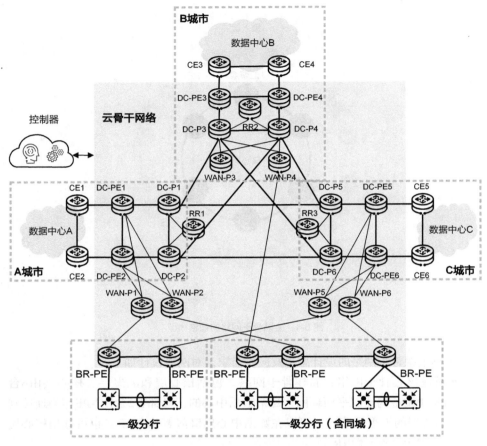

图 8-2　金融骨干网络拓扑

金融骨干网络拓扑的设计如下。

- 围绕多个业务中心建设核心骨干网络，选取图8-2中A城市、B城市、C城市作为骨干网络核心节点，每个核心节点部署两台核心路由器，通过广域链路高速互连。
- 每个业务中心分别部署两台路由器作为DC-PE，用于汇聚数据中心业务。
- 如果银行分支节点过多，可部署WAN-P节点设备，用于汇聚各核心节点的一级分行。
- 各地分支机构部署两台或三台BR-PE作为本地分支汇聚的出口，通过两条或三条（也可能更多）运营商的广域链路分别接入数据中心的WAN-P节点。
- 在骨干网络数据中心位置分别部署独立RR，用来反射骨干网络区域路由。RR间互为冗余备份。也可以使用DC-P节点兼做RR。
- 骨干网络数据中心内部一般采用10GE链路互连；同城数据中心间采用光纤

直接互连；异地中心间采用运营商MSTP链路互连；分支机构如一级分行采用MSTP链路上连到WAN-P，再经过DC-P到数据中心。

- 骨干网络DC-PE和DC-P之间相连，DC-PE之间、DC-P之间相连都是采用口字形组网，构建双平面来增加网络可靠性。采用IGP + BGP，独立AS号。两个平面中第一平面DC-PE的设备命名是奇数编号，第二平面DC-PE的设备命名是偶数编号。

- 整网IPv6化，承载隧道采用SRv6技术来简化网络。结合网络控制器，实现金融骨干网络流量的负载优化和可视化运维。

| 8.3　IPv6 地址的规划设计 |

8.3.1　IPv6 地址规划原则

在IPv6网络中，IPv6地址规划须遵循银行现有的分配原则，具体如下。

- 统一性原则：全网的所有IP地址统一规划。金融骨干网络地址分配范围包括核心骨干网络设备互连地址、管理地址，一级分行设备互连地址、管理地址，核心骨干网络与分行设备互连地址等。除骨干网络地址，其他的地址（比如业务地址等）也做统一规划。

- 唯一性原则：每个地址全网唯一。考虑到IPv6地址空间足够大，业务地址推荐使用全球单播地址，不做NAT转换；网络互连地址也可以使用全球单播地址。

- 层次化原则：IPv6的海量地址空间对路由聚合能力提出了更高的要求，IPv6地址规划的首要任务在于减少网络地址碎片，增强路由聚合能力，提高网络路由效率。层次化设计有利于缩小路由表规模，让网络可扩展、灵活，便于实施和排除故障，也便于管理和容量规划。层次化设计就是将IPv6地址划分为相对独立的几个字段，每个字段可以单独规划，实现路由汇聚，如图8-3所示。

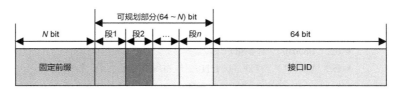

图 8-3　IPv6 地址的层次化设计原则

- 安全性原则：相同业务属性具有相同的安全要求，业务之间的互访需要进行安全控制。同一种业务属性划分到同一段地址空间，有利于安全设计和策略管理。
- 连续性原则：IPv6地址的段与段之间、段内地址尽量保持连续，连续的IPv6地址可避免地址浪费，有利于管理和地址汇总，也易于进行路由汇总，能缩小路由表，提高路由效率。
- 可扩展性原则：IPv6地址的规划与划分应该考虑到网络的发展要求，兼顾近期的需求与远期的发展，以及现有业务、新型业务以及各种特殊的业务要求，并为未来扩容预留空间，增加少量子网时，无须大规模调整架构和安全策略。

8.3.2 IPv6 地址规划建议

典型的银行IPv6地址规划范例如图8-4所示。

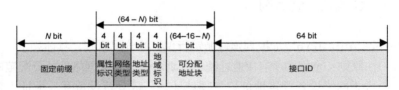

图 8-4　典型的银行 IPv6 地址规划范例

银行IPv6地址各字段的含义如表8-1所示。

表 8-1　银行 IPv6 地址各字段的含义

字段名	含 义
固定前缀	银行从地址分配机构申请的前缀，长度固定
属性标识	作为地址的第一级分类，用于区分地址类型，包括如下几类。 ● 网络地址：用于网络设备互连的地址。 ● 平台地址：用于自身运营平台的地址。 ● 用户地址：用于给用户分配的地址。 例如，图 8-4 中用 4 bit 作为属性标识，取值如下。 ● 0x0（0b0000）：标识网络地址。 ● 0x1（0b0001）：标识平台地址。 ● 0x2（0b0010）：标识用户地址。 ● 0x3（0b0011）～ 0xF（0b1111）：作为预留地址，用于未来扩展

续表

字段名	含义
网络类型	用于标识不同类型网络，如骨干网络、数据中心网络等，需要预留部分值用于未来扩展
地址类型	在网络中标识不同地址的类型，如 LoopBack 地址、设备互连接口地址、SRv6 Locator 地址等
地域标识	在网络标识不同的地域，如主数据中心所在地域、异地灾备数据中心所在地域、省级分支的不同地域等
可分配地址块	预留的可用于未来继续分配的地址块

8.3.3　SRv6 Locator 地址规划建议

为了保证业务按照合理路径转发，需做好SRv6 Locator地址的Locator、Function等字段的规划。银行全网的所有网元的SRv6 Locator地址可以采用相同的掩码。设定掩码后，按照核心层、汇聚层、接入层的顺序，从小到大分配Locator网段。在IS-IS使能SRv6并关联指定Locator，IS-IS会将Locator路由泛洪到网络中。

典型的银行SRv6 Locator地址设计范例如图8-5所示。

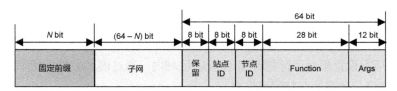

图 8-5　典型的银行 SRv6 Locator 地址设计范例

银行SRv6 Locator地址各字段的含义如表8-2所示。

表 8-2　银行 SRv6 Locator 地址各字段的含义

字段名	含义
站点 ID	表示不同银行站点
节点 ID	每个站点不同设备的编号
Function	SRv6 SID 的 Function 字段
Args	SRv6 SID 的 Arguments 字段

| 8.4　承载方案设计 |

8.4.1　IGP 设计

1. IGP的总体规划

IGP是金融骨干网络内部的基础支撑协议，并依靠IGP的泛洪实现全网三层拓扑收集。一般的骨干网络可以使用OSPFv3或IS-IS协议来打通内部的路由，相比于OSPFv3，IS-IS对SRv6的支持更加全面、扩展性更好。建议金融骨干网络优先选用IS-IS。

IS-IS规划参数的建议如下。

- 进程号：骨干网络设备IS-IS进程号与BGP的AS号一致。
- 区域划分：骨干网络所有设备规划运行在IS-IS Level-2区域。
- 路由发布：骨干网络内部地址可达性，通过IS-IS发布互连地址和设备管理地址来解决。此外，SRv6 SID和SRv6 Locator路由也需要通过IS-IS扩展属性发布。
- Cost（Metric）设计：IGP Cost值根据期望的流量走向进行设计，考虑因素包括尽量避免流量绕行、接口带宽、传输距离、负载分担等。

2. IGP的区域划分

骨干网络区域内采用IS-IS协议收集整个区域的链路状态信息。如图8-6所示，骨干网络所有设备规划运行在IS-IS Level-2区域内，通过IS-IS在域内泛洪实现整网IGP路由的学习和三层拓扑信息收集。

3. IGP Cost的设计

部署金融骨干网络时需考虑合理规划路由Cost，使骨干网络的不同业务流量充分利用带宽，以提高业务质量，同时充分保障业务的可靠性。

IGP Cost设计的原则如下。

- 局域链路Cost优于广域链路。
- DC之间的广域链路Cost优于分支机构到DC的广域链路Cost。
- 如果部署独立RR，那么RR到核心P设备的Cost设置为最大（RR只负责反射路由信息，不转发数据）。

金融骨干网络中各条链路的Cost设置和说明如表8-3所示。

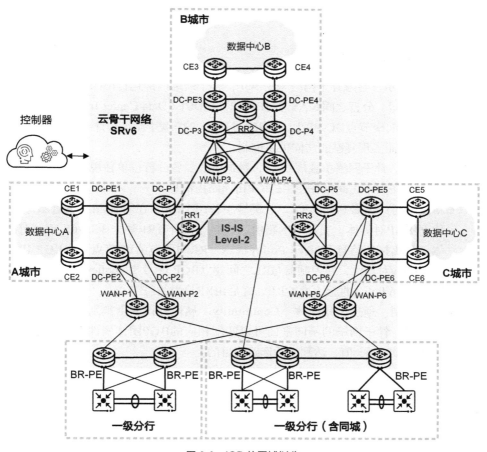

图 8-6　IGP 的区域划分

表 8-3　金融骨干网络中各条链路的 Cost 设置和说明

链路角色	Cost	说明
核心节点之间广域链路（例如 DC-P1 和 DC-P5 之间的链路）	200	广域链路 Cost 大于局域链路 Cost
DC-P 之间的局域链路	10	局域链路 Cost 小于广域链路 Cost，且如果路径是从 DC-PE 到跨平面的 DC-P 设备时，流量优先走同平面的 DC-P，其次才走跨平面的 DC-PE
DC-PE 之间的局域链路	20	
DC-PE 与 DC-P 之间的链路	10	局域链路 Cost 小于广域链路 Cost（例如 DC-P1 和 DC-P5 之间的链路）
WAN-P 与 DC-P 之间的链路	10	局域链路 Cost 小于广域链路 Cost（例如 DC-P1 和 DC-P5 之间的链路）
BR-PE 与 WAN-P 之间的链路	1000	DC 之间的广域链路 Cost 优于分支机构到 DC 的广域链路 Cost
RR 与 DC-P 之间的链路	10 000	RR 只做路由反射，不负责流量转发，Cost 配置为最大

8.4.2 BGP 设计

1. BGP的总体规划

如图8-7所示，金融骨干网络采用BGP，骨干网络内部运行IBGP，骨干网络与各数据中心之间、分行之间跨AS运行EBGP，在DCI（Data Center Interconnect，数据中心互联）汇聚节点DC-PE上，BGP通过强大的策略控制能力控制私网路由在AS间传递，从而实现复杂的访问关系控制。

- AS划分：骨干网络单独规划AS，数据中心、各分行也单独规划AS，在骨干网络和CE网络之间推荐使用EBGP传递路由信息。
- 路由反射：部署独立的RR，且部署主备两个RR，在所有PE和所有RR之间建立IBGP对等体，交互VPN路由。控制器和所有RR建立BGP-LS IPv6对等体，收集拓扑信息及SRv6 Policy状态。RR与所有的PE节点建立BGP IPv6 SR-Policy对等体，在控制器与RR之间建立BGP IPv6 SR-Policy对等体，控制器将SRv6 Policy直接下发给RR，之后由RR反射给PE节点。
- 路由控制：通过BGP团体（Community）属性标识路由类别，简化路由识别过程。骨干网络的不同平面可以匹配相应的BGP团体属性来设置不同的Local-Preference值，达到灵活选路的目的。

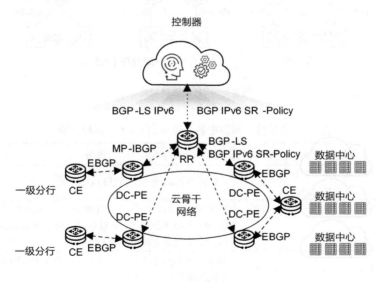

图 8-7 金融骨干网络 BGP 的总体规划

BGP关系建立过程中，IBGP建议统一采用LoopBack0接口的IPv6地址建立对等体，以提升IBGP连接可靠性；EBGP建议采用直连物理接口IPv6地址建立对等体，以提升收敛速度。

2. BGP AS的规划

BGP AS遵循银行网络的统一规划。骨干网络部署独立AS，作为全网的高速转发核心。骨干网络、数据中心、一级分行等均划分独立AS，AS内部运行IBGP，AS之间运行EBGP。

金融骨干网络的BGP AS规划如图8-8所示。

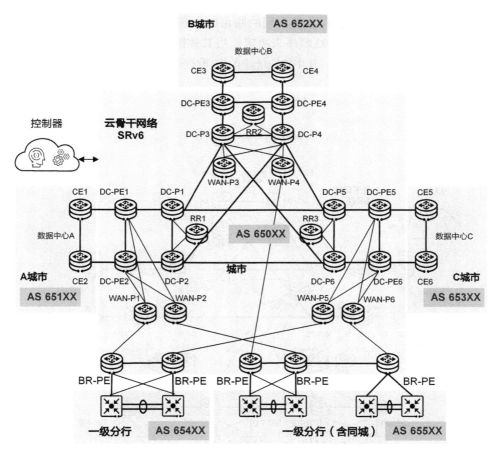

图 8-8 金融骨干网络的 BGP AS 规划

整个核心骨干网络设备包括业务中心、总部边界以及各分支边界路由器设备都划分在一个AS内，多地数据中心网络、各分支接入网络以及业务中心和总部局域网络分别划分在不同AS内。

3. BGP RR的规划

金融骨干网络的BGP RR规划按照在骨干网络中各个数据中心的出口位置分别部署独立RR，也可以使用DC-P节点兼做RR，反射BGP VPNv4/VPNv6路由，其他DC-PE作为RR的客户机。具体规划如图8-9所示。

- 在各个数据中心出口位置部署独立RR，用于反射BGP VPNv4/VPNv6路由。如有*N*个数据中心就需要*N*个RR，银行一般部署3个数据中心。多个RR互为备份，PE节点作为RR的客户机。
- 为简化IBGP部署，整网设立一个BGP路由反射集群（Cluster）。RR均配置相同的Cluster ID。
- 路由器从多个RR收到多份相同的路由时，需要确定优选RR的顺序，这要参照BGP路由的选路顺序来决定。当其他因素相同时，需要规划RR的LoopBack接口IP地址，其中IP地址小的RR发送的路由会被路由器优选。

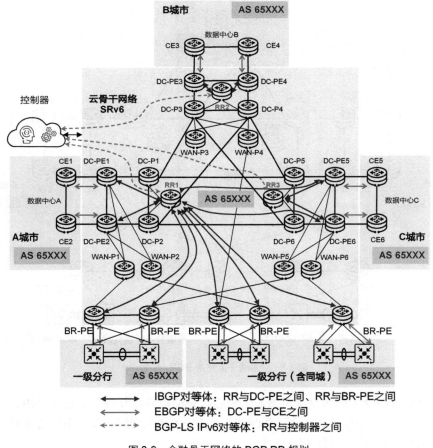

图 8-9　金融骨干网络的 BGP RR 规划

4.　BGP团体属性的规划和Local-Preference设计

骨干网络设备DC-PE在发布本地路由时会使用团体属性标识路由的类别，通过团体属性可以简化路由的识别过程。骨干网络的不同平面可以匹配相应的BGP团体属性来设置不同的Local-Preference值，以达到灵活选路的目的。

针对骨干网络实际路由的分布情况，使用不同的属性值XX、YY，分别代表骨干网络平面1、骨干网络平面2发出的路由，不同的BGP团体属性值用来匹配路由并设置Local-Preference值。具体设计如下。

DC-PE在IBGP上发布路由时，通过团体属性来区分是从骨干网络平面1发出还是骨干网络平面2发出。骨干网络平面1采用BGP团体属性值XX，骨干网络平面2采用BGP团体属性值YY。对端的DC-PE从IBGP接收路由时，可以配置入口路由策略，将同平面的路由设置为较大的Local-Preference值，并将不同平面的路由设置为较小的Local-Preference值，以保证同平面的路由被优选。

8.4.3　SRv6 设计

1.　SRv6的业务承载

金融骨干网络使用SRv6统一承载，从而构建了极简、智能、高可扩展的网络。SRv6的业务承载如图8-10所示。

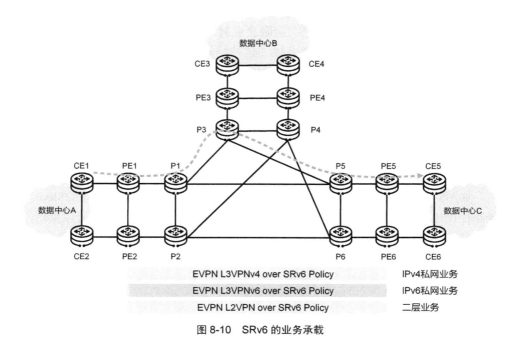

图8-10　SRv6 的业务承载

SRv6的业务承载具体如下。

- 新建IPv6骨干网络可实现IPv4私网业务、IPv6私网业务、二层业务的统一承载。
- 基于SRv6 + EVPN简化全网协议，控制平面统一通过EVPN传递业务路由，数据平面统一采用SRv6隧道承载业务流量。
- 基于业务特征（DSCP/Color）将流量导入不同的SRv6隧道；流量可视，并基于业务分类进行优化。

2. SRv6的隧道部署

数据中心的本地DC-PE和同平面的远端DC-PE根据远端的VPN路由创建SRv6隧道组，不与异平面的DC-PE建立隧道组，以便减少整网隧道数量。同理，数据中心和分行之间也不交叉建立隧道，即奇数编号PE之间建立隧道组，偶数编号PE之间建立隧道组（两个平面中的第一平面PE是奇数编号，第二平面PE是偶数编号）。

SRv6隧道配置完成后，需要将业务流量导入SRv6隧道进行转发，其实现是利用业务路由的Color属性去匹配相同Color的SRv6 Policy并生成SRv6隧道组，然后根据IP报文携带的DSCP映射到对应的SRv6 Policy。这样能够基于IP报文的SLA需求为其匹配合适的SRv6隧道，为高优先级的业务提供更好的服务质量。

3. SRv6穿网专线的部署

出于降低专线租用费的考虑，金融企业针对部分业务，租用运营商MPLS VPN专线替代目前的点到点物理专线。这种场景可以将穿越运营商三层MPLS VPN网络当作穿越第三方IP网络。借助SRv6天然具备的穿越IPv6网络的优势，骨干网络的部分线路可以用第三方提供的IPv6网络线路替代。

如图8-11所示，SRv6虚链路应用于上述SRv6设备和非SRv6设备混合组网的物理网络，通过手动创建SRv6虚链路可实现混合组网时的路径计算、业务路径可视等功能。SRv6虚链路参与算路时，与普通物理链路相同，支持基于Cost、时延或者可用度等维度计算，并支持配置链路End.X SID。

如图8-12所示，SRv6虚链路也可以用于SRv6路径调优，原理同前述的SRv6流量路径优化。当网络中主链路（MSTP专线）发生拥塞时，网络控制器可以重新计算路径，并且将业务切换到虚链路（穿网专线）上。

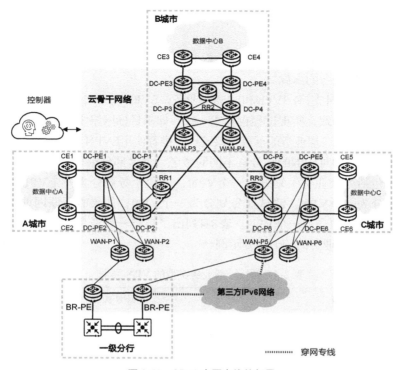

图 8-11　SRv6 穿网专线的部署

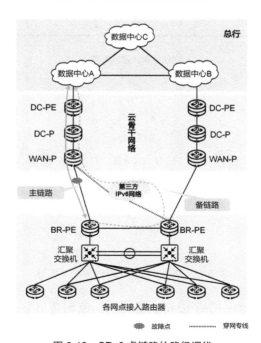

图 8-12　SRv6 虚链路的路径调优

8.4.4 VPN 设计

银行骨干承载的业务一般分为三层业务和二层业务，传统上使用L3VPN和L2VPN来做不同业务的承载。

EVPN可以同时支持L3VPN和L2VPN业务。EVPN L3VPN与传统BGP L3VPN的功能实现基本一致，实现过程也基本一致。如果目标网络承载隧道选择SRv6，且考虑三层业务和二层业务的承载协议统一，推荐使用EVPN。

不同金融机构对VPN的划分有不同的考虑，但大部分银行一般会将行内的生产业务（包括办公业务）划分为一个VPN，外联业务划分为一个VPN，每个子公司各划分为一个VPN，测试业务划分为一个VPN；如果有互联网业务和公有云业务，则也各划分为一个VPN。表8-4列出了银行一般业务类型的VPN类型，图8-13为银行一般业务的VPN划分示例。

表 8-4　银行一般业务类型的 VPN 类型

业务类型	VPN 类型
生产业务（含办公业务）	EVPN L3VPNv4/L3VPNv6
外联业务	EVPN L3VPNv4/L3VPNv6、EVPN L2VPN
子公司业务	EVPN L3VPNv4/L3VPNv6、EVPN L2VPN
互联网业务	EVPN L3VPNv4/L3VPNv6、EVPN L2VPN
测试业务	EVPN L3VPNv4/L3VPNv6

图 8-13　银行一般业务的 VPN 划分示例

图8-13中以银行的一个子公司业务为例，原则是每个子公司各划分为一个VPN。

VPN部署的原则如下。

- DC-PE和BR-PE作为VPN业务的接入点，将分行/DC的业务流量接入VPN。
- DC-P无须部署VPN，只做业务高速转发。
- 多VPN场景中，VPN路由默认隔离，有互访必要时通过策略控制VPN间路由的导入。对于VPN路由的RT规划，不同的VPN使用不同的RT，同一个VPN的IRT和ERT都相同。

8.4.5　QoS 设计

1.　QoS的技术简介

网络中的QoS主要应用于广域链路上承载的数据中心互联业务（如带库、磁盘），总部/分支的生产、办公以及访问数据中心的业务等。QoS服务模型包括尽力而为（BE）和差分服务（Diff-Serv）两种。

- 尽力而为是最简单的QoS服务模型，网络尽最大的可能性来发送报文，但对时延、可靠性等性能不提供任何保证。
- 差分服务模型通过报文携带的优先级字段，为不同的业务在网络中提供不同的带宽保证，而且该模型并不为业务预留网络资源，实现相对简单。因此，一般的网络会采用Diff-Serv模型。

这些业务需要用到的QoS特性如下。

- 简单流分类：对上游设备已经打了QoS优先级标记的报文，信任报文携带的优先级标记。
- 复杂流分类：对上游设备没有打QoS优先级标记的报文，根据报文头中的信息（如IP五元组）对报文进行精细的分类。如果需要，可以同时完成一些其他的动作，如根据IP五元组做CAR的限速。
- 队列调度：根据流分类的结果匹配QoS策略，在不同队列之间做QoS调度。
- 流量整形：根据租用的带宽情况，在广域链路上配置流量整形（Shaping）限速，并根据流量整形结果反压队列调度模块。
- CAR：一般在PE和CE对接的接口上对部分流量做限速时使用。

这些QoS特性可用在金融骨干网络的不同接口链路上的组合部署方案中，构成金融骨干网络的整体QoS设计，保障金融业务的高效、合理运行。

2.　QoS的设计原则

金融骨干网络作为集团的网络核心，需为集团各类业务提供不同的服务保障。通过QoS规划，保障各类业务在金融骨干网络上得到合理的转发。

QoS规划主要遵循如下4个原则。

- 合理性：基于业务的重要程度，分配合理的资源。
- 一致性：QoS规划涉及业务分类、标记、调度、限速等各类行为，整网需要保持一致。
- 可扩展性：当前制定的QoS策略，需要考虑后续的业务扩展。
- 可维护性：实际业务变化迅速，日常维护中可能需要经常进行QoS策略调整，需调整方便、维护简单。

定义QoS队列调度的模型是QoS规划中的关键点。典型的QoS实现方式可以实现8个不同优先级队列之间在广域链路上的同一级的调度。这8个队列优先级从高到低分为CS7、CS6、EF、AF4、AF3、AF2、AF1、BE；每个队列可以独立选用PQ（Priority Queuing，优先级队列）、WFQ（Weighted Fair Queuing，加权公平队列）、LPQ（Low-Priority Queuing，低优先级队列）这3种调度方式之一，其中CS7、CS6、EF默认采用PQ调度，AF4、AF3、AF2、AF1、BE默认采用WFQ调度。

CS7、CS6队列默认预留给协议报文使用，其中CS7主要是BFD等快速连通性检测协议，CS6是ICMP外的其他协议（如IS-IS、BGP等路由协议）。ICMP则默认使用BE队列。建议将各类业务报文分类归纳到EF、AF4、AF3、AF2、AF1、BE这6个队列。

3. QoS的部署

QoS的部署主要关注金融骨干网络外部流量注入时的优先级重新标记和流量注入广域链路时的QoS队列调度。

为了确保关键业务在任何链路条件下都能优先得到服务，金融骨干网络需要采用统一的QoS策略，即使链路发生故障，某些业务切换到备份链路上后，依然能够得到原来的带宽。典型的银行业务QoS优先级标记设计如表8-5所示。

表 8-5　银行业务 QoS 优先级标记设计

业务类型	重要性	优先级	调度方式
协议报文	高	CS7/CS6	PQ
核心业务	高	EF	PQ
视频业务	高	AF4	PQ
一般生产业务	高	AF3	WFQ
办公、测试业务	中	AF2	WFQ
其他	低	BE	WFQ

一般建议在网络CE或CE下游设备根据复杂流分类等方式对报文的DSCP/TC（Traffic Class，流量等级）做好标记，这样PE就可以根据报文的DSCP/TC，按照

Uniform方式进行简单流分类映射和处理。CE或其下游设备无法做好DSCP/TC标记时，也可以在PE处通过复杂流分类进行报文的DSCP/TC标记。业务流量进入骨干网络时，由DC-PE迭代到SRv6隧道，并将报文的DSCP/TC映射至IPv6报文头的TC中。

　　金融骨干网络广域链路两端设备的出接口启用QoS调度，按提前规划部署PQ＋WFQ技术，根据隧道报文的优先级域提供差分服务，具体部署如图8-14所示。

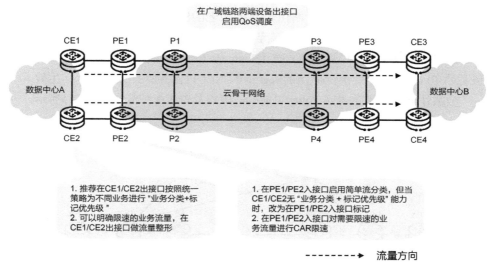

图 8-14　金融骨干网络广域链路的 QoS 部署

|8.5　可靠性设计|

8.5.1　设备可靠性设计

　　线路的备份主要解决了网络互通路径的问题，而节点设备的可靠则解决网络有效运转的问题。要保证网络的可靠性，只有选用具备高可用性的网络设备进行组网，才能使网络具有自动恢复能力，从而减少人工维护工作，达到电信级的可靠运行。常见的设备可靠性技术如下。

- 控制层面主控板1＋1主备备份（配合协议NSR达到主备倒换平滑的目的）；
关键部件冗余备份，如交换网、电源、风扇等。

- 支持热插拔特性，保证系统出现故障需要维护或系统需要升级扩展时，不需要停机处理。

8.5.2 网络可靠性设计

SRv6 Policy支持MBB（Make Before Break，先建后断）机制。在SRv6 Policy的Segment List更新过程中，路由器在拆除老的Segment List之前，先把新的Segment List建立起来。在此期间，流量先保持按照老的Segment List转发，系统将等待延迟时间超时后才将其删除，防止Segment List切换而导致流量不通。MBB机制仅对SRv6 Policy下处于Up状态的Segment List（包含备份Segment List）生效。

金融骨干网络部署SRv6 Policy可能的故障点及对应保护策略如图8-15所示。

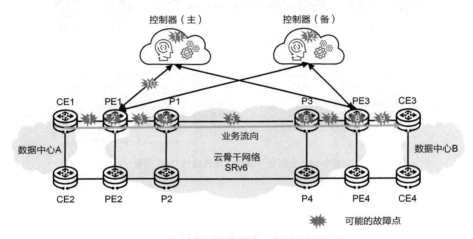

图 8-15　金融骨干网络的 SRv6 路径故障保护策略

SRv6路径各个故障点及对应保护策略的说明如表8-6所示。

表 8-6　SRv6 路径各个故障点及对应的保护策略说明

故障点	故障说明	保护策略
1/2	源端 PE 节点、CE 到 PE 上行链路发生故障	CE 启用 IP FRR，快速切换到保护路径
3/4/5/6	骨干网络内部路径上的链路或节点发生故障	BFD for IS-IS 联动 SRv6 Policy 的 TI-LFA 保护倒换，切换到临时的迂回路径绕过故障链路或故障节点
7/8	宿端 PE 节点，链路发生故障	启用 VPN FRR，临时切换到另一台出口 PE
9	宿端 PE 到 CE 下行链路发生故障	PE 启用 VPN 混合 FRR，快速切换到保护路径

故障点	故障说明	保护策略
10/11	主控制器发生故障，或与物理网络的连接发生故障	通过主备控制器的异地容灾方案，备控制器发现主控制器发生故障后会升为主控制器
11/12	主备控制器同时发生故障，或与所有转发器之间的连接发生故障	SRv6 Policy 失效，如果网络中存在 SRv6 BE 路径，流量会切换到 SRv6 BE 路径上转发

8.5.3　控制器可靠性设计

在系统运行过程中，外部环境、操作失误或系统因素等原因可能会导致意外的故障。对于这些未知的风险，控制器提供了硬件、软件和系统级的可用性保护方案，让系统从故障中恢复，最大限度地减少对系统的破坏。控制器的可靠性包括如下几点。

第一，硬件高可用性：控制器硬件采用高可用性保护方案，配置硬件冗余，如服务器电源、风扇网卡 1 + 1 冗余保护。当具有冗余保护的硬件发生故障时，相关硬件自动切换至正常部件上继续运行，确保控制器的操作系统及应用服务不受影响。

第二，软件高可用性：控制器异地/本地容灾系统提供了软件高可用性的保护方案，用于防范软件层面未知风险，保障控制器的安全、稳定运行。

第三，应用服务高可用性：具体有两种实现模式。

- 主备保护模式：只有主节点上的服务为运行状态。若主节点服务进程发生故障，控制器将自动启动备节点服务。
- 集群保护模式：集群节点正常运行时，各节点为多活状态。若其中一个节点发生故障，其他节点将分担这个故障节点的负载能力，继续均衡地提供服务。

第四，数据高可用性：具体包括两个方面。

- 数据库自动倒换：主备节点正常运行时，主节点上的数据库可读、可写，而备节点数据库可读。若主节点服务进程发生故障，控制器将自动切换至备节点数据库提供服务。主备节点切换不影响业务服务。
- 备份与恢复：该功能支持对数据的备份与恢复，定期备份数据。当控制器数据异常时，可使用某个时间点的备份文件快速恢复至正常状态。

第五，异地容灾：控制器提供的异地容灾方案，可用于防范针对整个系统的未知风险，保障控制器的安全、稳定运行。使用两套硬件配置和业务方案等完全一致的控制器系统作为主备站点，主站点的各数据库按各自同步策略实时同步至备站点。当主站点出现故障时，立即通过手动或者仲裁服务自动启动备站点，快速恢复控制器的使用。

容灾系统使用过程中，通过心跳链路监控主备站点的关联状态，并通过复制链路进行数据同步。若主备站点间心跳、复制链路异常，控制器将产生对应告警，提醒用户通过手动或者仲裁服务自动处理异常。

| 8.6 网络安全设计 |

金融骨干网络的定位是高速通道及业务承载运营，网络安全设计主要关注设备级的网络安全能力。

第一，针对网络设备的配置应采取最小化配置原则，即关闭所有默认开启但并非必需的服务。具体原则如下。

- 关闭所有默认开启但并非必需的服务，如TCP/UDP（User Datagram Protocol，用户数据报协议）小包服务、Finger（用于查询用户联系信息）等服务。
- 关闭源路由、ARP代理、定向广播等服务，避免引发地址欺骗和DDoS（Distributed Denial of Service，分布式拒绝服务）攻击。
- 关闭ICMP网络可达性检测、IP重定向、路由器掩码回应等服务，避免引发ARP欺骗、地址欺骗和DDoS攻击。

第二，加强网络设备的安全，增加网络设备（路由器、交换机、接入服务器等）的口令强度，所有网络设备的口令需要满足一定的复杂性要求；对设备口令在本地的存储，应采用系统支持的强加密方式；在口令的配置策略上，所有网络设备口令不得相同，口令必须定时更新；在口令的安全管理上，必须实施相应的用户授权及集中认证单点登录等机制，不得存在测试账户、测试口令现象；采用RADIUS服务器实行集中式口令管理和操作记录管理。

第三，针对设备操作系统的安全漏洞，及时升级设备操作系统。在网络设备的网络服务配置方面，必须遵循最小化服务原则，关闭网络设备不需要的所有服务，避免网络服务或网络协议自身存在的安全漏洞增加网络的安全风险。对于必须开启的网络服务，必须通过访问控制列表等手段来严格控制访问。在边缘路由器方面，应当关闭某些会引起网络安全风险的协议或服务，如ARP代理等。加强本地控制台的物理安全性，限制远程VTY（Virtual Type Terminal，虚拟类型终端）的访问IP地址；控制banner信息，不得泄露任何相关信息；远程登录必须通过加密方式，禁止反向Telnet等。

第9章
企业智能电力数据网络的设计与部署

本章以智能电力数据网络为例，详细介绍SRv6在大型企业场景中的设计与部署方案，内容包括网络架构简介、物理组网设计、IPv6地址规划、承载方案、可靠性和安全方面的设计原则。

| 9.1　网络总体架构 |

智能电力数据的网络方案按照大多数国家电网的网络架构进行设计。电力数据网络的逻辑架构如图9-1所示。

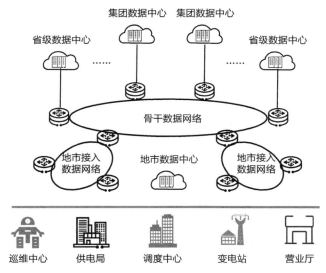

图 9-1　电力数据网络的逻辑架构

电力数据网络的数据通信分为骨干数据网络和地市接入数据网络两个层次。骨干数据网络覆盖了电网省级以及以上单位。在骨干数据网络边界之下建设各地市接入数据网络，省级数据中心均挂在骨干数据网络。骨干数据网络和地市接入数据网络分别为1个AS和n个AS（n为地市接入网络的数量），即骨干数据网络一个AS号，各地市接入数据网络分别分配独立的AS号。

电力数据网络的业务访问一般终结于数据中心，业务访问涉及地市级数据中心、省级数据中心、集团数据中心。不同业务的访问范围不同。

不同的业务访问所涉及的网络模块也不同，电力数据网络所承载的业务流向主要涉及如下3种场景。

- 业务访问在地市接入数据网络闭环，即主要为接入单位园区和地市数据中心间的通信。
- 业务访问涉及地市接入数据网络、骨干数据网络、省级数据中心，即主要为接入单位园区经过接入数据网络、骨干数据网络，实现和省级数据中心的业务互访，该场景涉及业务跨AS访问。
- 业务访问涉及地市接入数据网络、骨干数据网络、集团数据中心，即主要为接入单位园区经过接入数据网络、骨干数据网络，实现和集团级数据中心的业务互访，该场景涉及业务跨AS访问。

在网络承载逻辑架构上，考虑当前电力数据网络的情况，采取分级部署控制器的方式，实现各域内的业务统一管理，具体如图9-2所示。

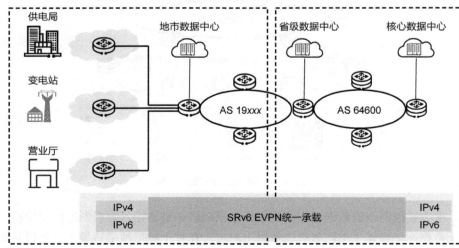

图 9-2 智能电力数据网络承载逻辑架构

智能电力数据网络方案的详细内容如下。

- 协议架构：基于电力数据网络架构和业务情况，全网统一采用SRv6新技术架构，提供IPv4/IPv6业务双栈承载，满足业务持续向IPv6演进的诉求，同时，基于SRv6实现控制面和转发面的极简化，奠定电力数据网络智能化、自动化的基础，并降低网络运维难度。
- 运维管理：控制器部署采用分级架构，骨干数据网络和地市接入数据网络分级管理。骨干数据网络单区域尽量采用统一的控制器，实现业务的统一管理，如涉及多区域设备厂家异构，则需要考虑部署协同器，实现异构控制器之间的协同。各地市建议部署独立控制器，通过分权分域的方式支持各地市管理及控制各地市的接入设备。
- 业务保障：电力数据网络部署随流检测技术，实现业务综合SLA的实时监控。在出现业务传输质量劣化时，通过SDN流量调优实现关键业务的质量保障。同时对于核心部门的关键业务，可采用网络切片技术构建虚拟专网，实现业务的专享保障。
- 可靠运行：基于SRv6技术架构，依据电力数据网络的组网情况，全网部署TI-LFA FRR、SRv6 Policy的Candidate Path保护、VPN FRR等方案，同时，依靠BFD技术实现快速的故障检测，保障全网全拓扑的故障快速收敛时间。另外，在网络设备选择上，充分考虑设备架构的冗余情况，采用高可靠的设备型号。

电力公司综合数据网的网络架构设计需要基于当前电网的物理组网，同时考虑网络可靠性和网络层级设计。下面以某大型电力公司的综合数据网为例介绍网络架构设计。

9.2　物理组网设计

9.2.1　集团物理网络设计

该大型电力公司的综合数据网的当前网络架构分为主干网络、省干网络和地市网络3级架构。主干网络包含核心、汇聚二层物理网络，实现各分公司节点的互联互通。各省（自治区、直辖市）的综合数据网采用省干网络和地市网络两级子网的架构。对于各省（自治区、直辖市）综合数据网，各下属地市的综合数据网具有独立的AS。地市网络采用核心、汇聚和接入3层物理网络，如图9-3所示。

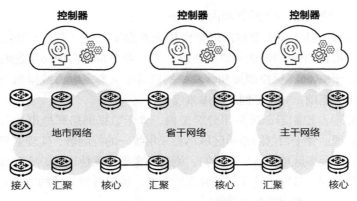

图 9-3　某大型电网综合数据网当前的整体架构层级

　　该大型电网综合数据网的网络架构可以从现有的三级网络优化至二级网络，如图9-4所示，综合数据网采用骨干综合数据网络、地市综合数据网络两级网络架构。现有主干综合数据网覆盖节点范围延伸到现有省干网覆盖节点，形成骨干综合数据网络。现有的各地市综合数据网与骨干综合数据网互联。

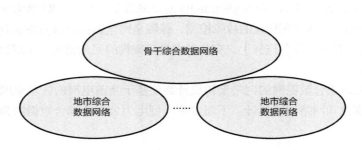

图 9-4　某大型电网综合数据网的新架构层级

9.2.2　区域物理网络设计

　　世界各国的电力公司，由于其地市以下接入网络存在通信资源配置差异、运维组织结构多样及组网设备性能不均等问题，组网结构不统一。常见的接入物理网络的架构包含以下几种。

　　第一，两台地市核心PE口字形上联地市两台ASBR，县级以下单位汇聚路由器星形接入两台地市核心PE，如图9-5所示。

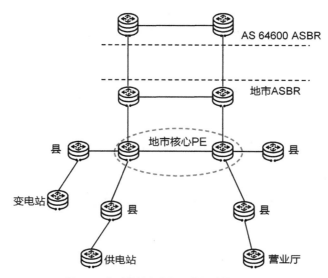

图 9-5 典型的地市数据网物理结构 （一）

第二，两台地市PE口字形上联地市两台地市ASBR，并与多台PE构成网状PE，县级及以下汇聚路由器就近接入，如图9-6所示。

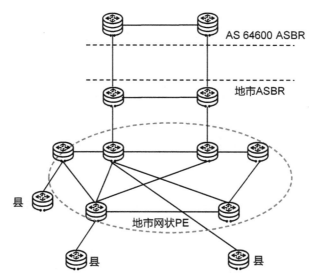

图 9-6 典型的地市数据网物理结构 （二）

第三，地市ASBR作为地市网络的核心，县级以下ASBR以单位直接接入地市ASBR，如图9-7所示。

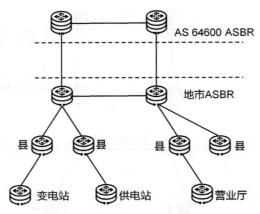

图 9-7 典型的地市数据网物理结构 （三）

第四，直接将地市ASBR当作地市核心，与多台核心PE构成地市网状PE，县级以下汇聚设备直接接入地市网状PE，如图9-8所示。

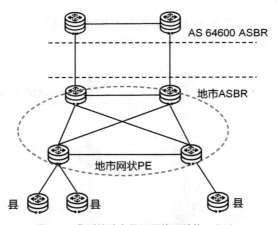

图 9-8 典型的地市数据网物理结构 （四）

第五，地市PE组成环状结构，县核心就近接入地市环状PE，如图9-9所示。

基于当前的基本情况，结合网络可靠性和架构层级的需求，建议地市按照图9-10所示的架构考虑方案设计。采用地市核心、县核心、边缘站3层物理组网。在地市核心（地市ASBR）下挂县核心，可以口字形组网或环形组网，在县核心下挂边缘站（变电站、供电站）等，以双上联或环形组网。

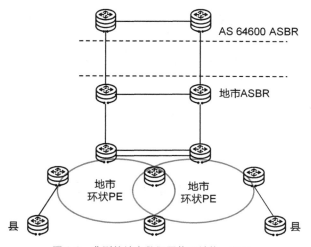

图 9-9　典型的地市数据网物理结构　（五）

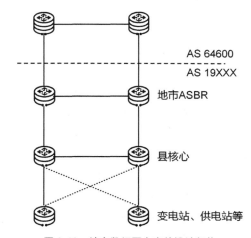

图 9-10　地市数据网方案的设计架构

9.2.3　整体物理目标网络设计

基于上述分析，在进行智能电力数据网络的方案设计时，物理组网主要考虑骨干网络和接入网络两级。骨干网络划分为核心节点、汇聚节点和接入节点3个层级；对于接入网络层级，虽然不同地市的电力网络架构比较复杂，但通过前文对各类型组网的分析，也建议统一组网架构，即划分为核心节点、汇聚节点和接入节点3个层级。智能电力数据网络的物理组网架构如图9-11所示。

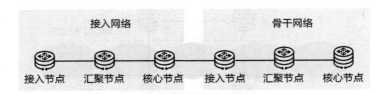

图 9-11　智能电力数据网络的物理组网架构

| 9.3　IPv6 地址的规划设计 |

对电网而言，一般均有内部详细且统一的地址规划，各级单位按照集团的统一规范使用IPv6地址即可，既解决了当前电网IPv6改造进度上各级不一致的问题，也满足了接入网络各级用户了解IPv6地址规划的诉求。

9.3.1　IPv6 地址规划原则

由于IPv6的地址空间巨大，对路由聚合等方面提出了更高的要求，所以需要进行合理的地址规划。企业获取IPv6地址后，可按如下原则规划。

- 语义化原则：IPv6地址的结构定义清晰，可读性强，通过在IPv6地址不同分段嵌入区域、业务类型等信息，便于识别用户所在区域及地址用途。如当前企业在区域信息方面具备明显的省级—市—县特征，或者在行政单位或业务系统上有明确特征，即企业—企业二级单位—企业三级单位、企业—业务系统—二级业务系统、区域中心—区域中心业务系统，可在IPv6地址分段结构中明确划分分段并标识该信息。

- 可聚合原则：按照地址聚合原则分片规划，相邻业务区域一般分配连续的地址段，尽量做到地址高效聚合，缩小路由表规模、简化路由表。由于IPv6地址数量庞大，如规划不好，可能导致路由表急剧膨胀，尤其是企业使用全球单播地址接入互联网的情况，要考虑到地址管理机构、运营商未来对地址聚合的可能要求，避免不合理的分配导致难以聚合的问题。

- 可扩展原则：IPv6地址的规划与划分应该考虑网络的发展要求，兼顾近期的需求与远期的发展，同时应考虑现有业务、新型业务以及各种特殊的业务要求，为未来扩容预留空间，确保增加少量子网不会大规模调整网络架构和安全策略。

- 易管控原则：IPv6地址在设备或者管理界面以十六进制显示（十六进制的1 bit代表二进制的4 bit）。如果破坏半字节边界架构，会导致信息嵌入组合复杂。为便于配置安全策略（如ACL规则、防火墙过滤等），IPv6地址规划尽量不要破坏半字节结构。

9.3.2　IPv6 地址规划建议

IPv6地址的规划一般涉及网络地址、用户地址和应用平台地址，同时结合电力行业的业务特点，全网IPv6地址的使用和规划一般会按照大业务分类，便于全局统筹管理。以下规划案例仅供参考。

在IP地址规划方案中，建议将需要总部统筹拉通的业务类别的地址从通用的地址空间中剥离出来（比如应急响应业务），与3类通用地址（网络地址、用户地址、应用平台地址）空间平齐放在最前面，方便做业务地址的快速识别以及拉通管理。结合3类不同的地址（即网络地址、用户地址、应用平台地址）空间，以及电网的区域层级划分，整体上这类IPv6地址的规划方案建议如图9-12所示。

地址空间	NA	总部负责规划			子公司负责规划	
	固定前缀	业务地址类型	一级区域	二级区域	子网空间	接口地址
长度/bit	32	4	8	8	12	8
前缀位数	1~32	33~36	37~44	45~52	53~64	65~128
点分位(0x)	xxxx:xxxx:	x	xx	x:x	xxx:	xxxx:xxxx:xxxx:xxxx

业务地址类型	
取值	说明
0x0	网络地址
0x1	用户地址
0x2	应用平台地址
0x3	总部需统筹拉通的业务地址1
0x4	总部需统筹拉通的业务地址2
……	……
0xF	预留

图 9-12　智能电力数据网络 IPv6 地址规划方案的建议

整体上看，智能电力数据网络IPv6地址块子网的空间分析如表9-1所示。

表 9-1　智能电力数据网络 IPv6 地址块子网的空间分析

序号	字段	长度 /bit	子网空间	说明
1	业务地址类型	4	16	总部统一规划
2	一级区域	8	256	总部统一规划

续表

序号	字段	长度 /bit	子网空间	说明
3	二级区域	8	256	总部统一规划
4	子网空间	12	4096	子公司自主规划

智能电力数据网络IPv6地址各字段的划分及含义如下。

- 业务地址类型：bit 33 ~ 36，共4 bit，有16种取值（0x0 ~ 0xF），用于标识企业需统筹拉通的业务地址和3类通用地址（网络地址、用户地址、应用平台地址）空间。为了更好地统筹管理，建议需拉通的业务地址包含相应的应用平台地址及相应的专用用户地址。例如，企业需对物联感知类业务和视频类业务进行统筹管理，则需将这两类地址从通用地址空间中抽离出来并为其单独分配不同的空间，与3类通用地址空间共用"业务地址类型"字段。因此，对该企业来说，当前字段应规划网络地址、用户地址、应用平台地址、感知类设备地址、视频类设备地址，分别取值0x0、0x1、0x2、0x3、0x4，其他的值（0x5 ~ 0xF）作为预留。

- 一级区域：bit 37 ~ 44，共8 bit，有256种取值（0x00 ~ 0xFF），用于标识整个企业的一级区域，可包含总部、总部直属单位及二级单位。比如，对于政府垂直型架构单位，可标识部、省级相关单位，实现总部以及相关直属单位、省级单位按需分配IPv6地址。其中一级区域字段采用聚合模式，为每个单位划分连续的IPv6地址块，便于各单位对IPv6地址进行分配和管理。同时，考虑各单位后续扩展的需要，在满足当前IPv6地址需求的基础上，也需预留一定比例的地址。因此该字段取值为企业/机构总部、总部相关直属单位、各二级单位，具体各个单位分配的地址块数视单位情况而定。

- 二级区域：bit 45 ~ 52，共8 bit，有256种取值（0x00 ~ 0xFF），用于标识企业的二级区域，可包含企业二级单位的相应下属单位。比如，对于政府垂直型架构单位，可标识各省份下属市、县区域，建议根据在行政区划页面中的显示顺序，依次按序对各省份的地市、区县进行编码分配。各省份的编码从0x0开始，并将县级行政区划与地市行政区划作为统计网络分配IPv6地址，即优先分配某省份地址，接着分配地市级及市级各区地址，再分配该市下属各县级地址，具体情况视各单位情况而定。

📖 **说明**

当一级区域字段对应为总部时，因总部没有二级单位，可以规划二级区域字段用于标识广域网络、数据中心网络、园区网络、地市接入网络等。地市级的数据中心网络、各园区网络、地市接入网络等字段分配由各子公司自主规划，因此可以使用子网空间字段。

以上IPv6地址块中的字段由总部统一规划、统一分配，剩下的12 bit子网空间将由末级区域单位灵活定义含义、自行分配，共有4096种取值。

下面针对不同地址空间的地址规划方案分别进行介绍。对于企业需要统一拉通的业务地址，我们以视频类地址为例，介绍网络地址的规划方案。

9.3.3　网络地址规划方案

智能电力数据网络地址规划方案如图9-13所示，下面主要针对后面64 bit接口地址做详细介绍。

网络地址空间中，业务地址类型字段取值为"0x0"，一级区域和二级区域字段由总部统一规划，子网空间字段由相应的末级单位灵活规划。可根据企业情况，选择子网空间的4 bit标识网络层次，如广域网络、数据中心网络、园区网络。为了便于表示，并且增强易读性和IPv6地址书写的便利性，预留后64 bit的前32 bit（bit 65 ~ 96），接下来的4 bit表示网络地址的"地址类型"，如可以表示设备互连接口地址、带外管理地址、LoopBack地址、SRv6 Locator地址等，其余28 bit作为其他可分配空间。

地址空间	NA	总部负责规划				子公司负责规划			
	固定前缀	业务地址类型	一级区域	二级区域	子网空间	接口地址			
						预留	地址类型	其他可分配空间	
长度/bit	32	4	8	8	12	32	4	28	
前缀位数	1~32	33~36	37~44	45~52	53~64	65~96	97~100	101~128	
取值(0x)	xxxx:xxxx	固定为0	00~FF	00~FF	000~FFF	默认为0	0~F	000:0000~FFF:FFFF	
点分位(0x)	xxxx:xxxx:	0	xx	x:x	xxx:	::	x	x	

地址类型	
取值	说明
0x0	接口互联地址
0x1	带外管理地址
0x2	LoopBack接口地址
0x3	SRv6 Locator
0x4 ~ 0xF	预留

图 9-13　智能电力数据网络地址规划方案

设备互连接口的IPv6地址划分方案如图9-14所示，其bit 97 ~ 100的"地址类型"字段为"0x0"，bit 101 ~ 104为预留字段。接下来分别连续取8 bit表示设备序号，即，bit 105～112及bit113～120分别表示两端的设备序号，序号较小的设备使用bit 105～112编码，序号较大的设备使用bit 113～120编码。同时，序号小的设备互连接口地址的bit 128 "P2P link" 字段值取 "0x0"，序号较大的设备接口地址的 "P2P link" 字段值取 "0x1"，其中bit 121～124表示两端设备之间的互连 "链路数"，默认情况下两端取值 "0x0"（代表设备间只有一条链路）；若设备间有第二条链路，此字段取值为 "0x1"，依次类推。bit 125～127为对齐字段，固定为0。

地址空间	NA	总部负责规划					子公司负责规划						
	固定前缀	业务地址类型	一级区域	二级区域	子网空间	预留	地址类型	预留	设备序号（小）	设备序号（大）	链路数	对齐段	P2P Link
长度/bit	32	4	8	8	12	32	4	4	8	8	4	3	1
前缀位数	1～32	33～36	37～44	45～52	53～64	65～96	97～100	101～104	105～112	113～120	121～124	125～127	128
取值(0x)	xxxx:xxxx	固定为0	00～FF	00～FF	000～FFF	默认为0	固定为0	默认为0	01～FF	01～FF	0～F	固定为0	0、1
点分位(0x)	xxxx:xxxx:	0		xx	x:x	xxx:		x					x

图 9-14　智能电力数据网络设备互连接口的 IPv6 地址划分方案

设备带外管理的IPv6地址划分方案如图9-15所示，其bit 97～100的 "地址类型" 字段值取 "0x1"，bit 101～120作为预留字段，默认为0，最后8 bit表示设备序号。

地址空间	NA	总部负责规划					子公司负责规划			
	固定前缀	业务地址类型	一级区域	二级区域	子网空间	预留	地址类型	预留	可分配地址空间（设备序号）
长度/bit	32	4	8	8	12	32	4	20	8
前缀位数	1～32	33～36	37～44	45～52	53～64	65～96	97～100	101～120	121～128
取值(0x)	xxxx:xxxx	固定为0	00～FF	00～FF	000～FFF	默认为0	固定为1	默认为0	01～FF
点分位(0x)	xxxx:xxxx:	0		xx	x:x	xxx:	::	1	xxx:xx	xx

图 9-15　智能电力数据网络设备带外管理的 IPv6 地址划分方案

设备LoopBack的IPv6地址划分方案如图9-16所示，其bit 97～100的 "地址类型" 字段为 "0x2"，bit 101～120作为预留，默认为0，最后8 bit表示设备序号。如果企业由于业务和管理需要，需使用多个LoopBack地址，可考虑在bit 101～120的最后4 bit，即bit 117～120，设置具体的LoopBack地址序号。

地址空间	NA	总部负责规划					子公司负责规划			
	固定前缀	业务地址类型	一级区域	二级区域	子网空间	预留	地址类型	预留	可分配地址空间（设备序号）
长度/bit	32	4	8	8	12	32	4	20	8
前缀位数	1～32	33～36	37～44	45～52	53～64	65～96	97～100	101～120	121～128
取值(0x)	xxxx:xxxx	固定为0	00～FF	00～FF	000～FFF	默认为0	固定为2	默认为0	01～FF
点分位(0x)	xxxx:xxxx:	0		xx	x:x	xxx:	::	2	xxx:xx	xx

图 9-16　智能电力数据网络设备 LoopBack 的 IPv6 地址划分方案

网络设备SRv6 Locator的IPv6地址划分方案如图9-17所示，其bit 97～100的

"地址类型"字段为"0x3"，bit 101 ~ 108为设备序号，最后20 bit表示SRv6 Function。

地址空间	NA	总部负责规划			子公司负责规划				
	固定前缀	业务地址类型	一级区域	二级区域	子网空间	预留	地址类型	Locator空间（设备序号）	SRv6 Function
长度/bit	32	4	8	8	12	32	4	4	20
前缀位数	1 ~ 32	33 ~ 36	37 ~ 44	45 ~ 52	53 ~ 64	65 ~ 96	97 ~ 100	101 ~ 108	109 ~ 128
取值(0x)	xxxx:xxxx	固定为0	00 ~ FF	00 ~ FF	000 ~ FFF	默认为0	固定为3	01 ~ FF	取值动态生成或自动配置
点分位(0x)	xxxx:xxxx:	0	xx	x:x	xxx:	::	3	xx	xx

图 9-17　智能电力数据网络设备 SRv6 Locator 的 IPv6 地址划分方案

9.3.4　用户地址规划方案

如图9-18所示，在用户地址空间中，业务地址类型取值为"0x1"。一级区域和二级区域字段由总部统一规划。子网空间字段被划分为"用户类型"和"可分配子网空间"以及"接口地址"，其中"用户类型"字段取值可以为内部用户、驻场用户、访客等；"可分配子网空间"的取值为256（即2^8）。另外，需要注意的是，考虑各类用户的可扩展性以及地址块的连续性，一般需要为各个用户类型分配连续的地址空间。这里需要根据单位情况确定具体分配连续块的大小。

地址空间	NA	总部负责规划			子公司负责规划		
	固定前缀	业务地址类型	一级区域	二级区域	用户类型	可分配子网空间	接口地址
长度/bit	32	4	8	8	4	8	64
前缀位数	1 ~ 32	33 ~ 36	37 ~ 44	45 ~ 52	53 ~ 64	57 ~ 64	65 ~ 128
取值(0x)	xxxx:xxxx:	固定为1	00 ~ FF	00 ~ FF	0 ~ F	0 ~ F	0000:0000:0000:0000 ~ FFFF:FFFF:FFFF:FFFF
点分位(0x)	xxxx:xxxx:	1	xx	x:x	x	::	xxxx:xxxx:xxxx:xxxx

用户类型	
取值	说明
0x0	内部用户
0x1	驻场用户
0x2	访客
0x3 ~ 0xF	预留

图 9-18　智能电力数据网络用户地址的划分方案

9.3.5　应用平台地址规划方案

如图9-19所示，在应用平台地址中，业务地址类型取值为"0x2"，标识了通用且无须做严格业务统筹管理的服务器类地址。一级区域和二级区域字段由总部统一规划，一般对应数据中心字段。子网空间字段被分为"业务系统"和"可分配子网空间"字段。其中，业务系统类型字段可表示数据中心的各类业务，比如，生产业务、开发测试、办公业务等，共有256个子网空间；可分配子网空间字段可根据业务情况进行灵活规划，默认为0。接口地址部分，一般由IPv6自动配置、自动生成，或者可以自行灵活规划。如果现网的应用平台是既有的IPv4业务系统，那么在规划IPv6地址时也可考虑将后32 bit直接填入主机IPv4地址。

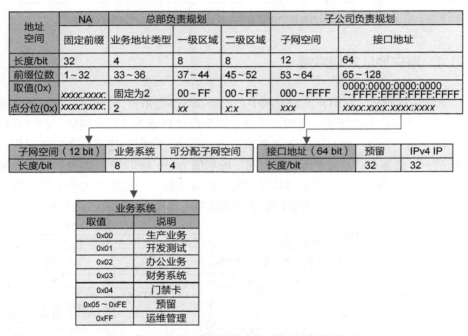

图 9-19　智能电力数据网络应用平台的地址规划方案

9.3.6　总部统筹拉通的业务地址规划方案

如图9-20所示，以应急视频类地址为总部统筹管理拉通的业务地址为例介绍规划方案。此业务地址类型取值为"0x3"。一级区域和二级区域字段由总部统一规划。子网空间字段可根据业务情况进行灵活规划，默认为0。接口地址部分一般由IPv6自动配置、自动生成，或者可以进行自行灵活规划。如果视频类业务/终端是现网既有的IPv4类型，那么在规划IPv6地址时，也可考虑将后32 bit直接填入主机IPv4地址。

地址空间	NA		总部负责规划			子公司负责规划	
	固定前缀	业务地址类型	一级区域	二级区域	子网空间	接口地址	
长度/bit	32	4	8	8	12	64	
前缀位数	1~32	33~36	37~44	45~52	53~64	65~128	
取值(0x)	xxxx:xxxx:	固定为3	00~FF	00~FF	000~FFFF	0000:0000:0000:0000 ~FFFF:FFFF:FFFF:FFFF	
点分位(0x)	xxxx:xxxx:	3	xx	x:x	xxx	xxxx:xxxx:xxxx:xxxx	

接口地址（64 bit）	预留	IPv4 IP
长度/bit	32	32

图 9-20　智能电力数据网络应急视频类地址的规划方案

| 9.4　承载方案设计 |

9.4.1　IGP 设计

一般骨干网络可以使用OSPFv3或IS-IS来打通内部的路由，相比OSPFv3，IS-IS对SRv6的支持更加全面、扩展性更好。随着电力企业的业务集中上云，业务增长可能带来网络规模的扩充，因此采用IS-IS更具优势。此外，考虑到IS-IS可以同时支持IPv4和IPv6，不像OSPF和OSPFv3是两种独立的协议，这让运维和部署更简单，因此建议电力数据网络的IGP优先选用IS-IS。

1. IGP的设计原则

- IS-IS的开销类型设定为Wide，以满足大型网络组网的要求。
- 接入网络、汇聚网络、骨干网络可按照实际情况划分为不同的IS-IS域。如果域内设备数量少于200，不建议划分IS-IS域。
- IS-IS域之间建议只发布汇聚路由，不发布明细路由。
- 网络中同时存在IS-IS IPv4 和IS-IS IPv6时，推荐IS-IS IPv6使用独立拓扑。
- IS-IS配置快速收敛参数，例如SPF（Shortest Path First，最短路径优先）计算时间等，同时使能BFD for IS-IS IPv6。
- IS-IS使能SRv6，在域内传递SRv6 Locator路由。
- IS-IS使能TI-LFA。

2. IGP的区域划分

因为智能电力数据网络的接入网络和骨干网络的组网情况和设备数量不同，所以它们的IGP区域划分方式也有所不同。

如果接入网络情况一般且设备数量较少，且均在某一个地市覆盖范围内，建议全网部署IS-IS Level-2，具体如图9-21所示。

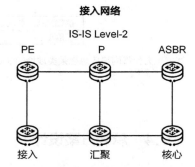

图 9-21　智能电力数据网络的接入网络 IGP 区域划分

如果智能电力数据网络的骨干网络连接多个区域网络，建议核心部署IS-IS Level-2，汇聚部署IS-IS Level-1-2，接入部署IS-IS Level-1，具体如图9-22所示。不同Level的IGP域之间只按需发布聚合后的路由，这样可以有效减少每个节点需要维护的IGP拓扑，并通过路由聚合有效地降低路由表规模，减少路由收敛时间。

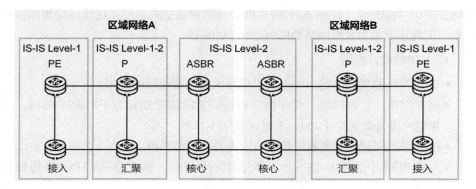

图 9-22　智能电力数据网络的骨干网络 IGP 区域划分

3. IGP Cost的设计

IGP Cost根据期望的流量走向进行设计，通常需要考虑以下几方面的因素。

● 为了防止本地流量绕行，将用于本地互访（如两个直连PE之间）的链路Cost

设置小一些，例如小于本端PE与远端PE互访经过的链路Cost之和。

- 接口带宽越大，Cost越小，并且各链路间的Cost比例和各链路间的带宽比例相同。例如10GE接口带宽设置为100，100GE接口带宽设置为10。
- 独立RR到核心P设备的Cost设置最大，确保独立RR只反射路由信息，不转发数据。
- 考虑未来可扩展性，最小的Cost尽量不要设置为1，防止未来无法设置更小的Cost。

9.4.2　BGP 设计

1. BGP的设计原则

智能电力数据网络中，IBGP和EBGP都会被用到。BGP具体设计原则如下。

- 建议使用LoopBack接口地址作为源地址建立IBGP对等体关系，而非使用BGP报文出接口的IP地址，这样可以提升BGP连接的可靠性。对于EBGP邻居，建议使用出接口地址，这能使路由收敛性能更优。
- AS内，须保证所有路由设备之间IBGP对等体关系的全互联，可采用独立RR。
- AS内的公网IGP路由引入BGP，并通过EBGP向AS外传递公网路由。
- AS外的路由通过IBGP在AS内传递，不要将AS外的路由引入IGP，否则IGP的路由引入EBGP之后，将产生路由环路。
- VPNv4和VPNv6的业务路由通过MP-BGP在对等体之间传递，并携带相应的SRv6 SID。
- 设备通过BGP-LS IPv6对等体关系向控制器上报链路状态等信息。
- 控制器通过BGP IPv6 SR-Policy对等体关系向设备下发规划的SRv6 Policy路径信息。
- 网络部署独立RR传递AS内的路由、链路和隧道信息等，包括公网、VPNv4、VPNv6、BGP-LS IPv6、BGP IPv6 SR-Policy路由。
- 在PE和CE之间建议采用EBGP传递私网路由，还可以采用OSPF、IS-IS等，甚至静态路由。相对于IGP，BGP路由管控能力更丰富，有益于多种场景中电力业务的灵活接入。
- 智能电力数据网络通过控制器部署SRv6 Policy，并对流量进行调优以及路径规划。
- 为了利用网络负载分担功能，不特殊设定IBGP的Local-Preference和MED（Multi-Exit Discriminator，多出口鉴别器）属性，统一采用默认值。Local-

Preference属性值越大，则BGP路由越优。如果规划了优选和备用出口（例如地市双核心中一个为主节点，另一个为备节点），可以为出口为主节点的路由Local-Preference设置较大的值。

- 在PE和CE之间、ASBR与ASBR之间EBGP的MED值设为不同的值，用以规划优选路径。MED属性值越小，则BGP路由越优，因此优选路径两端设备设定的MED小于备路径两端路径设备的MED。

2. BGP的总体设计

智能电力数据网络相对复杂，整网分为多个AS，承载了质量要求千差万别的各类业务。智能电力数据网络采用SDN，统一管控、统一运维，并利用EVPN over SRv6技术承载各类电力业务，所以需要不同角色的设备部署BGP功能。BGP的总体设计如下。

- PE之间（经过RR）采用MP-BGP传递VPNv4和VPNv6的私网路由。
- PE和CE之间采用EBGP传递VPN路由。
- 跨AS的ASBR之间、RR之间运行EBGP传递公网路由和私网路由。
- AS内的路由器设备与RR之间运行IBGP传递公网路由和私网路由。
- 设备通过BGP-LS IPv6对等体向RR或控制器上报网络拓扑和链路信息。控制器通过BGP IPv6 SR-Policy对等体向RR或设备下发SRv6 Policy规划路径信息。

3. BGP RR的设计

为保证BGP路由传递及减少对等体关系数量，BGP部署RR，用来反射公网路由和VPN路由，以及与控制器交互的BGP-LS IPv6和BGP IPv6 SR-Policy路由。BGPRR的设计如下。

- 骨干网络中每个片区部署一对一级RR，负责反射所属片区各类BGP路由。RR之间建立全连接关系。
- 省级公司主节点、省级第二汇聚点部署一对二级RR，承担省级子网的公网路由反射和省际（一级）VPN、省份内（二级）VPN路由反射，并与本省份下辖各地市路由反射服务器建立BGP互联关系，传递VPN业务和公网路由。
- 各个地市部署一对RR，与省份内二级RR建立BGP互联关系，并承担本市公网路由和VPN路由的反射任务。
- 由于无业务互访关系，各省份之间不直接互相设置BGP路由反射关系，省份内各市之间不直接互相设置BGP路由反射关系。
- 设置独立RR，每一对RR设置为一个集群（Cluster），负责反射各类BGP路由。

- 独立RR不承担数据转发任务，因此RR与P接口之间的IGP Cost设置为最大值。
- RR传递路由时，所有类型的路由都不修改下一跳。
- 为了形成有效的保护和负载分担，建议所有RR部署BGP Add-Path能力以反射多条具有相同前缀的路由。

9.4.3　SRv6 设计

智能电力数据网络基于SRv6技术部署，主要使用SRv6 BE和SRv6 Policy两种类型。

- 智能电力数据网络中采用SRv6 Policy承载电力数据业务。SRv6 Policy可以通过命令行手动指定路径，也可以通过SDN自动计算和规划。通过具有全局视野的控制器来实现路径计算，这是一个比较好的选择，所以智能电力数据网络采用SDN自动方式部署。
- SRv6 BE是按照路由协议最优化路径，以负载分担方式端到端转发流量，没有路径规划和控制能力，适合对路径SLA要求较低的办公、管理等业务。控制器失效时，SRv6 BE作为逃生通道，可以替代SRv6 Policy承载VPN业务。

控制器根据网络拓扑、实时收集的链路带宽利用率、时延和丢包等信息，以及基于业务需求的约束条件，计算满足电力业务SLA要求的SRv6 Policy路径。

控制器对SRv6 Policy的算路结果可以是严格路径（每一跳都指定链路），也可以是松散路径（只指定部分节点的链路）。在松散路径的场景中，对于未指定的节点，可以不用支持SRv6（仅需要支持普通的IPv6转发功能，此场景为演进状态，部分老设备未升级并支持SRv6）。

需要注意的是，不支持SRv6的节点无法使用TI-LFA来保护，只能使用传统的IP FRR或依靠路由收敛。

1. SRv6 Policy的总体设计原则

SRv6 Policy的总体设计原则如下。

- 采用单层控制器进行路径计算。如果各区域需要独立控制器，也可以采用分层控制器架构进行整体拉通。
- 默认采用先建立隧道、再配置业务的模式进行配置，方便多业务共享隧道。
- 为了节约控制器的对等体数量，控制器和各域RR建立BGP IPv6对等体，分别使能BGP-LS IPv6和BGP IPv6 SR-Policy对等体。RR需要和ABR节点建立BGP-LS IPv6对等体，用于上报链路状态等信息；同样需要在RR上控制只向控制器发布BGP-LS IPv6路由，不向其他客户机反射BGP-LS IPv6路由。RR还需要和所有业务节点建立BGP IPv6 SR-Policy对等体，用于传送BGP IPv6 SR-Policy路由给业务节点。

2. 控制器计算SRv6 Policy支持的约束

控制器计算SRv6 Policy支持的约束包括如下几点。

- 优先级：指定不同隧道之间的优先顺序，高优先级隧道可以抢占低优先级隧道的带宽资源。
- 带宽：包括配置带宽与分析引擎采集的实时带宽，使能实时带宽后，控制器会使用实时带宽进行路径计算，忽略隧道配置带宽。
- 亲和属性：支持Include-all、Include-any和Exclude-any模式。
- 显式路径：支持严格和松散模式，可以指定包含和排除的链路或节点。
- MSD：根据跳数约束来算路，SRv6 Policy受到头节点单次压栈的MSD（Maximum Stack Depth，最大栈深）能力限制路径长度。
- 时延门限：支持算路选择路径时延在门限范围内的路径。
- Candidate Path：支持计算主备两条路径用于动态保护。计算时，会优先保证两条路径严格节点、链路、SRLG分离；如果不能分离，则按照SRLG、节点、链路的顺序依次退避，寻找可以部分重合的路径结果。
- 路径锁定：包括硬锁定（除了调优，不允许隧道重优化）、软锁定（调优和故障场景中允许重优化，其他场景中不允许重优化）和不锁定（隧道可以正常进行重优化，默认选项）。
- 路径分离：在同源同宿场景中，计算的多条备选Segment List中，路径尽量不重叠。计算时，会优先保证两条路径严格节点、链路、SRLG分离；如果不能分离，则按照SRLG、节点、链路的顺序依次退避，寻找可以部分重合的路径结果。

在满足约束的情况下，控制器可以提供以下维度的算路结果。

- 开销最小：满足约束的所有路径中Cost最小的路径。
- 时延最小：满足约束的所有路径中时延最小的路径。
- 带宽均衡：满足约束的、Cost相同的所有路径中，剩余带宽更多的路径。

3. SRv6 Policy的协议接口

智能电力数据网络SRv6 Policy的总体架构如图9-23所示。

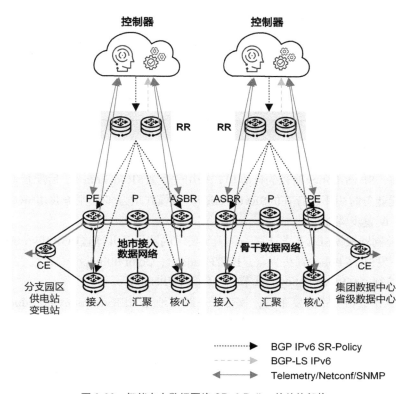

图 9-23　智能电力数据网络 SRv6 Policy 的总体架构

　　在智能电力数据网络总体架构中，控制器和网元设备之间需要的协议接口如表9-2所示。

表 9-2　智能电力数据网络控制器和网元设备之间需要的协议接口

接口名称	功能说明
SNMP	● 获取设备存量信息（如设备类型、接口 MTU）； ● 采集设备性能信息（如端口流量）； ● 获取设备告警
NETCONF	● 获取设备存量信息（如设备管理地址、Router ID、接口名称等）； ● 下发配置到设备
BGP-LS IPv6	● 收集拓扑信息； ● 收集链路 TE 属性：RFC 7752 要求的最大预留带宽、管理组、TE 默认度量值、共享风险链路组（SRLG）[45]，RFC 8571 要求的最大、最小链路单向时延[46]； ● 收集 SRv6 能力信息：SRv6 节点属性（SRv6 能力、SRv6 Node MSD），SRv6 链路属性（SRv6 End.X SID，SRv6 Link MSD）； ● 收集 SRv6 Policy 状态（含 Binding SID）

续表

接口名称	功能说明
Telemetry	• 采集物理接口流量统计信息； • 采集 SRv6 Policy 流量统计信息
BGP IPv6 SR-Policy	下发 SRv6 Policy 路径

4. SRv6 Policy路径的计算模式

当前，SRv6 Policy路径的计算模式采用先配置SRv6 Policy、后配置业务的模式，配置业务时引用已存在的SRv6 Policy。该模式适合多个业务共用SRv6 Policy的场景。配置步骤如下。

① 控制器根据SLA要求计算一条满足要求的路径，并通过BGP IPv6 SR-Policy对等体下发SRv6 Policy到头节点，携带Headend、Color和Endpoint属性。

② 控制器在SRv6 Policy的头节点上发放EVPN业务。

③ BGP EVPN路由发布时，携带下一跳（地址与SRv6 Policy的Endpoint地址相同）及Color属性等信息。业务头节点也可以通过路由策略为学习到的路由添加Color属性。

④ 头节点收到的BGP EVPN路由根据下一跳和Color属性信息迭代到某个SRv6 Policy。

⑤ 控制器实时监测业务或者路径的SLA。如果SLA劣化，则重新算路并下发SRv6 Policy到头节点。

9.4.4　VPN 设计

如图9-24所示，智能电力数据网络分为骨干网络和地市接入网络两级，每级又分为核心、汇聚、接入3层。这种结构使组网逻辑清晰，方便流量路径的判断与调整。

骨干网络的核心层采用全连接方式组网；汇聚层路由器使用双上行树形组网，连接接入层设备，分担核心路由器设备功能，减轻核心设备压力；接入层设备按照业务或地理位置接入不同的汇聚设备。电力的总部调度中心、总部办公区、数据中心等部门直接连接到骨干网络中。

各个地市级网络为一个单独的AS，各地市数据通信网络也包含核心、汇聚、接入三层，双上行到上层网络。接入设备可采用环形或双上行树形组网，接入变电站、供电局、营业厅、调度中心、地市网络等。

为保证安全地承载各业务系统，智能电力数据网络采用EVPN L3VPN over

SRv6 Policy/SRv6 BE承载业务，实现各业务系统逻辑隔离、可靠承载。原则上，电力数据网络承载VPN之间是隔离的，禁止互通；如果用户需要指定的VPN之间互通，可以按照实际业务需求制定VPN互通原则和方案。

智能电力数据网络的VPN分为VPNv4和VPNv6，双栈IP业务建议承载到控制器规划的SRv6 Policy上。

VPN的参数主要包括VPN名称、设备的RD、VPN的RT值，设计如下。

- 一级VPN实例由集团统一命名。二级VPN实例由省（自治区、直辖市）统一命名，并上报集团。
- 每台设备的每个VPN实例设置唯一的RD值，同一PE节点、不同VPN实例的RD不能相同。
- 每个VPN使用RT值控制VPN路由信息在各PE之间的发布和接收。一级VPN的RT值由集团统一制定。二级VPN的RT值由省（自治区、直辖市）统一分配，并上报集团。

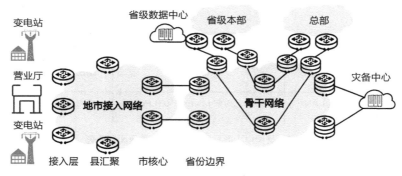

图 9-24   智能电力数据网络的结构

电力数据网络业务大部分已经实现了全网IP化，一般采用MPLS L3VPN承载电力业务。当前网络演进到智能电力数据网络时，可以采用SRv6 EVPN的方案承载L3VPN的业务，以满足IPv4、IPv6业务统一承载的需求，SRv6 EVPN的能力如表9-3所示。

表 9-3   SRv6 EVPN 的能力

分类	站点间互联形式	备注
EVPN L3VPNv4	全互联	提供各个站点间业务全互联的通信，骨干网络 PE 需要学习 VPN IPv4 路由
EVPN L3VPNv6	全互联	提供各个站点间业务全互联的通信，骨干网络 PE 需要学习 VPN IPv6 路由

智能电力数据网络按照业务访问矩阵，可划分为两种业务承载的场景：单AS内访问闭环业务和跨AS互访业务。

智能电力数据网络单AS内访问闭环业务如图9-25所示。以电力数据网络的接入网络为例，从供电站发起访问地市数据中心的业务，在单AS内统一管控，并通过EVPN L3VPN over SRv6 Policy承载。单AS内所有网元设备均在同一控制器下管控，可以实现业务的快速发放、AS内的访问业务路径规划和流量调优。

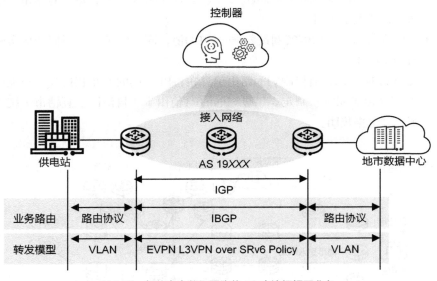

图 9-25　智能电力数据网络单 AS 内访问闭环业务

智能电力数据网络跨AS访问业务如图9-26所示。该业务涉及跨AS业务访问，考虑到电力数据网络从传统MPLS VPN网络迁移的过程，跨AS对接将采用Inter-AS VPN Option A方案，解决AS间网络升级改造不同步的问题。全网依据电力集团的统一规划，定义清晰的全网VPN类别，并通过分段部署EVPN L3VPN over SRv6 Policy实现每一段的业务调优。

以上两种场景均考虑了业务从接入侧到DC的访问流向。在该业务访问的模型中所涉及的网络设备可尽量采用同一厂家的设备，确保AS内端到端的管控和流量调优的能力。在骨干网络层面，可能会涉及不同区域部署不同厂家设备的异构网络场景。当涉及不同区域间互访的情况，可考虑部署统一的协同器，实现业务的快速发放。在此场景中，可以根据业务需求采用EVPN L3VPN over SRv6 Policy或SRv6 BE承载，如图9-27所示。

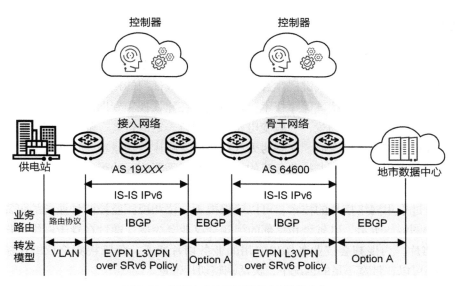

图 9-26　智能电力数据网络跨 AS 访问业务

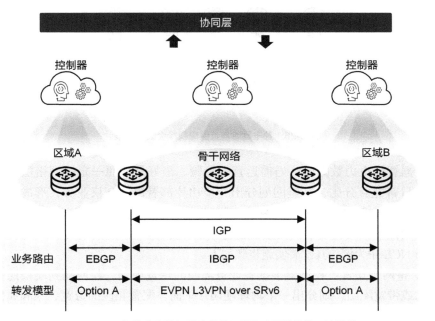

图 9-27　智能电力数据网络的骨干网络跨区域异构互访场景

9.4.5　网络切片

智能电力数据网络对网络保障要求极高的业务场景主要有两种：视频会议和视频监控。公司层面的关键视频会议或者覆盖多级部门的视频会议一般不允许卡顿或者花屏，需要有特殊保障技术。目前也存在建设视频专网以达到保障要求的趋势。对于视频监控场景，一般变电站均会预留一定的带宽。随着人工巡检向无人智能视频监控巡检发展，在恶劣天气或者应急响应等场景中，存在需要从控制中心紧急调用大量视频监控业务流的情况，此时需要临时的带宽保障，确保视频监控的可靠调用。

通过采用网络切片的技术，可以确保视频会议和视频监控两种业务的可靠承载。如图9-28所示，以省级和总部的视频会议业务为例，通过在骨干网络上部署网络切片，为视频会议业务切出专用的业务切片通道，保障视频会议的体验效果，还可以在带宽不足的情况下，灵活调整切片带宽。

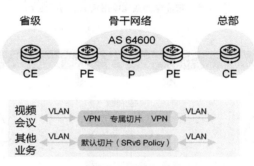

图 9-28　骨干网络切片保障视频会议的场景

根据智能电力数据网络当前运营的经验，最好是按照一定的网络层级收敛比或端口带宽百分比，在整网划分出一个切片部署视频会议业务，形成一个视频专网。为了确保视频业务的SLA，可在业务发放后实施监控管理，监控切片所有端口的忙时平均利用率，确保不超过一定限度（如70%）。以华为网络控制器iMaster NCE-IP为例，其部署实施步骤如下。

① 整网预切片：控制器根据各业务部门的带宽规划，整网端到端按照一定收敛比或带宽配比，划分出一个物理硬切片平面，配置相应的带宽、亲和属性等属性。

② 隧道部署：控制器根据业务模型（端到端业务承载、分层业务承载等）和需求，创建SRv6 Policy，基于亲和属性/Slice ID约束算路到切片。

③ 业务部署：控制器发放全连接EVPN L3VPN业务，绑定用户侧端口及SRv6 Policy，通过SRv6 Policy约束业务在切片内承载。控制器在PE用户侧接口上行采用

CAR限速为业务带宽，采用流量整形消除下行业务突发故障。

④ 可靠性设计：电力VPN业务采用显式路径控制经过节点以确保业务服务质量。一般在业务创建时需要创建包含两个Candidate Path的SRv6 Policy，分别指定不同路径。其中，优先级高的Candidate Path为主路径，优先级低的为备路径，并为这两个路径启动SBFD检测，以确保业务通过有资源的路径转发。Candidate Path关闭本地保护（TI-LFA/TE FRR）功能，避免业务流在保护场景走到非切片端口而无法保障带宽。

⑤ 切片监控及管理：控制器实时监控切片端口的带宽利用率，在一定限度内，可设定告警门限（如50%）进行提前扩容预警，支持进一步对切片端口带宽利用率超标（如70%）进行告警。控制器支持对各切片端口的队列丢包、CRC（Cyclic Redundancy Check，循环冗余校验）错包等进行实时监控及可视化。

9.4.6　QoS 设计

智能电力数据网络部署QoS，可在带宽不足、端口拥塞时，对视频、语音等实时业务提供保障。同时，需要统一各部门业务优先级分类、队列技术及业务保障等规划策略。各网络切片端口（FlexE或信道化子接口）均支持独立进行QoS优先级规划。

1. QoS的优先级映射

智能电力数据网络融合承载的业务总体分为低时延、低丢包、大带宽和尽力保障4大类。

智能电力数据网络各设备内部依据服务等级进行调度管理和拥塞避免。业务进入设备时，基于报文携带的QoS优先级（DSCP）将业务映射到内部的优先级。

如果不信任各业务报文携带的QoS优先级信息，可基于一致性原则，在所有业务接入PE节点，按照IP五元组统一进行业务分类、标记和映射。

2. QoS队列调度的设计

为了避免流量拥塞，智能电力数据网络设备的QoS队列调度策略如下。
- 低时延业务采用绝对优先级PQ调度，并采用尾丢弃。
- 低丢包业务采用WFQ调度，并采用尾丢弃。
- 大带宽业务采用WFQ调度，并采用WRED（Weighted Random Early Detection，加权随机早期检测）丢弃。
- 尽力保障业务采用LPQ调度，采用尾丢弃。

3. 入向出向流控的设计

智能电力数据网入向采用流量限速控制业务流量，基本设计如下。

- 低时延业务配置PIR（Peak Information Rate，峰值信息速率）= CIR（Committed Information Rate，承诺信息速率）= 业务实际需求带宽，PBS（Peak Burst Size，峰值突发尺寸）和CBS（Committed Burst Size，承诺突发尺寸）配置为业务带宽×2 ms，最小设置为1 MB，保证业务带宽和预防少量突发故障。
- 低丢包业务配置PIR = 1.5×CIR，CIR = 业务实际需求带宽，PBS和CBS配置为业务带宽×10 ms，最小设置为10 MB，保证业务带宽和预防突发故障。
- 大带宽业务配置PIR = 2×CIR，CIR = 业务实际需求带宽，PBS和CBS设置为50 MB，保证业务带宽和预防大量突发故障。
- 尽力保障业务配置PIR = CIR = 业务实际需求带宽，PBS和CBS设置为10 MB，保证业务带宽和预防少量突发故障。

智能电力数据网络出向采用流量整形（shaping）来控制业务流量，并配置若干字节的补偿因子来补偿以太链路层报文头长度，保证流量整形按照以太链路层带宽控制流量，基本设计如下。

- 低时延业务配置整形带宽 = 业务实际需求带宽，为了保证业务低时延，又兼顾预防业务少量突发故障，配置队列深度为业务带宽×2 ms，最小设置为1 MB。
- 低丢包业务配置整形带宽 = 业务实际需求带宽，为了保证业务低丢包、预防大量突发故障，配置队列深度为业务带宽×10 ms，最小设置为10 MB。
- 大带宽业务配置整形带宽 = 业务实际需求带宽，为了预防业务突发故障，队列深度设置为50 MB。
- 尽力保障业务配置整形带宽 = 业务实际需求带宽，为了预防业务少量突发故障，队列深度设置为10 MB。

| 9.5 可靠性设计 |

9.5.1 设备可靠性设计

设备的可靠性是电力数据网络高可靠运行的基础，减少设备故障才能保障电力网络的服务质量。设备级可靠性的技术很多，主要包括硬件可靠性、软件可靠性、不间断运行保护机制等几个方面。网络中的核心设备，通常要求具有电信级的可靠性，主要考虑以下几个方面。

- 分布式体系结构：分布式体系结构是提高设备可靠性的基础。与集中式体系结构的设备相比较，分布式体系将管理、路由控制、转发处理、接口处理等功能分配在不同的部件上，可以分散故障风险、隔离故障、配置冗余，提高系统的自动恢复能力。部件发生故障时，只需要更换这部分板件，不影响其他功能。分布式体系设备可以通过插入更多的单板来提高整体性能，也可以将不同负载分别部署在不同的单板上，以隔离故障风险。

- 关键部件冗余设计：设备的所有关键部件都有冗余设计，保证系统在运行中不会失效，包括主控板1∶1冗余备份、交换网板$N+M$冗余备份、电源模块$N+M$冗余备份、风扇模块冗余备份和完善的告警功能等。设备的所有部件支持热插拔特性，保证系统出现故障并需要维护或系统升级扩展时，不需要停机处理，保证网络的7×24小时不间断运行。冗余电源负载分担及备份供电可保障系统具有可靠的能量源。精心设计的散热系统，可使设备长时间运行而不会因为系统升温过高出现故障，冗余风扇等散热装置可以增加设备的运行时间并减少故障的发生。

- 不间断转发、路由和升级：对于主控板1∶1冗余备份的设备，在主控板主备倒换期间，如果没有高可靠性单板软件特性设计，会中断与相邻设备主控板的连接和路由处理，导致数据包无法继续转发和业务中断。GR、NSF（Non-Stop Forwarding，不中断转发）、NSR（Non-Stop Routing，不中断路由）和ISSU（In-Service Software Upgrade，在线业务软件升级）等业务不中断技术的综合使用，可保证设备在主控板主备倒换或软件升级期间，路由处理不中断，数据转发不中断。

9.5.2　网络可靠性设计

网络的可靠性设计是网络规划的重要组成部分。智能电力数据网络除了采用高可靠冗余架构，还需进行网络可靠性的设计，以确保网络发生故障时能够快速收敛。本小节主要介绍在电力数据网中，针对不同的业务场景，在接入侧、网络侧如何进行高可靠的网络设计。

1. 接入侧的可靠性设计

对于电力企业的变电站或者供电站园区，一般采用CE双归方式，考虑到IPv4业务向IPv6的持续演进，在业务层面需要考虑IPv4和IPv6业务承载的可靠性问题。

三层IPv4业务接入侧的可靠性设计如图9-29所示。为了提高业务接入的可靠性，通常要在双归的两台PE之间部署VRRP（Virtual Router Redundancy Protocol，虚拟路由冗余协议）。如果VRRP备份组较多，推荐部署管理VRRP，减少VRRP报文交互。由管理VRRP识别主备PE，实现业务接入点的备份。部分业务，如VoIP（Voice over IP，IP承载语音），对业务倒换的收敛时间要求较高，而VRRP的倒换时间是秒级，无法满足业务需求。因此推荐在PE之间部署Peer BFD，在PE和CE之间部署Link BFD。管理VRRP通过监视Peer BFD和Link BFD的状态，可精确感知故障发生的位置，实现更快的主备倒换。

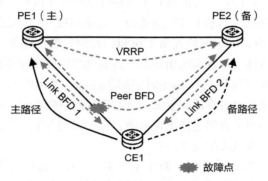

图 9-29　三层 IPv4 业务接入侧的可靠性设计

三层IPv6业务接入侧的可靠性设计如图9-30所示。三层IPv6业务接入与IPv4业务接入可靠性设计类似，区别在于三层IPv6业务需要在双归的两台PE之间部署VRRP6（VRRP for IPv6）。当对业务倒换的收敛时间要求较高时，需要在PE之间部署Peer BFDv6（BFD for IPv6），在PE和CE之间部署Link BFDv6。VRRP6通过监视Peer BFDv6和Link BFDv6的状态，实现IPv6业务更快的主备倒换。

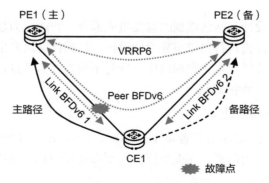

图 9-30　三层 IPv6 业务接入侧的可靠性设计

2. 网络侧的可靠性设计

智能电力数据网络流量注入PE节点后都由SRv6承载，所以电力业务网络侧的保护技术主要是TI-LFA、SRv6 Candidate Path保护、VPN FRR等。

3. 端到端的保护方案

以电力业务为例，从供电站/变电站到集团数据中心有业务交互，数据流经过接入网络和骨干网络，此时网络可能发生的故障如图9-31所示。

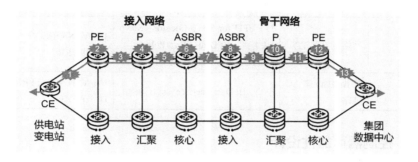

图 9-31　智能电力数据网络可能发生的故障

针对智能电力数据网络全场景的故障情况，网络检测和保护技术方案如表9-4所示。

表 9-4　智能电力数据网络可能发生的故障及对应的检测和保护技术方案

故障点	故障说明	检测技术	保护技术
1	接入侧 AC 链路	U/D：BFD for Interface 或端口状态感知	U：IP FRR。 D：VPN Mixed FRR
2	接入侧 PE 节点	U：BFD for Interface 或端口状态感知。 D：BFD for SRv6 Locator（SRv6 BE）或 SBFD for SRv6 Policy	U：IP FRR。 D：VPN FRR
3/4/5/9/10/11	IGP 内部链路、节点	U/D：BFD for IGP/ 端口状态感知（SRv6 BE）或 SBFD for SRv6 Policy	U/D：TI-LFA（SRv6 BE）或 SRv6 Candidate Path 切换
6	ASBR 发生故障	U：BFD for SRv6 Locator（SRv6 BE）或 SBFD for SRv6 Policy。 D：BFD for Interface 或端口状态感知	U：VPN FRR。 D：VPN Mixed FRR

317

续表

故障点	故障说明	检测技术	保护技术
7	ASBR 间链路	U/D：BFD for Interface 或端口状态感知	U/D：VPN Mixed FRR
8	ASBR 发生故障	U：BFD for Interface 或端口状态感知。 D：BFD for SRv6 Locator（SRv6 BE）或 SBFD for SRv6 Policy	U：VPN Mixed FRR。 D：VPN FRR
12	网络侧 PE 节点	U：BFD for SRv6 Locator（SRv6 BE）或 SBFD for SRv6 Policy。 D：BFD for Interface 或端口感知	U：VPN FRR。 D：IP FRR
13	数据中心侧 AC 链路	U/D：BFD for Interface 或端口感知	U：VPN Mixed FRR。 D：IP FRR

9.5.3　控制器可靠性设计

　　智能电力数据网络控制器的可靠性设计与金融骨干网络类似。本节不再赘述，具体请参考8.5.3节。

| 9.6　网络安全设计 |

　　智能电力数据网络的网络安全主要考虑设备级的网络安全能力。网络设备必须在设计中从多个方面保障网络安全。

- 流分析和过滤。网络设备需支持流采样功能，即在不影响整机线速转发的前提下，对特定的数据包进行采样并上报到分析服务器来获得详细的流信息。分析结果可作为设置策略路由、制定运营过滤策略等的参考，一般会根据分析结果下发ACL到网络设备对特定的流进行过滤，并实施丢弃或重定向等动作，从而保障整个电力网络的安全运行。
- 配置安全。网络设备对登录用户支持本地或远程两种认证方式，并为不同级别的用户提供不同的配置权限。同时支持用户使用SSH登录设备并进行配置，避免了远程配置的报文被第三方监控的可能。
- 协议认证。支持路由协议报文的认证，支持网管协议SNMPv3的加密和认证。

- 数据日志技术。网络设备的文件系统可以记录系统及用户日志。系统日志指系统运行过程中记录的相关信息，用来对运行情况、故障进行分析和定位。日志文件可以通过XModem、SFTP（Secure File Transfer Protocol，安全文件传输协议）、TFTP（Trivial File Transfer Protocol，简单文件传输协议）远程传送到网管中心。

此外，要考虑有些IP特性对局域网络来说是有用的，但对广域网络或地市接入网络节点的设备是不适用的。如果这些特性被恶意攻击者利用，会增加网络的危险。在网络设计时，可考虑关闭以下这些IP功能。

- 重定向开关：网络设备向同一个子网的主机发送ICMP重定向报文，请求主机改变路由。一般情况下，设备仅向主机而不向其他设备发送ICMP重定向报文。但一些恶意的攻击可能跨越网段向另一个网络的主机发送虚假的重定向报文，以期改变主机的路由表，干扰主机正常的IP报文转发。
- 定向广播报文转发开关：在接口上进行配置，禁止目的地址为子网广播地址的报文从该接口转发，以防止Smurf攻击。因此，设备应关闭定向广播报文的转发。默认应为关闭状态。
- ICMP的功能开关：很多常见的网络攻击利用了ICMP功能。ICMP允许网络中间节点向其他节点和主机发送差错或控制报文；主机也可用ICMP与网络节点或另一台主机通信。对ICMP的防护比较复杂，因为ICMP中的一些消息已经作废，一些消息在基本传送中不使用，而另外一些则是常用的消息，应根据这3种差别对不同的ICMP消息进行合理处理，以减少ICMP对网络安全的影响。

第 10 章
SRv6 网络运维

随着5G业务的深入部署，以及万物互联和云化时代的到来，IP网络的规模在不断地扩展。面对拥有海量设备的网络，仅仅依靠人工维护的工作方式将难以为继，对智能化运维的需求变得极为迫切。SRv6技术的引入，不仅带来网络部署方式的变革，也将掀起网络运维的变革。

| 10.1 SRv6 网络运维概述 |

在SRv6时代，网络控制器的地位将得到进一步提高。作为网络的大脑，网络控制器将会在网元自动上线、网络业务自动化部署、网络流量拥塞时自动进行业务路径调整，以及在网络发生故障时进行自愈等多个方面体现其价值。与此同时，网络运维也从人工运维走向智能化运维，如图10-1所示。

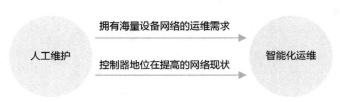

图 10-1 SRv6 掀起运维变革

为了更直观地呈现SRv6网络对运维的巨大改变，下面通过表10-1，对比SRv6网络与MPLS网络在运维方面的差异。

表 10-1 SRv6 和 MPLS 网络在运维方面的比较

比较维度	MPLS 的情况	SRv6 的情况
网络控制平面协议	包括 IGP、LDP/TE、BGP 等	包括 IGP、BGP EVPN 等，控制平面简化，利于维护

续表

比较维度	MPLS 的情况	SRv6 的情况
网络数据平面协议	基于 MPLS 转发，使用 VPN 标签、BGP-LSP 标签、SR 或 LDP 标签，可能有 3 层标签（在 SR-MPLS TE 场景中可能需要更多的层数标签）	基于 IPv6 转发，只有 IPv6 报文头（可能还有扩展报文头），数据平面简化，利于维护
网络兼容性	要求所有设备都支持 MPLS，无法穿越不支持 MPLS 的网络	不要求所有设备都支持 SRv6，只要中间网络设备支持 IPv6 转发即可
网络可扩展性	跨 AS 部署复杂，需要 BGP-LU 或 BGP EPE，且 MPLS 标签转发表项不能聚合，另外还需要控制器	跨 AS 部署简单，只需要 IPv6 路由可达即可，且 IPv6 路由可以进行聚合，设备维护路由表项减少，压力更小。若部署 SRv6 Policy，需要控制器
网络拥塞时的业务路径调整	传统 MPLS 网络调整难度高，需要人工参与调整链路 Cost 或重新规划隧道路径	调整难度低，控制器可根据网络负载自动调整流量，使流量较为均匀地分布到不同路径上
网络发生故障时的业务收敛	IP 层和隧道层分别收敛，需要考虑收敛不同步的风险，部署难度较高	只需要考虑 IPv6 层的收敛，部署和维护难度较低
网络定位手段	通常是在设备上 Ping/Trace	控制器在集成设备定位手段的基础上，可以提供更为丰富的网络故障定位能力（智能化运维）

由表10-1可见，相对于MPLS，SRv6在控制平面和数据平面方面简化了许多，结合控制器带来的智能化运维能力提升，使其更能适应未来网络的演进和发展。但是，SRv6技术的引入在一定程度上也加大了网络维护的难度。比如，IPv6地址的规划和配置复杂，如果通过传统命令行方式在设备上对SRv6网络进行维护，对运维人员来说可能并不友好。因此，为了减轻SRv6网络运维人员的工作压力，智能化运维的迫切性就更加凸显。

下面从几个方面介绍如何通过控制器来管理和运维一个SRv6网络。

- 使用控制器纳管SRv6网络：控制器要管理好SRv6网络，既要从网元上获取足够多的信息，又要向网元下发指令。因此在控制器和网元之间，需要提前完成相关协议的对接，以实现网络纳管。
- SRv6网络日常维护：在控制器纳管网络后，可以利用控制器对网络进行一些日常维护，例如查看网络的健康状态、异常情况，并进行一些日常巡查和诊断测试等。

- SRv6网络路径调优：路径调优本质上是网络性能管理，因此也是网络运维中的一项重要工作。在网络发生变化时，如何对SRv6 Policy进行调优以确保路径持续最优、资源利用均衡且高效，从而确保整网性能最优，是控制器在SRv6时代的关键功能。
- SRv6网络质量测量和问题定位：在网络中出现丢包时，如何在一个拥有数以千计的设备的网络中快速地找到丢包位置，并将丢包点排除到网络之外，是SRv6网络运维人员最关心且感到头疼的事情。在SRv6网络中部署IFIT，可以降低故障定位的难度，让网络快速恢复健康运行的状态。

10.2　使用控制器纳管 SRv6 网络

前面我们提到了网络控制器在SRv6网络运维中的重要价值，这里以华为管控析（管理、控制、分析）融合的网络控制器iMaster NCE-IP为例，介绍如何基于控制器进行SRv6网络的运维管理工作。

iMaster NCE-IP（本章下文提及"控制器"时，均使用"NCE"来表示）通过智能云图算法，将离散的网络资源、业务、状态数据关联起来，创建出完整的IP网络数字地图。这使得网络数据采集、网络感知、网络决策和网络控制一体化，并使能IP网络自动驾驶，从而助力IP网络运维转型。在网络运维的全生命周期，NCE具有自动化和智能化的特点。

- 自动化：集成SRv6控制平面能力，自动拓扑发现网络拓扑并进行算路优化。
- 智能化：通过Telemetry/IFIT实时采集网络数据，对数据进行智能分析和主动运维。

通过NCE来管理SRv6网络时，首先需要在NCE和网络中的网元之间建立协议连接。一方面，NCE通过网元上报的信息来获取和呈现网络的状态；另一方面，网元依赖NCE来完成隧道的创建和调优等操作。

图10-2展示了NCE和网元之间对接的协议。清楚地了解这些对接协议，是维护好一个SRv6网络至关重要的基础工作。例如，当发现NCE无法按照预期进行隧道路径调优时，可能是网元没有正确地通过BGP-LS IPv6对等体

关系上报链路流量信息。如果对这些对接协议不了解，或许就很难想到这一点。

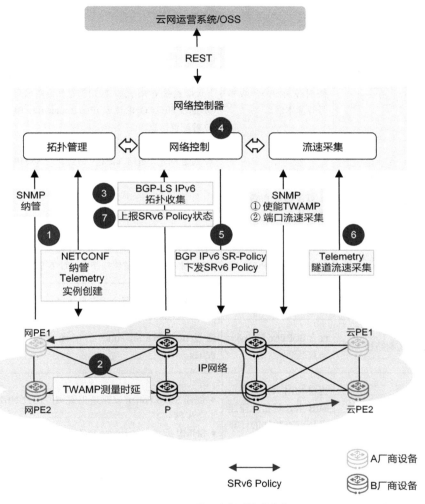

图 10-2　NCE 和网元之间对接的协议

　　NCE支持强大的北向接口功能。很多通过NCE完成的网络运维工作，经过一定的适配之后，可以在运营商或企业自己的运营系统上良好地运行。

　　表10-2详细地介绍了这些对接协议的具体功能，包括在对接过程中对网元和NCE的要求。

表 10-2　NCE 和网元对接协议的功能介绍

功能点	对网元的要求	对 NCE 的要求
❶ 网元纳管	提供 sysOID（system Object Identifier，系统对象标识）、版本号等基本信息	网元信息读取，以及网元和链路性能实例创建，步骤如下。 ① SNMP 和 NETCONF 与网元建立连接。 ② 通过 SNMP 获取 sysOID 和版本号，创建 SND（Specific Network Element Driver，特定网元驱动），并读取设备基本信息、端口信息和链路信息等。 ③ 通过 NETCONF 读取 IPv6 Router-ID、BGP Router-ID 等配置信息。 ④ NCE 界面显示网元物理拓扑。 ⑤ 创建网元、链路（流速 / 时延）的 SNMP 性能实例
❷ 时延测量	通过 TWAMP 测量链路时延	—
❸ 拓扑收集	IS-IS IPv6跨厂商互通。配合 BGP-LS IPv6 互通	创建 BGP 连接，通过 BGP-LS IPv6 对等体关系与网元互通，接收网络的逻辑拓扑以及时延等信息
❹ 路径计算	—	构建整网拓扑，进行全网路径计算
❺ 隧道和路径下发	配合 BGP IPv6 SR-Policy 协议互通	通过 BGP IPv6 SR-Policy 与网元互通，下发 SRv6 Policy
❻ 隧道流速采集	提供 MIB 节点，通过 MIB 来计算相应流速采集节点数据的计算公式，以及 Telemetry 相关信息	● 创建 SRv6 Policy 流速采集实例，通过 NETCONF 下发网元。 ● SNMP 或 Telemetry 收集 IGP 链路流速信息，Telemetry 收集 SRv6 Policy 流速信息
❼ 隧道状态收集	配合 BGP-LS IPv6 互通	通过 BGP-LS IPv6 对等体关系与网元互通，接收 SRv6 Policy 状态

　　如图10-3所示，通过这些对接协议的组合应用，NCE最终可以生成一张全网高精算路地图，这张算路地图中有网络的物理拓扑、L3逻辑拓扑，以及链路和隧道的实时流量情况。这张地图为后续的运维工作打下了坚实的基础。

　　如果因为表10-2中的各种协议不能正常工作，导致高精算路地图没有正确生成，NCE就会输出相应的告警和提示信息，协助用户排查出问题根因；如果这些协议工作正常，接下来就可以使用NCE来完成绝大部分的网络运维工作了。

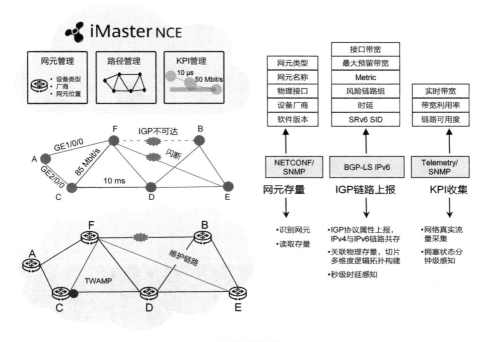

注：KPI即Key Performance Indicator，关键性能指标。

图 10-3　NCE 全网高精算路地图

|10.3　SRv6 网络日常维护|

前文已经介绍了SRv6网络的业务布放和SRv6 Policy的创建等工作。在完成上述工作之后，接下来就进入了日常维护阶段。

如图10-4所示，NCE提供了功能丰富的App，可以轻松地管理和维护SRv6网络中海量的网元、链路、隧道（即SRv6 Policy）。

图 10-4　NCE-App　（一）

登录 "Network Path Optimization（网络路径优化）" App首页，可以直观看到网络健康状态的统计信息（A区域）、功能入口菜单（B区域），如图10-5所示。

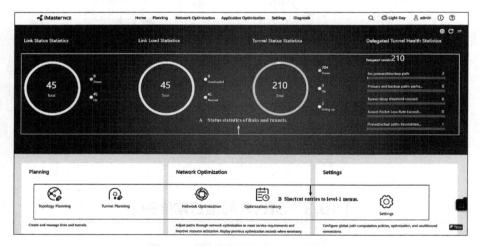

图 10-5　"网络路径优化"　App 的首页

SRv6网络最重要的管理、维护对象是链路和隧道，因此健康状态统计信息通过链路状态、链路负载、隧道状态、隧道健康这4个维度进行展示，如表10-3所示。

表 10-3　健康状态统计信息的展示维度和展示内容

展示维度	展示内容
链路状态统计	● 链路总数。 ● 当前分别处于 Down 和 Up 状态的链路数量

续表

展示维度	展示内容
链路负载统计	• 链路总数。 • 链路利用率超过阈值的链路数量
隧道状态统计	• 隧道总数。 • 当前分别处于 Down、Up、Going up（当控制器给路由器下发隧道后，如果没有收到路由器关于隧道状态的上报信息，就会显示为 Going up）状态的 SRv6 Policy 数量
隧道健康统计	• 无主用或备用 Candidate Path 的 SRv6 Policy。 • 主备 Candidate Path 存在共路的 SRv6 Policy。 • 端到端时延超过阈值的 SRv6 Policy。 • 丢包率超过阈值的 SRv6 Policy。 • 锁定路径和实际运行路径不一致的 SRv6 Policy

在图10-5中，单击界面右上角的"Switch home page（中文切换页面）"按钮，可以进入Dashboard数据报表界面。Dashboard以卡片形式更多维度地展示了网络的状态信息。

Dashboard可以同时展示12个信息卡片，图10-6所示为其中的3个信息卡片，分别是"Link IPv6 Delay Distribution（链路IPv6时延分布）""Trend of Percentage of Tunnels with Inconsistent Pinned Paths and Actual Paths（锁定路径与实际路径不一致隧道占比趋势）"和"Trend of Percentage of Tunnels with Overlapped Primary and Backup Paths（主备路径部分重合隧道占比趋势）"。

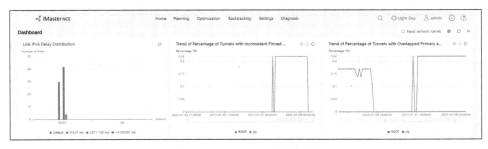

图 10-6　Dashboard 卡片示例

表10-4列出了Dashboard的12个信息卡片说明。

表 10-4　Dashboard 的 12 个信息卡片说明

卡片	横轴	纵轴
链路状态分布	子网	链路数量，单根堆叠柱状图表示该子网内状态 Up 链路和状态 Down 链路的数量分布

续表

卡片	横轴	纵轴
链路 IPv6 时延分布	子网	链路数量，分组柱状图表示某子网内的链路基于 IPv6 时延范围的数量分布
链路带宽越限统计	子网	链路数量，山峰柱状图表示某子网内带宽利用率超过阈值的链路数量
带宽越限链路占比趋势	时间	某子网内带宽超过阈值的链路占该子网内全部链路的比值
IPv6 丢包率越限链路占比趋势	时间	某子网内 IPv6 丢包率超过阈值的链路占该子网内全部链路的比值
震荡链路占比趋势	时间	某子网内链路震荡次数超过门限的链路占该子网内全部链路的比值
隧道状态分布	子网	隧道数量，单根堆叠柱状图表示该子网内不同状态（Down、Up、Going up）的隧道的数量分布
隧道跳数分布	子网	隧道数量，单根堆叠柱状图表示某子网内的隧道基于隧道跳数的数量分布
隧道 Down 统计	业务类型	隧道数量，单个热力图表示某子网内承载某业务类型的状态 Down 的隧道的数量
锁定路径与实际路径不一致隧道占比趋势	时间	某子网内路径不一致的隧道占该子网内全部隧道的比值
无保护路径隧道占比趋势	时间	某子网内无主备路径的隧道占该子网内全部隧道的比值
主备路径部分重合隧道占比趋势	时间	某子网内主备路径部分重合或共风险链路组的隧道占该子网内全部隧道的比值

在图10-5中，单击任意一处健康状态统计信息（例如某个异常数据），都可以进入图10-7所示的网络优化和拓扑规划界面，这里会显示对应的具体异常信息。

在这个界面中，A区域为快捷工具模块；B区域为网络资源列表模块；C区域为网络拓扑显示模块，即NCE通过BGP-LS IPv6对等体关系收集到的网元和链路的逻辑拓扑。

在B区域，我们可以通过切换"Tunnel List（隧道列表）""Link List（链路列表）""NE List（网元列表）"，来查看某一个隧道、链路或者网元存在的异常。例如，哪些链路处于Down状态、哪些隧道处于Down状态、哪些链路存在流量超出阈值的情况、哪些隧道存在主备路径重合的情况等。在图10-7中，我们可以直观地看到有2条隧道的状态处于Down状态。

在SRv6网络的日常维护中，除了关注网络的健康状态和异常情况，我们还可以进行一些日常巡查和诊断测试，下面给出5个示例。

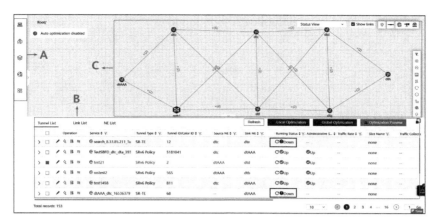

图 10-7　网络优化和拓扑规划界面

1.　示例——查看SRv6 Policy的实际路径

如图10-8所示，在"Tunnel List"中单击某个"Tunnel ID/Color ID"，就可以查看这个SRv6 Policy的实际路径。图10-8中的实线箭头表示SRv6 Policy的主路径，虚线箭头表示SRv6 Policy的备路径。

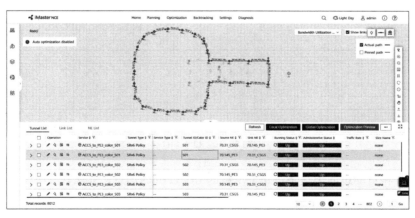

图 10-8　SRv6 Policy 的实际路径

2.　示例——查看SRv6 Policy的规划路径

由于链路故障等原因，所查看的实际SRv6 Policy路径可能不是最初规划的路径。如图10-9所示，在右上角勾选"Pinned path（锁定路径）"，就可以查看这个SRv6 Policy的实际路径所对应的规划路径。

如果发现实际路径比规划路径更好，就可以通过隧道优化功能，选择更新"Pinned path"，让规划路径和实际路径一致。

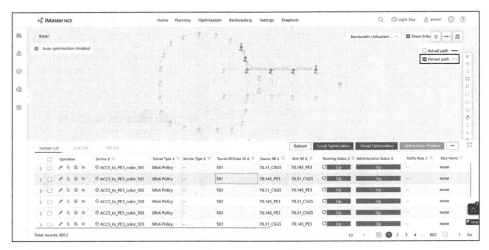

图 10-9　SRv6 Policy 的规划路径

3. 示例——查看链路上承载的SRv6 Policy

如图10-10所示，在"Link List"中单击某条链路最左侧的"View Actual Path of Tunnel（查看隧道实际路径）"按钮 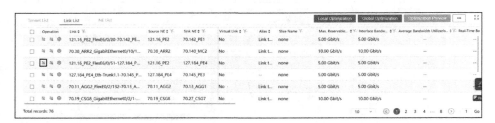。

图 10-10　Link List

NCE将自动过滤出这条链路上承载的SRv6 Policy信息，如图10-11所示。

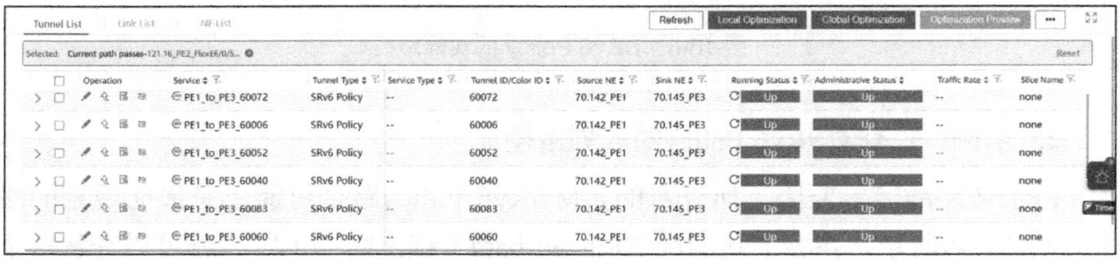

图 10-11　链路上承载的 SRv6 Policy

4. 示例——查看网元上承载及经过的SRv6 Policy

如图10-12所示，在"NE List"中单击某个网元最左侧的"View Tunnel（查看隧道）"按钮。

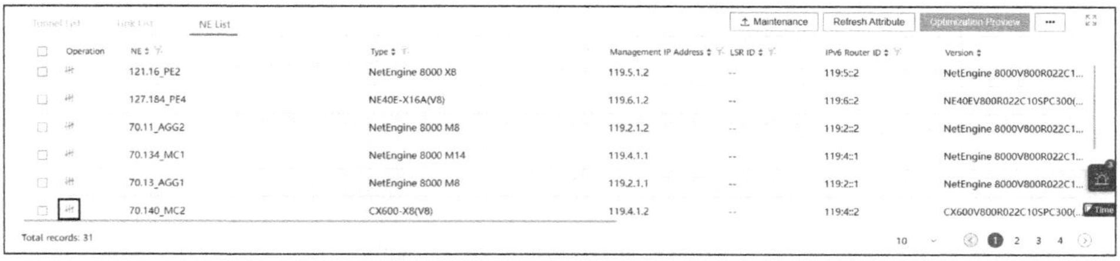

图 10-12　NE List

NCE将自动过滤出这个网元上承载及经过的SRv6 Policy信息，如图10-13所示。

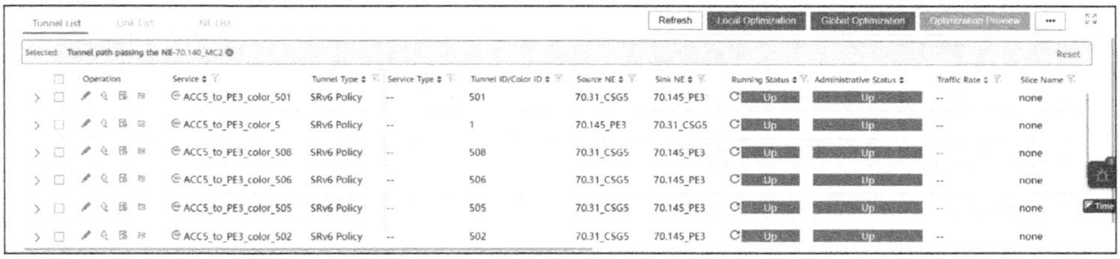

图 10-13　网元上承载及经过的 SRv6 Policy

5. 示例——SRv6 Policy的Ping/Trace诊断测试

如图10-14所示，在"Tunnel List"中单击某条Tunnel的"360 View（360视图）"按钮。

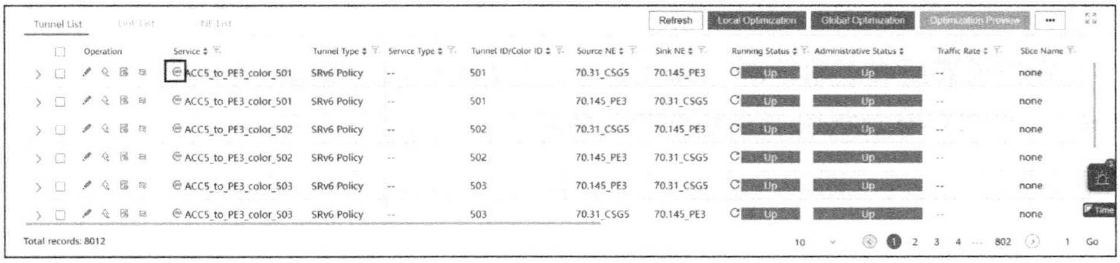

图 10-14　Tunnel List

此时，跳转到图10-15所示的SRv6 Policy的360视图，其中实线表示SRv6 Policy的主路径，虚线表示SRv6 Policy的备路径。

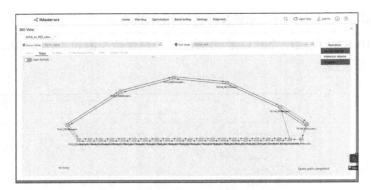

图 10-15　SRv6 Policy 的 360 视图

在当前界面右上角的下拉框中选择"Diagnose（诊断）"，就可以进入SRv6 Policy的诊断视图。如图10-16所示，在这里可以设置SR Policy Ping和SR Policy Trace的诊断测试参数。

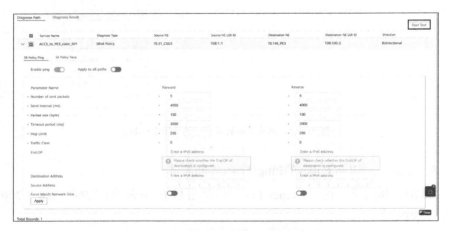

图 10-16　SRv6 Policy 的 Ping/Trace 诊断测试

在当前界面右上角单击"Start Test（开始测试）"按钮，等待测试进程达到100%，就可以看到图10-17所示的测试结果。

图 10-17　测试结果

单击"Details（详情）"按钮▣，可以进一步查看测试报文往返路径的详情，以及途经网元的Segment Routing ID信息，如图10-18所示。

图 10-18　测试结果详情

| 10.4　SRv6 网络路径调优 |

在MPLS网络中，网络路径负载不均衡是比较普遍的现象。为了让网络中的路径都能充分发挥作用，往往采用RSVP-TE隧道，静态指定途经的路径、节点，并通过路由策略让流量分担到不同的隧道上。这种方式最大的弊端就是需要大量的人工规划和配置工作，增加了网络运维的难度和工作量。

在SRv6网络中，NCE可以自动地进行路径分析和调优，让整网的链路利用率尽可能地达到均衡，不仅精度高，而且几乎不需要人工干预。当然，根据实际情况，也可以人工干预部分的路径调优。如表10-5所示，除了带宽均衡，NCE还提供了多种不同的路径调优策略。

表 10-5　NCE 的路径调优策略及其描述

路径调优策略	描述
带宽均衡（Bandwidth Balancing）	全网链路的带宽均衡，需要创建性能实例，采集接口、隧道带宽
最小时延（Minimum Delay）	全网时延最小，需要使能 TWAMP 采集链路时延
最优可用度（Maximum Availability）	全网链路的可用度最优
TE 最小开销（Least TE Metric）	全网 TE Metric 最小

如表10-6所示，NCE的路径调优方式非常灵活，既可以自动调优，也可以手动调优；既可以全局调优，也可以局部调优。不管是自动调优还是手动调优，调优的过程都是根据采集的性能数据自动进行的，调优的触发方式可以是达到预设性能阈值后自动触发，也可以是手动触发。

表 10-6　NCE 的路径调优方式

调优方式	调优范围	描述	常见场景
自动调优	全局 / 局部	自动触发路径全局重优化。当网络规模较大时，人工调优已经无法进行保障，可以通过自动调优，实现流量自动分析，发现拥塞后自动调整，从而降低人力维护成本，提高网络调整的时效性	● 带宽越限：当网络中链路的带宽利用率超过阈值后，NCE 对经过这条链路的所有隧道进行重新算路，使流量走到其他轻载链路上。 ● 链路故障：当网络中的路径发生故障时，设备立即将流量切换到备路径上转发，保证业务被快速重路由以减少丢包。同时，NCE 计算新的路径，再进一步下发切换。 ● 定时优化：定时自动进行一次网络路径优化，确保业务路径持续是最优的
手动调优	局部	手动触发对选定链路/隧道的局部调优。当某条路径拥塞时，手动选择这条路径进行调优，实现精确调整，确保路径最优	● 路径不符合期望：当前流量转发路径不符合期望，更改路径的约束/配置，并手动触发调优来改变转发路径。 ● 业务配置完成时：手动触发路径全局重优化，确保当前业务路径是最优的。 ● 链路质量下降时：链路的时延、丢包、误码出现劣化，但是没有达到对应的自动调优的阈值，所以不会触发自动调优，此时可以选择手动触发调优。 ● 多条路径的带宽利用率极不均匀：有的路径利用率很高，有的路径却比较空闲，使用手动局部/全局调优实现网络整体较为均衡的效果
	全局	手动触发路径全局重优化。当大量路径流量不均衡时，可以通过全局重优化，使网络整体上达到均衡的效果	

在NCE部署初期，建议先手动进行路径调优，以观察NCE的调优是否符合预期。在试运行一段时间后，可以开启NCE全自动路径调优，减少人工干预工作量。NCE可以对路径进行多次调优，每次调优都会有记录以便追溯。记录中不仅有调优时间、调优策略、调优结果，还有当时的历史路径信息，如图10-19所示。

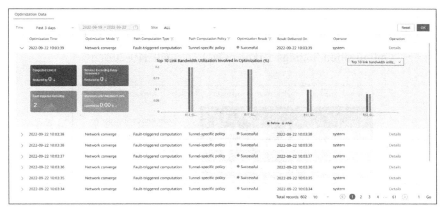

图 10-19　路径调优记录

　　自动和手动路径调优的方法，下面会分别给出示例。但在进行调优前，需要先创建性能实例，以收集链路/隧道的性能数据。链路性能实例在NCE的"Network Management（网络管理）"App中创建；隧道性能实例在NCE的"Network Performance Analysis（网络性能分析）"App中创建。创建性能实例时，常用的性能指标如表10-7所示。除了表中所示指标，还有一些不太常用的性能指标，如链路时延、链路误码率等，本书不作重点介绍。性能实例创建成功后，可以在流量报表中查看链路/隧道采集的性能数据。

表 10-7　创建性能实例时常用的性能指标

对象	性能指标
链路	带宽速率（Bandwidth），单位为 bit/s
	带前导码和帧间隙的入方向流速（Inbound Rate with Preamble and Interframe Gap），单位为 bit/s
	带前导码和帧间隙的出方向流速（Outbound Rate with Preamble and Interframe Gap），单位为 bit/s
	带前导码和帧间隙的入方向带宽利用率（Inbound Bandwidth Utilization with Preamble and Interframe Gap），单位为 %
	带前导码和帧间隙的出方向带宽利用率（Outbound Bandwidth Utilization with Preamble and Interframe Gap），单位为 %
隧道	包速率（Packet Rate），单位为 pkt/s
	SR-TE Policy 分段流量统计（SR-TE Policy Segment Traffic Statistics），单位为 Mbit/s
	流速（Traffic Rate），单位为 Mbit/s

1. 示例——自动全局调优

自动全局调优只需要在NCE设置好调优参数，开启其中的"自动调优"选项，即可在设定的周期内自动生效。

① 进入NCE"网络路径优化"App，在菜单中选择"Settings（设置）"→"Optimization Settings（优化设置）"，如图10-20所示。

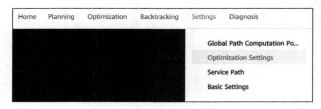

图 10-20　Optimization Settings 菜单

② 根据需要设置"Optimization Settings"，开启其中的"Auto optimization（自动调优）"选项，单击"Apply（应用）"按钮即可生效，如图10-21所示。

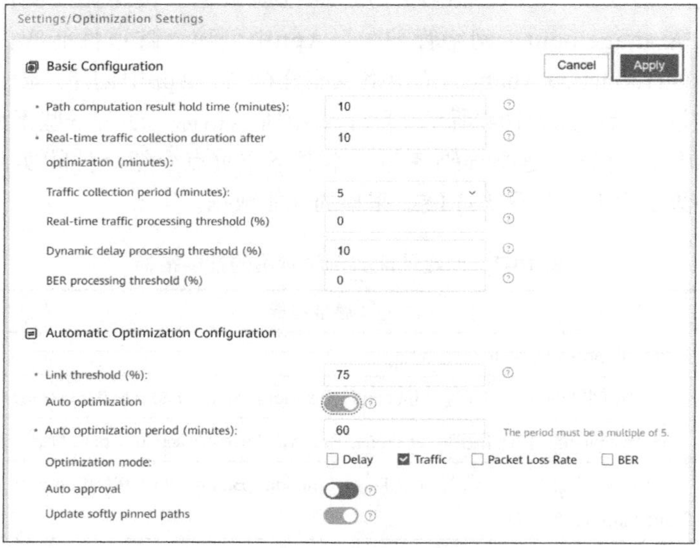

图 10-21　Optimization Settings 设置

调优参数的说明，如表10-8所示。

表 10-8　调优参数说明

参数	说明
Path computation result hold time (minutes)［算路结果保留时间（min）］	在调优有算路结果之后，算路结果可保留一段时间，便于人工介入确认。保留时间为设置的"算路结果保留时间"

续表

参数	说明
Real-time traffic collection duration after optimization (minutes)［调优后实时流量采集持续时间（min）］	调优完成后，NCE 会持续向设备采集流量信息，采集信息时长取值范围为 10～30 min
Traffic collection period (minutes)［流量采集周期（min）］	NCE 刷新平均流量信息（包括链路和隧道）的数据周期，默认是 5 min，也可设置为 1 min。 ● 设置为 1 min 时，自动调优周期（min）可设置为 1 的整数倍。 ● 设置为 5 min 时，自动调优周期（min）可设置为 5 的整数倍
Real-time traffic processing threshold (%)［实时流量处理门限（%）］	当网络中链路和隧道数量较多时，采集并发送实时流量信息的会话数也随之增加，这将会影响控制器算路模块处理其他调优请求。因此，设置此门限值，仅当实时流量的变化率超过门限值时，网络设备才发送实时流量信息给算路模块，从而减少会话数，也减少上送给 NCE 的数据量
Dynamic delay processing threshold (%)［动态时延处理门限（%）］	仅当 Telemetry 采集的时延变化率超过门限值时，NCE 上的信息采集模块才将链路的时延信息发送给算路模块
BER processing threshold (%)［误码率处理门限（%）］	仅当链路误码率超过门限值时，NCE 上的信息采集模块才将误码率信息发送给算路模块
Link threshold (%)［链路触发阈值（%）］	全局所有链路带宽利用率触发阈值。当链路的实际带宽利用率超过此处设置的"链路触发阈值"时，会在网络拓扑中标红该链路，此时，需对越限链路所经过的隧道进行路径调整
Auto optimization［自动调优］	开启或关闭自动调优模式
Auto optimization period (minutes)［自动调优周期（min）］	周期性启动自动调优。 ● 当流量采集周期（min）设置为 1 min 的时候，自动调优周期（min）取值须为 1 的倍数，取值范围是 1～720。 ● 当流量采集周期（min）设置为 5 min 的时候，自动调优周期（min）取值须为 5 的倍数，取值范围是 5～720
Optimization mode（调优方式）	任意勾选几项或全选时，触发条件满足其一即可重新算路。 ● Delay（时延）：先遍历比较所有隧道的配置时延和网元采集的累加时延，对累加时延超过配置值的所有隧道进行优化算路。 ● Traffic（流量）：必须设置链路触发阈值（%），当链路的带宽利用率大于链路触发阈值时，触发对越限链路的调优。 ● Packet Loss Rate（丢包率）：先遍历所有 SRv6 Policy 配置的"丢包率"约束和实时采集的"路径丢包率"，对"路径丢包率"大于配置"丢包率"约束的所有 SRv6 Policy 进行优化算路。 ● BER（Bit Error Rate, 误码率）：先遍历所有 SRv6 Policy 创建时设置的"FEC 误码率"约束和实时采集的"路径 FEC 误码率"，对采集"路径 FEC 误码率"大于配置"FEC 误码率"约束的所有 SRv6 Policy 进行优化算路

续表

参数	说明
Auto approval（自动确认）	● 开启自动确认：表示使用免交互式调优模式。这种模式下，在自动调优过程中，NCE 的算路结果不向用户展示，自动完成下发。管理员不干涉整个过程。 ● 不开启自动确认：表示使用交互式调优模式。这种模式下，在自动调优过程中，NCE 将算路结果展示给用户，需要用户确认，用户满意则确定下发，不满意可以取消，不下发
Update softly pinned paths（更新隧道软锁定路径）	隧道软锁定路径是否随调优结果更新。开启此功能后，原路径恢复正常后也不会切换至原路径。软锁定是指首次算路获得一个主路径后，如果主路径发生故障，就会切换到备路径；只要主路径恢复，流量都会回切到主路径，有利于网络稳定运行

2. 示例——手动局部/全局调优

手动调优也需要先按照"示例——自动全局调优"的步骤，在NCE设置好调优参数。只是不开启其中的"自动调优"选项。手动调优无法自动生效，需要手动来触发。

手动调优在NCE"网络路径优化"App的网络路径优化和拓扑规划界面（如图10-22所示）中进行触发。

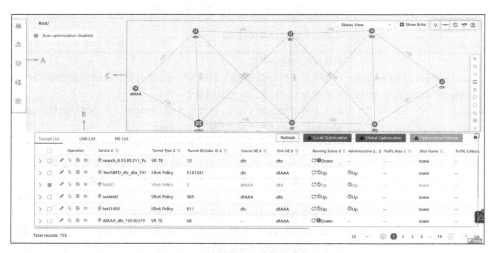

图 10-22　网络路径优化和拓扑规划界面

手动隧道调优在B区域的"Tunnel List"中进行操作；手动链路调优在B区域的"Link List"中进行操作。二者的操作方法类似，先选择需要调优的隧道/链路，再单击"Local Optimization（局部调优）"或者"Global Optimization（全局调优）"按钮即可。调优过程中，会生成图10-23所示的路径预览，确认与预期一致，即可下发优化。

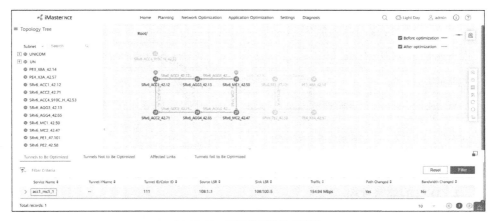

图 10-23　调优前后的路径预览

|10.5　SRv6 网络质量测量和问题定位|

IFIT可以准确识别用户意图、实时感知用户体验，并在此基础上对网络进行预测性分析以及主动优化。

IFIT直接对实际业务报文进行测量，能够实现高精度带宽、丢包、时延数据的实时性能可视，大幅提升性能劣化类故障的定界和定位效率。需要注意的是，时延检测需要全网部署1588v2或G.8275.1等PTP微秒级"相位同步 + 频率同步"的时钟同步方案。

1. IFIT的运维优势

在MPLS网络中，TWAMP/NQA（Network Quality Analysis，网络质量分析）是常用的业务路径性能检测技术。如表10-9所示，相比于TWAMP/NQA，IFIT在精度、可视、诊断等方面都存在明显的优势，能够帮助SRv6网络提高运维效率。

表 10-9　TWAMP/NQA 和 IFIT 的比较

比较维度	TWAMP/NQA	IFIT
检测范围	端到端路径检测	端到端路径检测、逐跳（节点、链路）检测
检测方式	TWAMP/NQA，自身协议数据包检测	实际业务数据包检测
检测对象	业务路径检测，协议数据包所走路径与实际业务路径可能不一致	实际业务路径检测
检测频率	周期性发包检测	逐包检测（持续地检测实际业务数据包）
检测精度	低	高
诊断功能	无，不能诊断故障发生位置	自动逐跳检测，诊断异常的链路、网元
业务路径可视	无，无法看到业务真实路径	在 NCE 上可以呈现业务路径及其 KPI 数据

2. IFIT的部署过程

在图10-24所示的NCE-App首页中，根据不同业务场景，可以选择"Mobile Transport Service Assurance（移动承载业务保障）"或"VPN Service Assurance（VPN业务保障）"App来部署IFIT。

图 10-24　NCE-App （二）

下面以"移动承载业务保障"App为例，介绍IFIT在IPRAN业务中的部署，如图10-25所示。

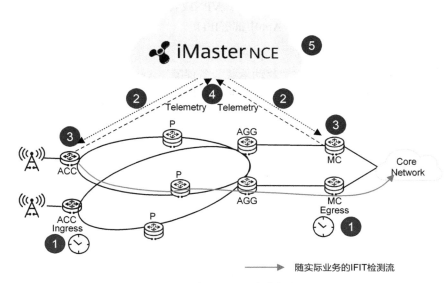

图 10-25　在 IPRAN 业务中部署 IFIT

在IPRAN业务中部署IFIT的详细流程如下。

① 在Ingress、Egress两端节点上部署PTP微秒级时间同步，保证端到端流头尾节点的丢包统计周期匹配、时延检测周期同步，确保可计算时延数据。

② NCE使能IFIT全局监控、下发Telemetry采集订阅、配置基站流监控。其中，基站流监控可以设置为动态流自动学习，或者静态流按需配置。动态流自动学习，是根据VPN实例和网元的UNI端口来下发动态流监控实例，动态、批量地学习业务流，可以降低部署复杂度；静态流按需配置，是指定IP五元组（源IP地址、目的IP地址、源端口号、目的端口号、协议）来创建静态流监控实例。

③ 网元识别业务流，在业务流的Ingress端、Egress端，基于报文以及报文的染色标记进行包数统计、时间戳记录，并对丢包、时延、流量进行性能测量，从而获得业务流的SLA数据。

④ 网元通过Telemetry协议，将丢包、时延的统计结果周期性上报NCE。

⑤ NCE计算业务流Ingress端、Egress端报文的丢包率、时延指标，并展示检测结果。如图10-26所示，IFIT检测结果可以按照基站流、数据流、信令流的不同维度来展示。

iMaster NCE		Overview	Fault Insight	Basestation Insight	Performance Report	Settings			Q	Light Day	admin	
Performance Analysis	1-minute	2021-09-02	16:58	Query Advanced						Save Width	Export	
	Jitter	Avg. Rate(L1)	Max. Rate(L1)	Avg. Rate(L2)	Max. Rate(L2)	Status	Operation					
							Filter Reset					
IP												
IP RAN												
IP Base Station Flow Report	61 us	999.05 Mb/s	999.05 Mb/s	974.65 Mb/s	974.65 Mb/s	Normal	Base Station Fault Analysis Historical Performance					
Data Flow Report	30 us	999.30 Mb/s	999.30 Mb/s	974.90 Mb/s	974.90 Mb/s	Normal	Base Station Fault Analysis Historical Performance					
Signaling Flow Report	52 us	999.30 Mb/s	999.30 Mb/s	974.90 Mb/s	974.90 Mb/s	Normal	Base Station Fault Analysis Historical Performance					
	23 us	999.30 Mb/s	999.30 Mb/s	974.90 Mb/s	974.90 Mb/s	Normal	Base Station Fault Analysis Historical Performance					

图 10-26　IFIT 检测结果展示

对于非移动承载业务，例如L2/L3专线VPN或者EVPN E-line/E-tree/ELAN等专线业务，可在"VPN业务保障"App中部署IFIT。

3. IFIT的问题定位

以移动承载业务为例，在"移动承载业务保障"App的菜单中选择"Settings（设置）"→"Threshold Management（阈值管理）"，设置界面如图10-27所示。

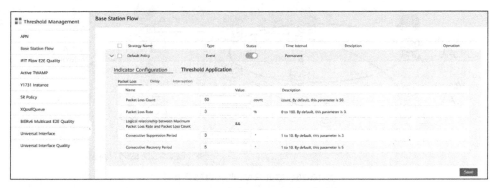

图 10-27　Threshold Management 设置界面

在这个界面中，可以设置丢包、时延、中断类KPI的时间阈值。丢包时间阈值的设置建议大于网元收敛所需的时间，因为网络正常的路由收敛也会产生丢包。当IFIT检测到业务的KPI超过阈值时，会启动业务流的逐跳检测，诊断数据异常的链路和网元。

逐跳检测的定位结果如图10-28所示，展示了逐跳链路、节点上的丢包和时延数据，超过阈值的链路或节点（在实际界面中）以红色显示（图中正中方框处标示），可以帮助用户快速、直观地发现导致业务受损的链路或节点，以便进一步排查故障。

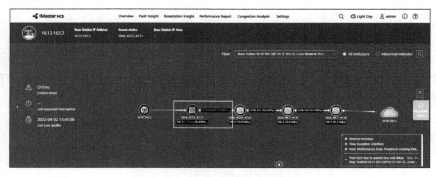

图 10-28　逐跳检测的定位结果展示

　　NCE会统计出业务受损的基站情况，并在图10-29所示的基站洞察界面中展示，包括异常基站占比、TOP5区域异常基站占比、异常基站趋势图、异常基站的具体信息。可以据此了解业务受损的影响范围。

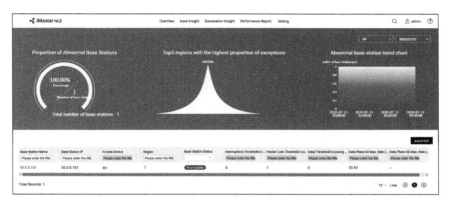

图 10-29　基站洞察界面

第11章
SRv6 的展望

虽然经过20多年的发展，IPv6还未得到广泛的部署和应用，但是SRv6的出现为IPv6的规模部署提供了新的机遇。随着5G和云时代业务的发展，SRv6必将开启IPv6应用的新时代。

|11.1 拥抱 SRv6，引领 5G 和云时代 |

2016年11月，IETF声明IPv4协议创新不再演进，新的互联网协议全部在IPv6基础上进行优化。从此，各国IPv6的发展速度都有了显著提升。

在欧洲，欧洲电子通信监管机构（Body of European Regulators for Electronic Communications，BEREC）于2020年5月召开题为 "BEREC Public technical workshop on IPv6 deployment across Europe" 的线上会议，来自政府、运营商、设备商、研究机构、行业用户等团队的600余名专家参加了会议，重点讨论欧洲IPv6的部署现状和下一步计划。

在美国，管理和预算办公室在2020年11月发布《完成IPv6迁移》政策文件，要求联邦政府网络尽快向IPv6-only迁移。

在中东，沙特通信与信息技术委员会宣布成立组织，不断提升公众对IPv6重要性的认识，鼓励公共及私有部门向IPv6迁移并积极赋能。产业界也在积极推进。阿联酋第一大运营商Etisalat认可SRv6技术发展方向，并启动现网的PoC（Proof of Concept，概念验证）测试；沙特电信公司已在移动承载网络部署SRv6；科威特运营商Zain也在其5G承载网络部署了SRv6。

在非洲，肯尼亚通信管理局发布IPv6战略草案，计划通过政府监管干预、提高关注度、培训赋能、发布IPv6监测报告等一系列方法促进IPv6的部署。南非运营商MTN积极推进SRv6的落地，截至2024年2月，MTN已在南非、卢旺达、乌干达3个国家的移动承载网络中部署SRv6。

亚太地区主要国家的IPv6推进同样显著。印度电信部提出所有政府组织在2020年3月完成IPv6迁移。泰国和越南政府也接连在2021年及2022年对网络基础设施的IPv6升级建设提出新的发展计划。

在我国，工业和信息化部、中央网络安全和信息化委员会办公室于2021年联合印发《IPv6流量提升三年专项行动计划（2021—2023）》，要求"推进IPv6网络及应用创新。基础电信企业、互联网企业、重点行业企业加大IPv6分段路由（SRv6）等'IPv6+'网络技术创新力度，加快技术研发与标准研究进度，扩大现网试点并逐步实现规模部署"。此外，上海、北京等主要城市在"十四五"、数字经济和IPv6发展规划中也都明确提出"加强IPv6分段路由（SRv6）等创新技术研究和部署，增强网络端到端差异化承载和快速提供能力"。我国各级地方政府持续发布支持SRv6协同创新的相关政策，并针对这些战略目标出台相应的部署规划，为IPv6下一代互联网的技术创新和部署升级指明了发展方向。

以SRv6为代表的IPv6创新应用将推动实现高速、高效、灵活且智能的下一代互联网，提供差异化的服务能力，满足新业务的多样化需求，从而适应不同行业数字化转型的要求，并为整体数字经济的发展打造关键网络底座。具体表现为以下3点。

第一，有助于网络管理者更好地分配资源和提升效率。一方面，通过结合IPv6、SR、5G和云技术，数据包在发出时已在管理中心获取了起点到终点的最佳路线，通过最优路径规划和强大的路径编排能力大大提高了业务发放的效率；另一方面，可提升网络运维能力，通过引入AI（Artificial Intelligence，人工智能）应用的相关技术，系统可以学习故障模型，提前主动识别潜在的网络故障风险，预防事故发生，大大简化网络维护，提高运维效率，降低维护成本。

第二，有助于网络提供更优的业务服务质量。随着5G和云时代的到来，各种具有差异化需求特征的应用层出不穷。随之而来的是这些应用对网络性能提出的新需求和新挑战。实现精细网络服务、精准网络运维，是满足应用差异化和SLA需求、促进网络持续发展与演进的关键。SRv6的出现为应用感知的IPv6网络（APN6）提供了新的机遇，网络在传送数据分组时，APN6技术根据数据分组中的应用信息匹配网络对应策略，并选择相应的SRv6路径传输数据分组（如低时延路径），满足SLA需求，提高运营商业务服务质量。

第三，有助于加速"Cloud + X"业务的应用发展。受益于SRv6等关键技术对5G和云时代的深度融合赋能，基于云底座的"Cloud + X"业务将在千行百业得到蓬勃发展。SRv6可以与网络切片技术相结合，为"Cloud + X"等关键业务开辟专用服务通道，更好地满足5G、物联网、AI等重点应用的传输需求，实现5G和云时代的智慧连接，推动行业的数字化转型和业态重塑，同时成为数字经济发展质量变革、效率变革、动力变革的主导力量。

面向2030年，云网融合将会成为信息基础设施变化的主要趋势，它正在重塑全球各行业数字化业务的发展。随着越来越多的应用程序和数据被移动到云端，云将会成为信息基础架构的核心。作为运营商承载网络的重要组成部分，5G/5.5G承载网络的规划和建设一直伴随着云的发展。基于IPv6和SRv6的5G/5.5G回传网络架构逐步成为全球运营商面向未来的网络设计蓝图，将不断引领5G和云时代的发展方向。

| 11.2 持续创新，迈向 Net5.5G |

随着ICT（Information and Communications Technology，信息通信技术）行业进入"5.5G"时代（2025—2030年），数据通信网络也将迎来"Net5.5G"的代际发展[47]阶段。面向泛在算力和全行业数字化时代互联网网络基础设施的演进、算网/云网深度融合、5.5G承载和万物智联感知等新的场景和挑战，Net5.5G在大带宽（10 Gbit/s接入网络、800GE骨干网络/数据中心网络等）、确定性、异构物联、泛在安全、网络自动驾驶等网络能力上全面升级，打造连接物理和数字空间的智能化网络基础设施。

面向2030年，有如下三大驱动力在牵引Net5.5G的发展。

第一，在AI等多样性算力网络场景中，网络向AI/HPC（High Performance Computing，高性能计算）/通用计算和存储统一承载，以及跨AS灵活调度演进，真正实现云网融合和云网一体。

面向2030年，AI算力500倍增长、边缘计算和多样性算力大规模部署将成为发展趋势，算网资源需要进一步融合，从而实现ICT资源全局优化调度。当前网络不具备从接入到云内端到端统一组网和感知的能力，无法满足异地异构算力灵活调度的需求。在Net5.5G愿景中，SRv6协议将进一步向数据中心和园区网络内部延伸，打造全网端到端SRv6组网能力，减少地址和协议跨自治域的转换，高效实现云网/算网资源融合、感知调度。此外，随着数据中心规模不断扩大，数据中心网络通过智能无损超融合以太方案支持AI算力的充分释放，SRv6可以实现AI/HPC/通用计算等异构的计算网络和存储网络的统一承载，进一步减少数据中心内部不同网络互联互通的协议转换成本，降低逐跳转发时延，实现统一协议下的零丢包进而高吞吐，高效释放生产力。

第二，在超高清视频和沉浸式体验场景中，网络向10 Gbit/s泛在接入、800GE承载演进，实现端到端多业务超宽接入，提供极致体验。

沉浸式XR终端不断面向超高清和广视角发展，高于10 Gbit/s的接入带宽成为刚需，当前接入、汇聚和骨干网络的承载带宽需要进一步升级。在接入方面，最有代表性的是Wi-Fi 6向Wi-Fi 7的升级，为用户提供30 Gbit/s峰值接入能力。同时，Net5.5G将提供50GE到基站/BNG的移动和固定网络回传能力，并推动城域网络向400GE升级、广域骨干网络和面向AI计算的数据中心骨干网络向800GE升级，全面提升端到端网络的弹性超宽能力。另外，针对实时互动和高精度渲染等业务所需的低时延、高吞吐等不同的特性，Net5.5G将提供业务和用户级切片，以保证SLA和灵活弹性超宽扩缩容能力，大幅提升用户体验和网络利用效率。

第三，在行业数字化转型应用场景中，网络向一跳入云、确定性组网和IPv6物联接入等能力升级，实现云-边-端协同、万物智联的产业互联网。

应用上云是行业数字化转型的必经之路。当前企业普遍在多云环境中部署业务，采用点对点专线网状互联，数量多、成本高、管理复杂，这就需要网络提供一跳入多云、灵活互联的能力。同时，随着越来越多的核心生产业务上云，企业对上云专线端到端确定性承载提出要求。当前互联网网络基础设施普遍提供"尽力而为"的服务，无法满足确定性组网所需的极低时延和确定性抖动需求。Net5.5G将使能互联网网络基础设施从"尽力而为"走向"确定性组网"，实现业务数据从"及时送达（in time）"升级为"准时送达（on time）"，逼近光纤物理极限。通过网络切片和确定性IP等技术，Net5.5G既可以保持IP网络的连通性，也可以实现端到端毫秒级时延和微秒级抖动，使能核心生产业务上云，帮助用户提高生产效率。此外，行业数字化转型对设备全面网联和数据实时采集提出了更加广泛的需求。Net5.5G能推动端侧设备和各类物联网终端IPv6升级，在解决工业网络协议"七国八制不互通"问题的同时，进一步提升智能终端与云端的直连能力，实现工业数据的高效传递，打破信息孤岛，使能万物智联。

综上所述，Net5.5G的演进目标包括"IPv6+"网络层协议创新（以端到端SRv6、基于APN6的应用/算力感知为核心特征）、高韧性低时延、广址异构物联三大创新能力，以及绿色超宽、网络智能化和泛在安全三大基础能力，形成6个维度的能力特征，全面推动互联网网络基础设施的代际发展。Net5.5G的具体内涵如图11-1所示[47]。

针对Net5.5G的能力特征，三大网络部署场景实现如下升级。

（1）数据中心网络

云内vGW支持SRv6能力。

骨干交换机接口400GE向800GE升级。

支持百万级服务器规模组网。

面向单跳百纳秒级时延的升级。

（2）广域网络

支持端到端SRv6组网及应用/算力感知（APN6）。

支持100K粒度租户级切片。

50GE移动基站和宽带网络网关（BNG）的回传能力。

骨干路由器接口400GE向800GE升级。

面向端到端微秒级抖动SLA保证的升级。

（3）园区网络

Wi-Fi 6向Wi-Fi 7升级。

面向50GE接入、100GE汇聚及400GE骨干交换机的升级。

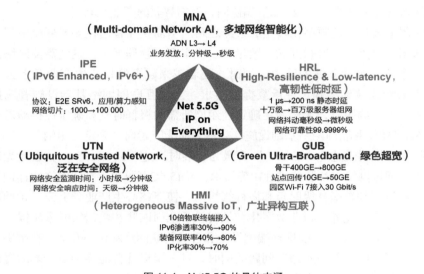

图 11-1　Net5.5G 的具体内涵

5.5G时代是"物理世界全连接的Pre-5G&5G时代"迈向"虚实融合智能世界的6G&Beyond 6G时代"的关键代际。互联网网络基础设施的发展在这个周期将正式迈入下半场。一方面，它的定位从"物理世界的信息高速公路"向"连接物理世界与虚拟世界的神经系统"转变，使能泛在AI算力时代的元宇宙与数字孪生应用；另一方面，其创新焦点从"消费互联网"不断向"全行业全要素产业互联网"延伸，使能万物智联感知时代智能制造和产业互联网等新场景。

Net5.5G将全面继承SRv6的架构和能力，并将当前的SRv6组网向数据中心内部推动，最终实现从用户接入到云内、云间互联的端到端SRv6，实现统一的网络层底座，更好地支撑5.5G/6G时代的数字化场景。同时，Net5.5G也将对底层的大带宽、确定性、泛在物联等能力进行增强，最终完成推动互联网跨越物理世界与智能世界之间创新鸿沟的历史重任。

参考文献

[1] FILSFILS C, PREVIDI S, GINSBERG L, et al. Segment routing architecture[EB/OL]. (2018-12-19)[2024-05-15]. RFC 8402.

[2] FILSFILS C, CAMARILLO P, LEDDY J, et al. Segment routing over IPv6 (SRv6) network programming[EB/OL]. (2021-02-01)[2024-05-15]. RFC 8986.

[3] FILSFILS C, DUKES D, PREVIDI S, et al. IPv6 Segment Routing Header (SRH)[EB/OL]. (2020-03-14)[2024-05-15]. RFC 8754.

[4] CHENG W, FILSFILS C, LI Z, et al. Compressed SRv6 segment list encoding in SRH[EB/OL]. (2023-10-23)[2024-05-15]. draft-ietf-spring-srv6-srh-compression-09.

[5] FILSFILS C, TALAULIKAR K, VOYER D, et al. Segment routing policy architecture[EB/OL]. (2023-04-27)[2024-05-15]. RFC 9256.

[6] PREVIDI S, FILSFILS C, TALAULIKAR K, et al. Advertising segment routing policies in BGP[EB/OL]. (2023-10-23)[2024-05-15]. draft-ietf-idr-segment-routing-te-policy-26.

[7] DAWRA G, TALAULIKAR K, RASZUK R, et al. BGP overlay services based on segment routing over IPv6 (SRv6)[EB/OL]. (2023-05-31)[2024-05-15]. RFC 9252.

[8] PSENAK P, FILSFILS C, BASHANDY A, et al. IS-IS extensions to support segment routing over the IPv6 data plane[EB/OL]. (2023-12-12)[2024-05-15]. RFC 9352.

[9] LI Z, HU Z, TALAULIKAR K, et al. OSPFv3 extensions for Segment Routing over IPv6 (SRv6)[EB/OL]. (2023-12-05)[2024-05-15]. RFC 9513.

[10] DAWRA G, FILSFILS C, TALAULIKAR K, et al. Border Gateway Protocol - Link State (BGP-LS) extensions for Segment Routing over IPv6 (SRv6)[EB/OL]. (2023-12-20)[2024-05-15]. RFC 9514.

[11] KOLDYCHEV M, SIVABALAN S, BARTH C, et al. PCEP extension to support segment routing policy candidate paths[EB/OL]. (2024-01-08)[2024-05-15]. draft-ietf-pce-segment-routing-policy-cp-12.

[12] LI C, NEGI M, SIVABALAN S, et al. PCEP extensions for segment routing leveraging the IPv6 data plane[EB/OL]. (2022-01-10)[2024-05-15]. draft-ietf-pce-segment-routing-ipv6-11.

[13] RAZA S, AGARWAL S, LIU X, et al. YANG data model for SRv6 base and static[EB/OL]. (2023-03-27)[2024-05-15]. draft-ietf-spring-srv6-yang-02.

[14] HU Z, YE D, QU Y, et al. YANG data model for IS-IS SRv6[EB/OL]. (2023-09-07) [2024-05-15]. draft-ietf-lsr-isis-srv6-yang-04.

[15] HU Z, GENG X, RAZA S, et al. YANG data model for OSPF SRv6[EB/OL]. (2023-09-09)[2024-05-15]. draft-ietf-lsr-ospf-srv6-yang-04.

[16] RAZA S, SAWAYA R, ZHUANG S, et al. YANG data model for segment routing policy[EB/OL]. (2023-03-27)[2024-05-15]. draft-ietf-spring-sr-policy-yang-02.

[17] KRISHNA, RAZA S, MAJUMDAR K, et al. YANG data model for BGP segment routing TE extensions[EB/OL]. (2022-07-30)[2024-05-15]. draft-deevi-idr-bgp-srte-yang-03.

[18] LI C, SIVABALAN S, PENG S, et al. A YANG data model for Segment Routing (SR) policy and SR in IPv6 (SRv6) support in Path Computation Element Communications Protocol (PCEP)[EB/OL]. (2023-09-11)[2024-05-15]. draft-ietf-pce-pcep-srv6-yang-04.

[19] 李振斌，胡志波，李呈. SRv6网络编程：开启IP网络新时代[M]. 北京：人民邮电出版社，2020.

[20] CHENG W, XIE C, BONICA R, et al. Compressed SRv6 SID list requirements[EB/OL]. (2023-04-03)[2024-05-15]. draft-ietf-spring-compression-requirement.

[21] BONICA R, CHENG W, DUKES D, et al. Compressed SRv6 SID list analysis[EB/OL]. (2023-04-03)[2024-05-15]. draft-ietf-spring-compression-analysis.

[22] LI C, CHENG W, HUANG H, et al. Compressed SID (C-SID) for SRv6 SFC[EB/OL]. (2023-11-18)[2024-05-15]. draft-lh-spring-srv6-sfc-csid-01.

[23] Hinden R, Haberman B, MIRSKY G, et al. Unique local IPv6 unicast addresses[EB/OL]. (2005-10)[2024-05-15]. RFC 4193.

[24] EANTC. Multi-Vendor MPLS SDN interoperability test report 2023[EB/OL]. (2023-04-19)[2024-05-15].

[25] PSENAK P, MIRTORABI S, ROY A, et al. Multi-Topology (MT) routing in OSPF[EB/OL]. (2007-06) [2024-05-15]. RFC 4915.

[26] PRZYGIENDA T, SHEN N, SHETH N. M-ISIS: Multi Topology (MT) routing in Intermediate System to Intermediate Systems (IS-ISs)[EB/OL]. (2008-02)[2024-05-15]. RFC 5120.

[27] PSENAK P, HEGDE S, FILSFILS C, et al. IGP flexible algorithm[EB/OL]. (2022-10-17)[2024-05-15]. draft-ietf-lsr-flex-algo-26.

[28] FIOCCOLA G, COCIGLIO M, MIRSKY G, et al. Alternate-marking method[EB/

OL]. (2022-12-14)[2024-05-15]. RFC 9341.

[29] FIOCCOLA G, COCIGLIO M, SAPIO A, et al. Clustered alternate-marking method[EB/OL]. (2022-10-24)[2024-05-15]. RFC 9342.

[30] FIOCCOLA G, ZHOU T, COCIGLIO M, et al. IPv6 application of the alternate-marking method[EB/OL]. (2022-12-20)[2024-05-15]. RFC 9343.

[31] FIOCCOLA G, ZHOU T, COCIGLIO M, et al. Application of the alternate marking method to the segment routing header[EB/OL]. (2023-10-03)[2024-05-15]. draft-fz-spring-srv6-alt-mark-07.

[32] FIOCCOLA G, PANG R, WANG S, et al. Advertising In-situ Flow Information Telemetry (IFIT) capabilities in BGP[EB/OL]. (2024-01-11)[2024-05-15]. draft-ietf-idr-bgp-ifit-capabilities-04.

[33] MIN L, WANG Y, PANG R. IS-IS extensions for advertising In-situ Flow Information Telemetry (IFIT) node capability[EB/OL]. (2020-03-09)[2024-05-15]. draft-liu-lsr-isis-ifit-node-capability-03.

[34] YUAN H, WANG X, YANG P, et al. Path Computation Element Communication Protocol (PCEP) extensions to enable IFIT[EB/OL]. (2024-01-08)[2024-05-15]. draft-ietf-pce-pcep-ifit-04.

[35] QIN F, YUAN H, YANG S, et al. BGP SR policy extensions to enable IFIT[EB/OL]. (2024-04-19)[2024-05-15].draft-ietf-idr-sr-policy-ifit-08.

[36] LIZ, PENG S, VOYER D, et al. Application-aware Networking (APN) framework[EB/OL].(2020-09-30)[2023-03-18]. draft-li-apn-framework-06.

[37] LI Z, PENG S, ZHANG S. Application-aware Networking (APN) header[EB/OL]. (2022-10-09)[2023-03-18]. draft-li-apn-header-03.

[38] LI Z, PENG S, XIE C. Application-aware IPv6 networking (APN6) encapsulation[EB/OL]. (2022-12-09)[2023-03-18]. draft-li-apn-ipv6-encap-06.

[39] PENG S, LI Z. A YANG Model for Application-aware Networking (APN)[EB/OL]. (2023-05-09)[2023-03-18]. draft-peng-apn-yang-03.

[40] PENG S, LI Z, FANG S. Dissemination of BGP flow specification rules for APN[EB/OL]. (2022-11-05)[2023-03-18]. draft-peng-apn-bgp-flowspec-02.

[41] PREVIDI S, TALAULIKAR K, FILSFILS C, et al. Border Gateway Protocol - Link State (BGP-LS) extensions for segment routing BGP egress peer engineering[EB/OL]. (2021-08-14)[2024-05-15]. RFC 9086.

[42] FILSFILS C, PREVIDI S, DAWRA G, et al. Segment routing centralized BGP egress peer engineering[EB/OL]. (2021-08-14)[2024-05-15]. RFC 9087.

[43] DONG J, LI Z, XIE C, et al. Carrying Virtual Transport Network (VTN) identifier

in IPv6 extension header[EB/OL]. (2021-10-24)[2024-05-15]. draft-ietf-6man-enhanced-vpn-vtn-id-06.

[44] FIOCCOLA G, ZHOU T, COCIGLIO M, et al. Application of the alternate marking method to the segment routing header[EB/OL]. (2021-10-24)[2024-05-15]. draft-fz-spring-srv6-alt-mark-08.

[45] GREDLER H, MEDVED J, PREVIDI S, et al. North-bound distribution of link-state and Traffic Engineering (TE) information using BGP[EB/OL]. (2016-03) [2024-05-15]. RFC 7752.

[46] GINSBERG L, PREVIDI S, WU Q, et al. BGP-Link State (BGP-LS) advertisement of IGP traffic engineering performance metric extensions[EB/OL]. (2019-03-15) [2024-05-15]. RFC 8571.

[47] MALIK S, PHILPOTT M, WASHBURN B. OMDIA: the research on the trends of data communication network for 2030[EB/OL]. (2022)[2024-05-15].

缩略语

缩写	英文全称	中文名称
1PPS	A Pulse Per Second	每秒脉冲
2B	To Business	面对企业
2C	To Consumer	面对消费者
2H	To Home	面对家庭
3GPP	3rd Generation Partnership Project	第三代合作伙伴计划
5GC	5G Core	5G 核心网
6MAN	IPv6 Maintenance	IPv6 维护
6PE	IPv6 Provider Edge	IPv6 运营商边缘设备
ABR	Area Border Router	区域边界路由器
ACC	Access Node	接入节点
ACL	Access Control List	访问控制列表
AGG	Aggretation	聚合器
AH	Authentication Header	认证头
AI	Artificial Intelligence	人工智能
APN6	Application-aware IPv6 Networking	应用感知的 IPv6 网络
ARP	Address Resolution Protocol	地址解析协议
AR-R	Aggregation-RR	汇聚路由反射器
AS	Autonomous System	自治系统
ASBR	Autonomous System Boundary Router	自治系统边缘路由器
ASLR	Address Space Layout Randomization	地址空间布局随机化
BBU	Baseband Unit	基带单元
BE	Best Effort	尽力而为
BER	Bit Error Rate	误码率
BEREC	Body of European Regulators for Electronic Communications	欧洲电子通信监管机构
BESS	BGP Enabled ServiceS	启用 BGP 的服务
BFD	Bidirectional Forwarding Detection	双向转发检测
BGP	Border Gateway Protocol	边界网关协议
BGP-LS	BGP-Link State	BGP 链路状态

续表

缩写	英文全称	中文名称
BMCA	Best Master Clock Algorithm	最佳主时钟算法
BNG	Broadband Network Gateway	宽带网络网关
BSC	Base Station Controller	基站控制器
BUM	Broadcast & Unknown-unicast & Multicast	广播、未知单播、组播
CAR	Committed Access Rate	承诺接入速率
CBS	Committed Burst Size	承诺突发尺寸
CDC	Central DC	核心数据中心
CE	Customer Edge	用户边缘设备
CENI	China Environment for Network Innovations	中国网络创新环境
CIR	Committed Information Rate	承诺信息速率
CMNET	China Mobile Network	中国移动网
CPE	Customer Premises Equipment	客户终端设备, 也称客户驻地设备
CPU	Central Processing Unit	中央处理器
CRC	Cyclic Redundancy Check	循环冗余校验
CRH	Compact Routing Header	精简路由报文头
C-SID	Compressed-SID	压缩 SID
DA	Destination Address	目的地址
DC	Data Center	数据中心
DCGW	Data Center Gateway	数据中心网关
DCI	Data Center Interconnect	数据中心互联
DDoS	Distributed Denial of Service	分布式拒绝服务
DetNet	Deterministic Networking	确定性网络
DOH	Destination Options Header	目的选项扩展报文头
DoS	Denial of Service	拒绝服务
DSCP	Differentiated Services Code Point	差分服务代码点
DWDM	Dense Wavelength Division Multiplexing	密集波分复用
E2E	End to End	端到端
EANTC	European Advanced Networking Test Center	欧洲高级网络测试中心
EBGP	External Border Gateway Protocol	外部边界网关协议
ECMP	Equal-Cost Multiple Path	等值负载分担

续表

缩写	英文全称	中文名称
EDC	Edge DC	边缘数据中心
E-LAN	Ethernet Local Area Network	以太网专网
eMBB	enhanced Mobile Boardband	增强型移动宽带
EPC	Evolved Packet Core	演进型分组核心网
EPE	Egress Peer Engineering	出口对等体工程
ERT	Export RT	出口 RT
ESI	Ethernet Segment Identifier	以太网段标识
ESP	Encapsulate Security Payload	封装安全载荷
EVPN	Ethernet Virtual Private Network	以太网虚拟专用网
FIB	Forwarding Information Base	转发信息库
FIEH	Flow Instruction Extension Header	流指令扩展报文头
FIH	Flow Instruction Header	流指令头
FII	Flow Instruction Indicator	流指令标识
FlexE	Flexible Ethernet	灵活以太网
FRR	Fast Reroute	快速重路由
FTTX	Fibre to the X	光纤接入
FW	Firewall	防火墙
GIB	Global Identifiers Block	全局标识符块
GNSS	Global Navigation Satellite System	全球导航卫星系统
GR	Graceful Restart	优雅重启
G-SRv6	Generalized SRv6	通用 SRv6
GUA	Global Unicast Address	全球单播地址
GUI	Graphical User Interface	图形用户界面
HBH	Hop-by-Hop Options Header	逐跳选项扩展报文头
HoVPN	Hierarchy of VPN	分层 VPN
HPC	High Performance Computing	高性能计算
HQoS	Hierarchical QoS	层次化的 QoS
HSB	Hot-Standby	热备份
HSI	High Speed Internet	高速上网
HVPN	Hierarchical VPN	层次化 VPN
IBGP	Internal Border Gateway Protocol	内部边界网关协议

缩写	英文全称	中文名称
ICMP	Internet Control Message Protocol	因特网报文控制协议
ICT	Information and Communications Technology	信息通信技术
ID	Identifier	标识
IDC	Internet Data Center	互联网数据中心
IDR	Inter-Domain Routing	域间路由
IEEE	Institute of Electrical and Electronics Engineers	电气电子工程师学会
IESG	Internet Engineering Steering Group	因特网工程指导小组
IETF	Internet Engineering Task Force	因特网工程任务组
IFIT	In-situ Flow Information Telemetry	随流检测
IGP	Interior Gateway Protocol	内部网关协议
IGW	International Gateway	国际网关
IP	Internet Protocol	互联网协议
IPRAN	IP Radio Access Network	IP 无线电接入网络
IPS	Intrusion Prevention System	入侵防御系统
IPv4	Internet Protocol version 4	第 4 版互联网协议
IPv6	Internet Protocol version 6	第 6 版互联网协议
IRT	Import RT	入口 RT
IS-IS	Intermediate System to Intermediate System	中间系统到中间系统
ISP	Internet Service Provider	互联网服务提供商
ISSU	In-Service Software Upgrade	在线业务软件升级
IT	Information Technology	信息技术
ITU-T	International Telecommunication Union-Telecommunication Standardization Sector	国际电联电信标准化部门
KPI	Key Performance Indicator	关键性能指标
L2VPN	Layer 2 Virtual Private Network	二层虚拟专用网
L3VPN	Layer 3 Virtual Private Network	三层虚拟专用网
LACP	Lick Aggregation Control Protocol	链路聚合控制协议
LAG	Link Aggregation Group	链路聚合组
LDP	Label Distribution Protocol	标签分发协议
LIB	Local Identifiers Block	本地标识符块
LPQ	Low-Priority Queuing	低优先级队列

缩写	英文全称	中文名称
LSA	Link State Advertisement	链路状态通告
LSP	Label Switched Path	标签交换路径
LSP	Link State PDU	链路状态报文
LSR	Link State Routing	链路状态路由
LTE	Long Term Evolution	长期演进（技术）
MBB	Make Before Break	先建后断
MACSec	Media Access Control Security	媒体访问控制安全
MC	Metro Core	城域核心
MED	Multi-Exit Discriminator	多出口鉴别器
MP2MP	Multi-Point to Multi-Point	多点到多点
MPLS	Multi-Protocol Label Switching	多协议标签交换
MSD	Maximum Stack Depth	最大栈深
MSTP	Multi-Service Transport Platform	多业务传送平台
MT	Multi-Topology	多拓扑
MTU	Maximum Transmission Unit	最大传输单元
NA	Neighbor Advertisement	邻居通告
NAT	Network Address Translation	网络地址转换
NCE	Network Cloud Engine	网络云化引擎
ND	Neighbor Discovery	邻居发现
NGMN	Next Generation Mobile Networks	下一代移动网络
NH	Next Hop	下一跳
NPE	Network-end Provider Edge	网络端 PE
NQA	Network Quality Analysis	网络质量分析
NR	New Radio	新空口
NSA	Non-Standalone	非独立组网
NSF	Non-Stop Forwarding	不中断转发
NSR	Non-Stop Routing	不中断路由
OAM	Operation、Administration and Maintenance	操作、管理和维护
OLT	Optical Line Termination	光线路终端
ONF	Open Networking Foundation	开放网络基金会
ONOS	Open Network Operating System	开放式网络操作系统

缩写	英文全称	中文名称
OSPFv3	Open Shortest Path First version 3	开放式最短路径优先第3版
OTN	Optical Transport Network	光传送网
P2P	Point to Point	点到点
P4	Programming Protocol-independent Packet Processors	编程协议无关的包处理器
PBS	Peak Burst Size	峰值突发尺寸
PCE	Path Computation Element	路径计算单元
PCEP	Path Computation Element Communication Protocol	路径计算单元通信协议
PE	Provider Edge	运营商边缘设备
PIR	Peak Information Rate	峰值信息速率
PLR	Point of Local Repair	本地修复节点
PoC	Proof of Concept	概念验证
PPS	Pulse Per Second	每秒脉冲
PQ	Priority Queuing	优先级队列
PRTC	Primary Reference Time Clock	基准定时参考时钟
PSP	Penultimate Segment Pop of the SRH	倒数第二段弹出 SRH
PTP	Precision Time Protocol	精确时间协议
PW	Pseudo Wire	伪线
QoS	Quality of Service	服务质量
RD	Route Distinguisher	路由标识
RDC	Regional DC	区域数据中心
RIR	Regional Internet Registry	区域互联网注册中心
RNC	Radio Network Controller	无线网络控制器
RR	Route Reflector	路由反射器
RSVP-TE	Resource Reservation Protocol-Traffic Engineering	资源预留协议流量工程
RT	Route Target	路由目标
SA	Source Address	源地址
SA	Standalone	独立组网
SA	Suppress Adjacency	抑制邻接
SBFD	Seamless Bidirectional Forwarding Detection	无缝双向转发检测

续表

缩写	英文全称	中文名称
SDN	Software Defined Network	软件定义网络
SD-WAN	Software Defined Wide Area Network	软件定义广域网络
SEC	SDH Equipment Clock	SDH 设备时钟
SFC	Service Function Chaining	业务功能链
SFTP	Secure File Transfer Protocol	安全文件传输协议
SI	SID Index	SID 索引
SID	Segment Identifier	段标识
SLA	Service Level Agreement	服务等级协议
SND	Specific Network Element Driver	特定网元驱动
SNMPv3	Simple Network Management Protocol version 3	简单网络管理协议第 3 版
SP	Service Provider	服务提供商
SPE	Superstratum Provider Edge	上层 PE
SPF	Shortest Path First	最短路径优先
SPRING	Source Packet Routing in Networking	网络中的源数据包路由
SR	Segment Routing	段路由
SRGB	Segment Routing Global Block	段路由全局块
SRLB	Segment Routing Local Block	段路由本地块
SRH	Segment Routing Header	段路由扩展报文头
SRLG	Shared Risk Link Group	共享风险链路组
SR-MPLS	Segment Routing over MPLS	基于 MPLS 的段路由
SRv6	Segment Routing over IPv6	基于 IPv6 的段路由
SSHv2	Secure Shell version 2	安全外壳第 2 版
SSM	Synchronization Status Message	同步状态消息
STC	Saudi Telecom Company	沙特电信公司
sysOID	system object identifier	系统对象标识
T-BC	Telecom Boundary Clock	电信级边界时钟
TC	Traffic Class	流量等级
TCP	Transmission Control Protocol	传输控制协议
TDD	Time Division Duplex	时分双工
TD-SCDMA	Time Division-Synchronous Code Division Multiple Access	时分同步码分多址

续表

缩写	英文全称	中文名称
TE	Traffic Engineering	流量工程
TFTP	Trivial File Transfer Protocol	简单文件传输协议
T-GM	Telecom Grandmaster	电信级主时钟
TI-LFA	Topology Independent-Loop Free Alternate	拓扑无关的无环路备份
TLV	Type Length Value	类型长度值
TOD	Time of Day	日期时间
TWAMP	Two-Way Active Measurement Protocol	双向主动测量协议
UDP	User Datagram Protocol	用户数据报协议
UE	User Equipment	用户设备
ULA	Unicast Local Address	单播本地地址
UPE	User-end Provider Edge	用户端 PE
UPF	User Plane Function	用户平面功能
URLLC	Ultra-Reliable Low-Latency Communication	超可靠低时延通信
USD	Ultimate Segment Decapsulation	倒数第一段解封装
uSID	Micro SID	微型 SID
USP	Ultimate Segment Pop of the SRH	倒数第一段弹出 SRH
VIP	Very Important Person	重要客户
VoIP	Voice over IP	IP 承载语音
VPLS	Virtual Private LAN Service	虚拟专用局域网业务
VPN	Virtual Private Network	虚拟专用网
VPWS	Virtual Private Wire Service	虚拟专用线路业务
VRRP	Virtual Router Redundancy Protocol	虚拟路由冗余协议
vSID	variable length SID	可变长度 SID
VTY	Virtual Type Terminal	虚拟类型终端
WAN	Wide Area Network	广域网络
WDM	Wavelength Division Multiplexing	波分复用
WFQ	Weighted Fair Queuing	加权公平队列调度
WGLC	Working Group Last Call	工作组最后一次呼叫
WRED	Weighted Random Early Detection	加权随机早期检测